大学物理实验

主　编　张景川　杨　瑛
副主编　柴学平　石鲁珍　楚合营
参　编　卢　军　王贤锋　孔德国　刘金秀

机械工业出版社

本教材介绍了误差和实验数据处理方法及基本知识,精选了力学、热学、电学、光学、近代物理学等55个实验,其中基础实验20个,综合性实验11个,设计性实验10个,演示实验14个,并按照基础实验、综合性实验、设计性实验、演示实验分类编排。

本教材适合普通高等院校理、工、农等专业学生使用。

图书在版编目(CIP)数据

大学物理实验/张景川,杨瑛主编.—北京:机械工业出版社,2017.12
ISBN 978-7-111-58300-4

Ⅰ.①大… Ⅱ.①张… ②杨… Ⅲ.①物理学-实验-高等学校-教材 Ⅳ.①O4-33

中国版本图书馆 CIP 数据核字(2018)第 003236 号

机械工业出版社(北京市百万庄大街22号 邮政编码100037)
策划编辑:侯宪国 责任编辑:侯宪国
责任校对:陈 越 封面设计:张 静
责任印制:常天培
唐山三艺印务有限公司印刷
2018年2月第1版第1次印刷
184mm×260mm・13.5印张・326千字
0 001—3 000 册
标准书号:ISBN 978-7-111-58300-4
定价:39.80元

凡购本书,如有缺页、倒页、脱页,由本社发行部调换

电话服务 网络服务
服务咨询热线:010-88379833 机 工 官 网:www.cmpbook.com
读者购书热线:010-88379649 机 工 官 博:weibo.com/cmp1952
教育服务网:www.cmpedu.com
封面无防伪标均为盗版 金 书 网:www.golden-book.com

前 言

物理学是一切自然科学的基础，是培养学生科学素养和科学思维方法、提高学生科研能力的重要基础课程。大学物理实验是大学物理课程的重要组成部分，它对培养学生理论联系实际、实事求是的科学态度，严谨踏实的工作作风，勇于探索、坚忍不拔的钻研精神，以及遵守纪律、团结协作、开拓创新、爱护国家财产的优良品德，都起着其他课程无法替代的重要作用。

为了满足大学物理重点课程建设的需要以及模块化、层次性的教学手段改革要求，更好地发挥大学物理实验在大学物理教学中的基础作用，我们本着以学生为中心的理念，组织了具有多年大学物理实验教学经验的老师编写了本教材。

本教材介绍了误差和实验数据处理的方法和基本知识，精选了力、热、电、光、近代物理学等 55 个实验，其中基础实验 20 个，综合性实验 11 个，设计性实验 10 个，演示实验 14 个。教材章节结构紧凑，实验内容丰富，按照基础实验、综合性实验、设计性实验和演示实验分类编排，为模块化、层次性、演示性的教学模式提供了便利，并突出了物理实验的综合应用性特点。本教材部分内容反映新的实验技术和实验仪器的发展，具有较好的可读性和实用性。

本教材由塔里木大学的张景川、杨瑛担任主编，柴学平、石鲁珍、楚合营担任副主编，华中大学的卢军、王贤锋、孔德国、刘金秀任参编。本教材的编写得到物理学科全体教师的积极支持和配合，是集体智慧的结晶。同时，在本书编写过程中得到学校教务处和学院相关领导的大力支持，在此表示衷心的感谢！

由于编者水平有限，错误和疏漏之处在所难免，敬请读者指正。

编 者

目 录

前言

绪论 ·· 1

第1章　误差与数据处理 ································ 5

1.1　物理实验课的特点与内容 ···················· 5
 1.1.1　物理实验仪器知识 ···························· 5
 1.1.2　物理实验的基本测量方法 ·············· 5
 1.1.3　物理实验的数据处理 ···················· 8
1.2　物理量的测量与测量中的误差 ············ 9
 1.2.1　基本概念 ······································ 9
 1.2.2　误差的分类 ·································· 9
1.3　系统误差的处理 ···································· 10
 1.3.1　方法或理论误差 ·························· 10
 1.3.2　减小系统误差的测量方法 ············ 11
 1.3.3　仪器准确度导致的误差 ················ 12
1.4　随机误差的处理 ···································· 12
 1.4.1　直接测量的误差估算 ···················· 12
 1.4.2　间接测量的误差计算 ···················· 14
1.5　不确定度 ·· 18
 1.5.1　直接测量结果的不确定度 ············ 18
 1.5.2　间接测量结果的不确定度 ············ 19
1.6　有效数字与运算法则 ···························· 19
 1.6.1　有效数字概念 ································ 19
 1.6.2　有效数字的运算规则 ···················· 20
1.7　实验数据的处理方法 ···························· 21
 1.7.1　列表法 ·· 21
 1.7.2　作图法 ·· 22
 1.7.3　逐差法 ·· 24
 1.7.4　最小二乘法 ·································· 24
1.8　物理实验的规范化操作要求 ················ 28
1.9　物理实验课的基本程序 ························ 29
 1.9.1　课前预习 ······································ 29
 1.9.2　实验操作 ······································ 29
 1.9.3　实验报告 ······································ 29

第2章　基础性实验 ·· 31

2.1　重力加速度的测量 ································ 31
 2.1.1　单摆法 ·· 31
 2.1.2　自由落体法 ·································· 34
2.2　动量守恒定律的验证 ···························· 35
2.3　转动惯量的测定
 （用刚体转动实验仪） ························ 42
2.4　金属线胀系数的测定 ···························· 44
2.5　拉伸法测量金属的弹性模量 ················ 46
2.6　拉脱法测量液体的表面张力系数 ········ 48
2.7　落针法测量液体的黏滞系数 ················ 50
2.8　用电流场模拟静电场 ···························· 53
2.9　用霍尔元件测螺线管磁场 ···················· 57
2.10　电子荷质比的测定 ······························ 60
2.11　示波器的调整和使用 ·························· 63
2.12　超声波声速的测定 ······························ 67
2.13　惠斯通电桥测电阻 ······························ 71
2.14　数字电位差计测电源电动
  势和内阻 ·· 74
2.15　分光计的调整与使用 ·························· 77
2.16　分光计测定光栅常数及
  黄光波长 ·· 81
2.17　迈克尔逊干涉仪测量 He-Ne
  激光波长 ·· 83
2.18　杨氏双缝干涉实验 ······························ 86
2.19　用牛顿环测量平凸透镜的
  曲率半径 ·· 88
2.20　PN 结正向压降温度特性研究 ············ 91

第3章　综合性实验 ·· 95

3.1　组装迈克尔逊干涉仪测量
 空气折射率 ·· 95
3.2　激光全息照相的基本技术 ···················· 98
3.3　单色仪的定标 ·· 101
3.4　照相技术 ·· 105
3.5　偏振光实验 ·· 109
3.6　单缝衍射光强分布及缝宽的测量 ········ 113

3.7 简谐振动 …………………………… 115
3.8 介电常数的测量 …………………… 122
3.9 数字万用表的使用 ………………… 124
3.10 仿真实验 …………………………… 127
3.11 密立根油滴实验 …………………… 135

第 4 章 设计性实验 …………………… 142

4.1 自组显微镜与望远镜 ……………… 142
4.2 电表的改装与校准 ………………… 146
4.3 地磁场水平分量测量 ……………… 150
4.4 普朗克常量的测定 ………………… 153
4.5 温差电偶定标实验 ………………… 157
4.6 物质旋光现象的观察和分析 ……… 160
4.7 劈尖干涉法测微小直径 …………… 165
4.8 磁滞回线和磁化曲线的测量 ……… 167
4.9 阻尼与受迫振动特性研究 ………… 174
4.10 音频信号光纤传输技术实验 ……… 177

第 5 章 演示实验 ……………………… 182

5.1 静电除尘 …………………………… 182
5.2 尖端放电 …………………………… 183
5.3 静电跳球 …………………………… 184
5.4 安培力演示 ………………………… 184
5.5 电磁炮 ……………………………… 185
5.6 超导磁悬浮 ………………………… 186
5.7 角动量守恒 ………………………… 187
5.8 机械能守恒演示 …………………… 188
5.9 简谐运动与圆周运动等效演示 …… 189
5.10 角速度矢量合成演示 ……………… 189
5.11 纵波演示 …………………………… 190
5.12 分子运动演示 ……………………… 192
5.13 磁悬浮动力学实验 ………………… 194
5.14 智能刚体转动惯量实验 …………… 196

附录 …………………………………… 201

附录 A 国际单位制 …………………… 201
附录 B 常用物理参数 ………………… 202

绪　　论

1. 物理实验课的地位和作用

　　物理学研究的是自然物质的最基本最普遍的规律。物理学研究的运动，普遍地存在于其他高级、复杂的物质运动形式之中。因此，物理学所研究的物质运动规律具有最大的普遍性。物理学从本质上说是一门实验科学，物理规律的研究都以严格的实验事实为基础，并且不断受到实验的检验。用人为的方法让自然现象再现，从而加以观察和研究，这就是实验。实验是人们认识自然，了解客观世界的基本手段。科学技术越进步，科学实验就显得越重要，任何一种新技术、新材料、新工艺、新产品都必须通过实验才能获得。由实验观察到的现象和测出的数据，加以总结和抽象，找出其内在的联系和规律就到得了理论，实验是理论的源泉。理论一旦提出，就必须借助实验来检验其是否具有普遍意义。实验是检验理论的手段，是检验理论的裁判。麦克斯韦提出的电磁理论（他预言电磁波存在）在赫兹做出电磁学实验后才被人们公认；杨振宁、李政道在1956年提出基本粒子在"弱相互作用下的宇称不守恒"的理论，只有当实验物理学家吴健雄用实验验证后，才被同行学者承认，从而才有可能获得诺贝尔奖。人们掌握理论的目的是应用它来指导生产实际，促进科学进步，推动社会前进。理论要在实际中应用，必须通过实验，实验是理论和应用的桥梁。任何一门科学的发展都离不开实验，这就使物理实验课有了充足的教学内容。物理实验是现代高等教育的主要基础课程之一。

　　任何物理概念的确立，物理规律的发现，都必须以严格的科学实验为基础。物理实验的重要性，不仅表现在通过实验发现物理定律，而且物理学中的每一项重要突破都与实验密切相关。物理学史表明，经典物理学的形成，是伽利略、牛顿、麦克斯韦等人通过观察自然现象，反复实验，运用抽象思维的方法总结出来的。近代物理的发展，是在某些实验的基础上提出假设，例如，普朗克根据黑体辐射提出的"能量子假设"，再经过大量的实验证实，假设才成为科学理论。实践证明，物理实验是物理学发展的动力。在物理学发展的进程中，物理实验和物理理论始终是相互促进、相互制约、相得益彰的。没有理论指导的实验是盲目的，实验必须经过总结抽象上升为理论，才有其存在的价值，而理论靠实验来检验，同时理论上的需要又促进实验的发展。1752年，富兰克林利用风筝把天空的电引入室内，进行室内雷鸣闪电实验，证实了雷电与电火花放电有同样的本质，进而找出了雷电的成因，并且在此基础上发明了避雷针。这个简单的实验事实，足以说明物理实验在物理学发展中所起的重要作用。

　　物理学发展到今天，与实验的关系更为密切，而且在许多边缘科学的建立过程中，物理实验也起了重要的桥梁作用。物理实验在探索和研究新科技领域，在推动其他自然科学和工程技术的发展中，起到的重要作用是不可低估的。物理实验是研究物理测量方法与实验方法的科学，物理实验的特点是在于：具有普遍性——力、热、光、电都有；具有基本性——它是其他一切实验的基础；同时还有通用性——适用于一切领域，把高、精、尖的复杂实验分解成为"零件",绝大部分是常见的物理实验。在工程技术领域中,研制、生产、加工、运输等环节都普遍涉及物理量的测量及物理运动状态的控制,这正是成熟的物理实验的推广和应用。现代高科技发展,设计思想、方法和技术也来源于物理实验。因此,物理实验是自然科学、工程技术和高科技发展的基础,科学技术的发展离不开物理实验。

2. 物理实验的特点

学生在物理实验课中主要是通过自己独立的实验实践来学习物理知识、培养实验能力和提高实验素养,这个学习任务决定了作为实验课程的物理实验有以下几个特点:

1)实验带有很强的目的性。无论是应用性实验、验证性实验还是探索性实验,几乎都是在已经确立的理论指导下的实践活动,在有限的时间内,不仅要完成实验课题(实验目的),而且还要完成学习任务(学习要求)。那种把实验课程看成是摆弄摆弄仪器、测测数据就达到目的的单纯实验观点是十分有害的。

2)实验要采取恰当的方法和手段,以使所要观测的物理现象和过程能够实现,并达到符合一定准确度的定量测量要求。虽然方法和手段会随着科学技术和工业生产的进步而不断改进,但历史积累的方法仍是人类知识宝库精华的一部分。有了积累才有创新。因此,从一开始就应十分重视实验方法知识的积累。

3)实验中所包括的技能,其内容十分广泛。仪器的选择、使用和保养,设备的装校、调整和操作,现象的观察、判断和测量,故障的检查、分析和排除等,有众多的原则和规律,实验中所包括的技能是知识、见解和经验的积累。唯有实践,既动手又动脑,才有可能获得这种技能,单凭看书是不可能学到的。

4)实验需要用数据来说明问题。数据是实验的语言,物理实验中数据处理有各种不同的方法和特定的表达方式。测量结果、验证理论、探索规律和分析问题,无一不用数据,数据是学术交流和报告技术成果最有力的工具和最准确的语言。

实验集理论、方法、技能和数据于一个整体,它不但要实验者弄懂实验内容与实验方法的原理,而且还要实验者根据这些原理付诸实践,最后还要从获得的数据结果中得出应有的结论,这就是物理实验的特点。

3. 大学物理实验课的目的和任务

大学物理实验课的目的:通过对物理实验现象的观测和分析,学习运用理论指导实验、分析和解决实验中的问题和方法,从理论和实际的结合上加深对理论的理解,养成良好的实验素养和严谨的科学作风。

首先,培养学生从事科学实验的初步能力。通过实验阅读教材和资料,能概括出实验原理和方法的要点;正确使用基本实验仪器,掌握基本物理量的测量方法和实验操作技能;正确记录和处理数据,分析实验结果和撰写实验报告,以及自行设计和完成不太复杂的实验任务等。

其次,培养学生实事求是的科学态度、严谨的工作作风,勇于探索、坚韧不拔的钻研精神以及遵守纪律、团结协作、爱护公物的优良品德。

大学物理课的具体实验任务是:通过对实验现象的观察、分析和对物理量的测量,学习物理实验的基本知识、基本方法和基本技能,加深对物理概念和规律的认识、对物理学原理的理解，为后继课程打下基础。

培养和提高学生的科学实验素养，要求学生具有：

1）理论联系实际和解决实际问题的能力。

2）勤奋学习，认真实验的良好学风。

3）主动研究和积极探索的创新精神。

4）遵守实验室守则，注意仪器操作要领，爱护仪器的优良品德。

培养学生做好实验的能力。

（1）实验前要做好预习　预习时，主要阅读实验教材，了解实验目的，搞清楚实验内容，要测量什么量，使用什么方法，实验的理论依据（原理）是什么，使用什么仪器，其仪器性能是什么，如何使用，操作要点及注意事项等，在此基础上，回答好思考题，草拟出操作步骤，设计好数据记录表格，准备好自备的物品。

只有在充分了解实验内容的基础上，才能在实验操作中有目的地观察实验现象，思考问题，减少操作中的忙乱现象，提高学习的主动性。因此，每次实验前，学生必须完成规定的预习内容，一般情况下，教师要检查学生预习情况，并评定预习成绩，没有预习的学生不许做实验。

（2）课堂认真进行实验　实验课一般先由指导教师作重点讲解，交代有关注意事项，扼要、简单地讲授内容，具有指导性和启发性，学生要结合自己的预习逐一领会，特别要注意那些在操作中容易引起失误的地方。

在实验进程中，首先是布置、安装和调试仪器。桌面上若干个仪器是否布置合理，读数是否方便，做到操作有序，需要开动脑筋，使仪器设备尽量能为我所用。为了使仪器装置达到最佳工作状态，必须细致、耐心地进行调试。这样很可能要花较多时间，切忌急躁。要合理选择仪器的量程，如果在调试中遇到了困难而自己不能解决时，可以请教老师指导。

调试准备就绪后，开始进行测量。实验时一定要先观察实验现象，通过观察对被验证的定律或被测的物理量有个定性的了解，而后再进行精确的测量。测量的原始数据要整齐地记录在自己设计的表格中，读数一定要认真仔细，实验原始数据的优劣，决定着实验的成败。记录的数据一定要标明单位。不要忘记记录有关的环境条件，如温度、压强等。如果两个学生同时做一个实验，既要分工又要协作，各自记录实验数据，共同完成实验任务。

在测量过程中要尽量保持实验条件不变，要注意操作姿势，身体不要靠着桌子，不要使仪器发生移动，或受到振动。如果遇到仪器装置出现故障，学生应力求自己动手解决，或留意观看教师是怎样分析判断仪器的故障、怎样修复仪器的（可能当场修复的仪器）。测量完数据后，记录的数据要经指导教师审阅签字，然后再进行数据处理。如果发现错误数据时，要重新进行测量。

（3）写实验报告　实验报告是对实验工作的总结，是交流实验经验、推广实验成果的媒介，学会编写实验报告是培养实验能力的一个方面。写实验报告要用简明的形式将实验结果完整、准确地表达出来，要求文字通顺，字迹端正，图表规范，结果正确，讨论认真。实验报告要求在课后独立完成。用学校统一印制的"实验报告纸"来书写。

实验报告通常包括以下内容：

实验名称——表示做什么实验。

实验目的——说明为什么做这个实验，做该实验要达到什么目的。

实验仪器——列出主要仪器的名称、型号、规格、精度等。

实验原理——阐明实验的理论依据，写出待测量计算公式的简要推导过程，画出有关的图（原理图或装置图），如电路图、光路图等。

数据记录——实验中所测得的原始数据要尽可能用表格的形式列出，正确表示有效数字和单位。

数据处理——根据实验目的对实验结果进行计算或作图表示，并对测量结果进行评定，计算不确定度，计算要写出主要的计算内容。

实验结果——扼要写出实验结论，要体现出测量数据、误差和单位。

问题讨论——讨论实验中观察到的异常现象及其可能的解释，分析实验误差的主要来源，对实验仪器的选择和实验方法的改进提出建议，简述自己做实验的心得体会，回答实验思考问题。

为了保证实验课程的正常进行，对实验报告提出以下三点要求：

1）课前要求预习实验内容，明确实验目的，了解实验原理，弄清实验步骤，初步了解仪器的使用方法，画好实验数据记录表格。未做好预习者不得动手做实验。

2）在测量时，应如实、即时地做好实验数据记录（数据记录要整洁，字迹清楚，避免错记），不可事后凭回忆"追记"数据，更不可为拼凑数据而将实验数据记录做随心所欲的涂改。

3）实验报告要认真按时完成。应使各位学生明确，在做物理实验时，我们不是要一个塞满东西的脑袋，而是要一个善于分析问题的头脑，实验的目的和任务不仅要学会知识，更重要的是将知识转化为能力！

第1章 误差与数据处理

1.1 物理实验课的特点与内容

物理实验是一门与物理学密切相关的综合性学科。物理实验与物理学的密切性是显而易见的,任何物理实验都必须以物理理论为依据,从而获得与理论相一致的实验结果;当实验结果与理论相矛盾时,就应继续进行实验,找出理论与实验结果不一致的原因,从而对物理理论进行修正和完善,获得更具普遍意义的物理规律。其综合性是指进行物理实验光有物理知识是不够的,还必须具备以下几方面的知识。

1.1.1 物理实验仪器知识

我们知道物理实验包含的内容很广,所用到的仪器种类繁多,各种仪器的结构、工作原理、使用及维护等知识都是每一个实验者必须掌握的内容。常用的物理实验仪器可分为以下几类:

1. 机械类仪器

如物理天平、焦利天平、游标卡尺、千分尺、刚体转动仪、弹性模量测定仪、导热仪、抽气机、静电计、气垫导轨、光具座等。

2. 电子仪器

如示波器、音频信号发生器、数字毫秒计、频率计、稳压电源等。

3. 仪表类仪器

如电流表、电压表、万用表、温度表、气压表、电位差计、箱式电桥等。

4. 光学类仪器

如分光计、读数显微镜、读数望远镜、迈克尔逊干涉仪、偏振仪、平行光管及各种光源等。

需要说明的是,将以上仪器分成4类只是相对的,因为好多仪器实际上没有明确的界线,如迈克尔逊干涉仪,它既是一台光学仪器,又是一台精密的机械类仪器。在近代物理实验中,这类仪器就更为普遍,如光栅光谱仪、相对论效应谱仪等。在这些仪器中,不但有精密的机械传动系统,还有光学系统,复杂的电路系统、磁路系统,甚至还有数据采集与运算系统。它们是集光、机、电、计算机于一体的一种综合类实验仪器。

1.1.2 物理实验的基本测量方法

物理实验测量方法名目繁多。如按测量内容来分,可分为电量测量和非电量测量;按测量数据获得的方式来分,可分为直接测量、间接测量和组合测量;按测量进行方式来分,可分为直读法、比较法和差值法;按被测量与时间的关系来分,可分为静态测量、动态测量和积算测量等。下面将物理实验中最常用的几种测量方法作概要介绍。

1. 比较法

比较法是将相同类型的被测量与标准量直接或间接地进行比较,测出其大小的测量方法。比较法可分为直接比较法和间接比较法。

(1) 直接比较法　将被测量直接与已知数值进行比较,测出其大小的测量方法,称为直接比较法。它所使用的测量仪表,通常是直读指示式仪表,它所测量的物理量一般为基本量。例如,用米尺、游标卡尺和螺旋测微器测量长度;用秒表或数字毫秒计测量时间;用伏特表测量电压等。仪表刻度预先用标准测量仪进行分度和校准,在测量过程中,指示标记在标尺上相应的刻度值就表示被测量的大小。对测量人员来说,除了将其指示值乘以测量仪器的常数或倍率外,无须作附加的动作或计算。由于测量简单方便,因此应用十分广泛。

(2) 间接比较法　当一些物理量难以用直接比较法测量时,可以利用物理量之间的函数关系将被测量与同类标准量进行间接比较测出其数值。如图 1-1 所示,将被测电容 C_x 与标准电阻 R_0 串联后接入音频信号发生器,在音信输出电压 U 及频率 f 一定的情况下,用内阻较高的电压表分别测出 U_0、U_x,则

$$\frac{U_0}{U_x} = 2\pi f C_x R_0$$

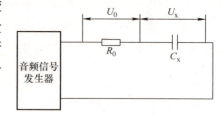

图 1-1　间接比较法测电容

从而可以算出被测电容的电容量。

又如在示波器 x 偏转板和 y 偏转板上分别输入正弦电压信号,其中一个为待测频率的电信号,另一个为频率可调的标准电信号。若调节标准电信号的频率,当两个电信号的频率(f_x、f_y)相同或成简单的整数比时,则可以利用示波器在荧光屏上呈现的李萨如图形比较两个电信号的频率。设 N_x、N_y 分别为 x 方向和 y 方向切线与李萨如图形的切点数,则

$$\frac{f_y}{f_x} = \frac{N_x}{N_y}$$

2. 替代法

图 1-2 为应用欧姆定律将一个可调节的标准电阻 R_0 代替待测电阻 R_x 的测量示意图。若稳压电源输出电压不变,调节标准电阻 R_0,使开关 S 在 "1" 和 "2" 位置时,电流表指示值相同,则 $R_x = R_0$。

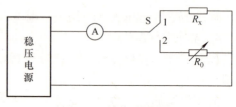

图 1-2　替代法测电阻

3. 放大法

物理实验中常遇到一些微小量的测量,为提高测量精度,可以选用相应的测量装置,将被测量进行放大后,再进行测量。常用的放大方法有机械放大法、光学放大法和电子放大法。

(1) 机械放大法　螺旋测微放大法是一种典型的机械放大法,螺旋测微器、读数显微镜和迈克尔逊干涉仪等测量系统的机械部分都是采用螺旋测微装置进行测量的。常用的读数显微镜的测微丝杆的螺距是 1mm,当丝杆转动一圈时,滑动平台就沿轴线前进或后退 1mm。在丝杆的一端固定一个测微鼓轮,其周界上刻成 100 分格,因此当鼓轮转动一分格时,滑动平台移动 0.01mm,从而使沿轴线方向的长度测量精度大为提高。

（2）光学放大法　常用的光学放大法有两种，一种是使被测物通过光学装置放大视角形成放大像，便于判别，从而提高测量精度，例如放大镜、显微镜、望远镜等。另一种是使用光学装置将待测微小物理量进行间接放大，通过测量放大了的物理量来获得微小物理量。例如测量微小长度和微小角度变化的光杠杆镜尺法，就是一种常用的光放大法。

（3）电子放大法　在物理实验中往往需要测量微弱的电信号或者利用微弱的电信号去控制某些机构的动作，这时就必须用电子放大器将微弱电信号放大后才能有效地进行观察、控制和测量。电子放大作用是由晶体管完成的。最基本的交流放大器是图1-3所示的共发射极晶体管放大电路，当微弱信号 U_i 由基极和发射极之间输入时，在输出端就可以获得放大了一定倍率的电信号 U_0。

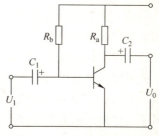

图1-3　共发射极晶体管放大电路

4. 补偿法

补偿法测量是通过调整一个或几个与被测物理量有已知平衡关系的同类标准量，去抵消被测物理量的作用，使系统处于补偿（或平衡）状态，处于补偿状态的测量系统，被测量与标准量具有确定关系，由此可测得被测量，这种测量方法称为补偿法，也称平衡法。

如图1-4所示，两个电池与检流计串联成闭合回路，两个电池正极对正极，负极对负极相接。调节标准电池电动势 E_0 的大小，当 E_0 等于 E_r 时，则回路中没有电流通过（检流计G指针指零），这时两个电池的电动势相互补偿了，电路处于补偿状态。因此利用检流计就可判断电路是否处于补偿状态，一旦达到补偿，则 E_r 与 E_0 大小相等，这种测量电动势（或电压）的方法就是典型的补偿法。

图1-5所示是惠斯通电桥电路，图中 R_0、R_1、R_2 为标准电阻，R_x 为待测电阻，调节 R_0，当通过检流计G的电流为零时，A、B 两点电位相等，桥臂上的电压相互补偿，此时电桥处于平衡状态，则

$$R_x = \frac{R_1}{R_2} R_0 = CR_0$$

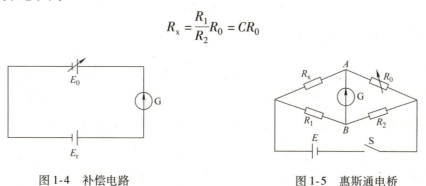

图1-4　补偿电路　　　　　图1-5　惠斯通电桥

当比较臂 R_0 和比率系数 C 已知时，就可测得 R_x 值。

由上可见，补偿法测量的特点是测量系统中包含有标准量具，还有一个指零部件，在测量时要调整标准量，使标准量与被测量之差为零，这个过程称为补偿或平衡操作。采用补偿法进行测量的优点是可以获得比较高的精确度，但是测量过程比较复杂，在测量时要进行补偿操作。这种测量方法在工程参数测量和实验室测量中被广泛应用，如用天平测质量，用电

位差计测电动势，用电桥测电阻、电容、电感等。

5. 模拟法

人们在研究各种自然现象、进行科学研究、解决工程技术问题时，常会遇到一些由于研究对象过分庞大，变化过程太迅猛或太缓慢，所处环境太恶劣太危险等情况，以致对这些研究对象难以进行直接研究和实地测量。于是人们以相似理论为基础，在实验室中模仿实际情况，制造一个与研究对象的物理现象和过程相似的模型，使现象重现、延缓或加速来进行研究和测量，这种方法称为模拟法。模拟法可分为物理模拟和数学模拟两类。

（1）物理模拟法　物理模拟是在实验室里先设计出与某被研究对象或过程（即原型）相似的模型，然后通过模型，间接地研究原型规律性的实验方法。例如，为研制新型飞机，必须掌握飞机在空中高速飞行的动力学特性，通常先制造一个与实际飞机几何形状完全相似的模型，将此飞机模型放入风洞（高速气流装置），创造一个与原飞机在空中实际飞行完全相似的运动状态，通过对飞机模型受力情况的测试，便可方便地在较短的时间内以较小的代价取得可靠的有关数据。

（2）数学模拟法　数学模拟是对两个物理本质完全不同，但具有相同数学形式的物理现象或过程的模拟。例如，静电场与稳恒电流场本来是两种不同的场，但这两种场所遵循的物理规律具有相同的数学形式。因此，可以用稳恒电流场来模拟静电场的电位分布。

模拟法是一种易行有效的测试方法，在现代科学研究和工程设计中被广泛地应用。随着微型计算机的不断发展和广泛应用，用微型计算机进行模拟实验更为方便，并能将物理模拟和数学模拟两者很好地结合起来。

6. 干涉法

干涉法是应用相干波发生干涉时所遵循的规律进行有关物理测量的方法，通常利用干涉法来测长度、角度、波长、气体或液体的折射率和检测各种光学元件的质量等。由于干涉法应用的是光的干涉原理，因此要求测量台和测量装置稳定可靠，这样才能达到很好的测量效果，获得很高的测量精度。例如，利用迈克尔逊干涉仪的光干涉原理，可以测定光波的波长和相干长度；利用牛顿环的干涉原理，可以测定透镜的曲率半径等。

以上介绍的是一些最基本的测量方法，还有许多其他方法，如力学实验中的气垫法、驻波法，热学实验中的混合法、恒流法、电热法，电磁学实验中的相位法、谐振法，光学实验中的衍射法，原子物理实验中的磁共振法等。这些方法为揭示物理世界的奥秘提供了有力的武器，应该在各个具体的实验中很好地学习和研究。

1.1.3　物理实验的数据处理

数据处理是物理实验基础知识的重要内容，它主要包括：误差的概念及其计算，有效数字及其运算规则，实验数据的表示等，这些内容将在下面作具体介绍。

由以上介绍可知，物理实验不仅与物理学有关，而且还跟仪器学、测量学、数据处理与误差理论密切联系，所以物理实验是一门综合性的学科。在理论指导下进行有目的的实验，在实践与操作中获得实验技能的训练和提高，在实验研究中检验理论的正确性和局限性，从而进一步加深对物理规律的认识，这就是物理实验的特点。

1.2 物理量的测量与测量中的误差

1.2.1 基本概念

测量是人类认识物质世界和改造物质世界的重要手段之一。通过测量，人们对客观事物获得数量的概念，从而得出一般规律，建立起各种定理和规律。

1. 按获得数据的方式分

测量按其获得数据的方式可分为以下3类：

（1）直接测量 当测量结果直接显示出被测量的量值时，这种测量就称为直接测量。例如，用米尺量长度，用温度计测温度。

（2）间接测量 并不直接去测待测量，而是直接测量其他量，通过待测量与其他量的关系算出待测量，这种测量称为间接测量。例如，为了测定圆柱物体的体积 V，总是先测出它的高 h 及其直径 D，然后利用公式 $V = \frac{1}{4}\pi h D^2$，求得它的体积。

（3）组合测量 选择不同的自变量，测得一系列对应的因变量，这样一组多次测量称为组合测量。例如，用伏安法测定电阻 R_x，在电阻两端加上不同的电压 $U_i(i = 1, 2, 3, \cdots, n)$，测得通过电阻的一系列电流 I_i，从而获得被测电阻 R_x 的量值。

2. 按测量的形式分

测量按其形式可分为以下两种：

（1）等精度测量 若对某一量进行多次测量，在多次测量中都使用相同方法，相同仪器，并在相同的条件和环境中由某人以同样细致程度进行工作，那么这一系列多次测量称为等精度多次测量。

（2）非等精度测量 若是使用不同仪器、不同方法，或是在不同时间、不同温度下，或是使用相同方法由不同测量者对某一量进行多次测量，那么这一系列测量是非等精度测量。

在测量中，由于测量仪器、测量条件及种种因素的局限，测量是不能无限精确的，测量结果与客观真值之间总有一定的差异，也就是说测量总存在误差。我们定义误差 Δx 为：测量值 x 与真值 x_0 之差，即 $\Delta x = x - x_0$。由此可知，误差是有正有负的，测量误差的大小直接反映了测量工作的价值，即测量工作的可靠性与测量的技术水平。

1.2.2 误差的分类

根据误差的性质与特点可以分为以下三类：

1. 系统误差

在同样条件下多次测量同一量值时，绝对值和符号不变，或者条件改变时，按一定规律改变的误差称为系统误差。系统误差指的是由于仪器本身的准确度和分辨率的限制，使用的实验原理或实验方法不完备、仪器设备安装或调整不尽合理以及环境因素（如温度、湿度、磁场、大气压等）的变化而引起的误差。

系统误差的存在直接影响测量结果的准确性，因此，系统误差的大小反映了测量的准确度。

2. 随机误差（偶然误差）

在测量过程中，必然存在一些随机因素的影响，从而造成具有随机性质的误差称为随机误差。由于测量者感官灵敏度及分辨能力的限制，使估计最后一位读数时出现主观偶然性；测量时周围环境出现随机性变化（如各种无规则振动、电磁场干扰、温度的涨落、空气的扰动……）；有时被测物理量本身具有随机性变化等。上述原因都会产生随机误差。

随机误差的存在直接影响了测量结果的集中性，使一组多次等精度测量值相互离散，因此，随机误差的大小反映了测量的精密度。

3. 粗差（过失误差）

粗差是由于实验者使用仪器方法不正确，实验方法不合理，粗心大意，导致数据读错、记错、算错等引起的误差。所以，严格地讲，粗差是一种错误，它将导致测量毫无价值，使实验完全失败。因此，必须树立严肃认真的科学态度，避免在实验中引入粗差。

1.3 系统误差的处理

系统误差反映了测量的准确度，因此，消除或减小系统误差是十分重要的。由于系统误差一般都遵循一定的变化规律，因此总可以设法发现它，并采取一定的方法将其消除或减小到最低程度。这是处理系统误差最好的办法。

发现或减小系统误差，要靠实验者扎实的理论基础和丰富的实践经验，处理得好坏，主要取决于实验者对被测量参与测量各环节的性质以及各种影响测量因素的了解深度，取决于对每一具体测量条件下产生系统误差原因的研究和分析。所以对系统误差应着重采用个别考察的办法，根据实际问题采取具体方案来解决。这在以后的实验中有具体介绍，请大家注意学习领会。在此只作一些简要介绍。

1.3.1 方法或理论误差

分析测量所依据的理论公式，看其所要求的条件在测量过程中是否得到满足。

例如，测重力加速度，若用单摆，是依据单摆的周期公式 $T = 2\pi \sqrt{\dfrac{L}{g}}$，此公式要求的条件为摆角趋于零，摆线质量趋于零，不存在任何阻力等，这在实验中是得不到完全满足的，因此，必然产生系统误差。又如，气轨上简谐振动的研究，用到的实验公式为 $T = 2\pi \sqrt{\dfrac{m}{K_1 + K_2}}$，而实际上气轨上运动的滑块由于受到空气阻力等因素的影响，不是作理想的简谐振动，而是作阻尼振动，因此，实验中必定产生系统误差；再如，用电压表测电压时，除非电压表内阻为无穷大，不然，必定会改变被测电压的原状态，以致造成测量误差。

对这类误差，只要分析出原因，就可以采取一定的办法，根据测量准确度的要求，使要求的条件达到一定程度的满足，或进行修正，使系统误差减小到允许的程度。例如，单摆实验中为了减小摆角 θ 不趋于零对测量结果的影响，可采用公式

$$T = 2\pi \sqrt{\dfrac{L}{g}} \left(1 + \dfrac{1}{4}\sin^2 \dfrac{\theta}{2}\right)$$

在气轨上简谐振动实验中为了减小滑块受到轨道阻力对测量结果的影响,引入阻尼系数 β,其公式为

$$T = \frac{2\pi}{\sqrt{\frac{K_1 + K_2}{m} - \beta^2}}$$

1.3.2 减小系统误差的测量方法

1. 替代法

测量待测量后,立即用已知标准量代替未知量,进行同样的测量,并使仪器指示不变,则已知标准量就等于待测量。例如,在天平上称量,未知量 m_x 与 m_1 平衡,设天平两臂长为 L_1 和 L_2,则有

$$m_x = \frac{L_1}{L_2} m_1$$

若天平两臂 L_1 和 L_2 不严格相等,那么取 $m_x = m_1$ 将带来系统误差。现移去 m_x 代之以标准砝码,若标准砝码值为 m_2 时天平重新平衡,则有 $m_x = m_2$。这样就消除了由于天平不等臂而产生的系统误差。

2. 抵消法

这种方法要求在对被测量进行测量时,要进行两次适当的测量使两次测量产生的系统误差大小基本相等,符号相反,取两次测量结果的平均值作为最后结果,以达到消除系统误差的目的。例如,磁电系仪表在有较强磁场的环境中应用,可将仪表旋转 180°,取两次读数的平均值作为测量结果,可消除外界恒定磁场带来的系统误差。又例如,测角度仪器,若转轴与刻度盘不同心,则会引入读数误差。如图 1-6 所示情况,可知在 0°、180° 处误差最小,在 90°、270° 处误差最大,在相隔 180° 的两个对应点,误差的大小相等,符号相反。因此,若在测量时在相差 180° 的两对应点处测两个值,并取此两值的平均值作为测量结果,则可消除该仪器的偏心误差。这正是一些测角仪器(如分光计)在刻度盘上相差 180° 的位置上设置两个读数装置的原理。

图1-6 抵消法测角度

在热学实验中,为了消除系统对环境的散热而引起的系统误差,则往往采取控制系统温度的方法,使实验中前(或后)一段时间系统温度低于(或高于)室温,后(或前)一段时间系统温度高于(或低于)室温,使系统在整个实验过程中从环境的吸热大致等于对环境的放热,从而消除系统对环境散热的影响。

3. 交换法

这种方法是将待测量与标准量的位置互换而进行两次测量,以达到消除系统误差的目的。再以天平不等臂为例,将待测量 m_x 放在左侧,标准量(砝码)放在右侧,平衡时砝码为 m_1,有

$$m_x = \frac{L_2}{L_1} m_1$$

将待测物 m_x 与砝码互换,天平再次平衡时砝码为 m_2,则

$$m_2 = \frac{L_2}{L_1} m_x$$

从而得到

$$m_x = \sqrt{m_1 m_2}$$

又如在自组惠斯通电桥实验中,为了消除导线电阻及连接点接触电阻对测量结果的影响,可以将被测电阻与标准电阻互换位置后再测一次,取两次结果的平均值作为最后结果,就可消除导线电阻及连接点接触电阻引入的系统误差。

1.3.3 仪器准确度导致的误差

大多数仪器,尤其是准确度不太高的仪器,由于仪器准确度限制而产生的误差都属于系统误差。对这类误差不能采用任何方法消除或减小,只能根据仪器的准确度估计出误差的范围。

对于一些非数字式的测量长度、温度、时间等的仪器,一般是以最小分度值作为准确度,其绝对误差视仪器情况取最小分度值或其一半。

指针式电测仪表的准确度,有的以额定相对误差表示,有的以标称相对误差表示,它们的具体含义均可以从附带的仪器说明书上查得。数字式仪表的准确度则有其自己的含义。尽管各类仪器的准确度含义不同,但均可由其确切的含义求出由此导致的误差。例如,一量程为 10V,准确度等级 $a = 0.5$ 的直流电压表,该表的准确度等级定义为 $\frac{\Delta m}{10} = a\%$,$\Delta m$ 为最大绝对误差。根据准确度等级的含义,用此表测电压时,由准确度限制导致的最大绝对误差为

$$\Delta m = 10\text{V} \times 0.5\% = 0.05\text{V}$$

总之,对系统误差的处理,应根据对测量提出的要求,在现有技术条件和理论水平基础上,尽可能设法消除它,对于那些不可消除的系统误差,应如同对待随机误差那样估算出它的大小。

1.4 随机误差的处理

由上所述,随机误差是由一些不可抗拒的原因而产生的,因此,无法消除它。通过进一步的研究发现,在单次或少数几次重复测量中,随机误差的大小或正负是无规律的,是随机的,但是在 50 次、100 次等精度多次测量中,会发现随机误差服从一定的统计分布规律,当测量次数很多时,随机误差的代数和趋于零,即

$$\lim_{n \to \infty} \sum_{i=1}^{n} (x_i - x_0) = 0$$

式中,x_0 是真值;x_i 是第 i 次测量值;n 是测量次数。

这就是随机误差的抵偿特性,根据这一特性,为了提高测量精度,测量时应尽可能进行多次测量,以测得值的算术平均值作为测量结果以减少随机误差。

1.4.1 直接测量的误差估算

1. 单次测量的误差

在物理实验中,常常由于条件不许可或测量准确度要求不高等原因,对物理量的测量只进行一次。这时,可按仪器上直接注明的仪器误差作为单次测量的误差。如果没有注明,可

根据仪器、被测量及环境的具体情况,取仪器最小分度的 $\frac{1}{2}$ 或 1 倍作为单次测量的误差。

2. 多次测量的误差

为了减少随机误差,在可能的情况下总是采用多次测量,将各次测量值的算术平均值作为测量结果。如果在相同条件下对某物理量 x 进行了 n 次重复测量,其测量值分别为 x_1、x_2、…、x_n,用 $\bar{x}$ 表示算术平均值,则

$$\bar{x} = \frac{1}{n}(x_1 + x_2 + \cdots + x_n) = \frac{1}{n}\sum_{i=1}^{n} x_i$$

根据误差的统计理论,在一组 n 次测量的数据中,算术平均值 $\bar{x}$ 最接近于真值,称为测量的最佳值或最近真值。当测量次数无限增加时,算术平均值就无限接近于真值。在多次等精度测量中,测量值的误差可用两种方法计算。

(1) 算术平均误差 $\bar{x}$ 的算术平均误差为

$$\overline{\Delta x} = \frac{1}{n}\sum_{i=1}^{n} |x_i - \bar{x}| = \frac{1}{n}\sum_{i=1}^{n} |\Delta x_i| \tag{1-1}$$

式中,Δx_i 是各次测量值的偏差,在实验中一般用列表法表示。

圆柱体的直径 D 与高 h 测量数据列表见表 1-1。

表 1-1 圆柱体的直径 D 与高 h 测量数据 (单位:mm)

序号	D	ΔD	h	Δh
1	3.920	-0.004	49.64	-0.02
2	3.917	-0.007	49.68	0.02
3	3.925	0.001	49.70	0.04
4	3.938	0.014	49.66	0
5	3.920	-0.004	49.62	-0.04
平均值	3.924	0.006	49.66	0.024

测量结果:$D = (3.924 \pm 0.006)\,\text{mm}$, $h = (49.66 \pm 0.024)\,\text{mm}$

(2) 标准误差 在正规的文献中,测量值的误差一般用标准误差(均方根误差)σ 来表示即

$$\sigma = \sqrt{\frac{\sum_{i=1}^{n}(x_i - \bar{x})^2}{n-1}} = \sqrt{\frac{\sum_{i=1}^{n}\Delta x_i^2}{n-1}} \tag{1-2}$$

上式又称为贝塞尔公式,σ 的大小与各次测量的偏差 Δx_i 有关,Δx_i 小,说明这一列测量 x_1、x_2、…、x_n 数据的离散性小,所以 σ 是测量精密度的量度,又称测量列的标准误差(或 x_i 的标准误差)。而平均值 $\bar{x}$ 的标准误差 $\sigma_{\bar{x}}$ 为

$$\sigma_{\bar{x}} = \sqrt{\frac{\sum_{i=1}^{n}(x_i - \bar{x})^2}{n(n-1)}} = \frac{\sigma}{\sqrt{n}} \tag{1-3}$$

由于上式计算比较烦琐,为了既要计算准确又使表达清楚,可采用列表的方法解决。

例如，用电压表测得某电阻两端的电压 U 为 3.23V，3.22V，3.18V，3.21V，3.17V，3.18V，试计算 $\bar{U}$、$\sigma_{\bar{U}}$ 并写出测量结果。电阻两端电压测量数据见表 1-2。

表 1-2 电阻两端电压测量数据

U_i/V	$\Delta U_i/10^{-2}\text{V}$	$(\Delta U_i)^2/10^{-4}\text{V}^2$
3.23	3	9
3.22	2	4
3.18	−2	4
3.21	1	1
3.17	−3	9
3.18	−2	4
	$\bar{U}=3.20\text{V}$, $\sum\limits_{i=1}^{6}(\Delta U_i)^2=0.0031\text{V}^2$	

根据表 1-2 可得

$$\sigma_{\bar{U}} = \sqrt{\frac{\sum\limits_{i=1}^{n}\Delta U_i^{\ 2}}{n(n-1)}} = \sqrt{\frac{0.0031}{6(6-1)}}\text{V} = 0.01\text{V}$$

相对误差 $E_U = \dfrac{\sigma_{\bar{U}}}{\bar{U}} = \dfrac{0.01}{3.20} = 0.3\%$

测得结果：电压 $U = (3.20 \pm 0.01)\text{V}$，$E_U = 0.3\%$

1.4.2 间接测量的误差计算

间接测量是由直接测量值通过函数关系计算得到的，既然直接测量有误差，那么间接测量也必然有误差，这就是误差的传递。由直接测量值及其误差求间接测量误差的关系式称为误差传递公式。

1. 最大误差传递公式

设 N 为间接测得量，而 A、B、C、… 为直接测得量，它们之间满足一定的函数关系即 $N = f(A、B、C、…)$。计算函数的全微分，有

$$dN = \frac{\partial f}{\partial A}dA + \frac{\partial f}{\partial B}dB + \frac{\partial f}{\partial C}dC + \cdots$$

其中，$\dfrac{\partial f}{\partial A}$、$\dfrac{\partial f}{\partial B}$、$\dfrac{\partial f}{\partial C}$ 是一阶偏导数。上式表明当 A、B、C 等量有微小增量 dA、dB、dC 等时，N 的增量为 dN。通常误差远小于测量值，故可将 dA、dB、dC 等看作误差。设各直接测量值的误差为 ΔA、ΔB、ΔC、…，间接测量值的误差为 ΔN，考虑到各项误差本身的正或负是不可知的，有可能会造成正负误差相消的可能性，从最不利的情况出发，即误差的同向叠加，各分项均取绝对值，则间接测量的最大误差传递公式为

$$\Delta N = \left|\frac{\partial f}{\partial A}\Delta A\right| + \left|\frac{\partial f}{\partial B}\Delta B\right| + \left|\frac{\partial f}{\partial C}\Delta C\right| + \cdots \tag{1-4}$$

式中，$\frac{\partial f}{\partial A}\Delta A$、$\frac{\partial f}{\partial B}\Delta B$、$\frac{\partial f}{\partial C}\Delta C$ 等各项是直接测量值引起的相应分误差，$\frac{\partial f}{\partial A}$、$\frac{\partial f}{\partial B}$、$\frac{\partial f}{\partial C}$ 等叫作分误差的传递系数。可见，一个间接测量值的误差不仅取决于各个直接测量值误差的大小，还要取决于误差的传递系数。

运用 1-4 式求得的常用函数的最大误差传递公式见表 1-3。

表 1-3 常用函数的最大误差传递公式

函数式 $N=f(A、B)$	绝对误差 ΔN	相对误差 $\frac{\Delta N}{N}$
$N = A + B$	$\Delta A + \Delta B$	$\frac{\Delta A + \Delta B}{A + B}$
$N = A - B$	$\Delta A + \Delta B$	$\frac{\Delta A + \Delta B}{A - B}$
$N = AB$	$A\Delta B + B\Delta A$	$\frac{\Delta A}{A} + \frac{\Delta B}{B}$
$N = \frac{A}{B}$	$\frac{A\Delta B + B\Delta A}{B^2}$	$\frac{\Delta A}{A} + \frac{\Delta B}{B}$
$N = A^n$	$nA^{n-1}\Delta A$	$n\frac{\Delta A}{A}$
$N = A^{\frac{1}{n}}$	$\frac{1}{n}A^{\frac{1}{n}-1}\Delta A$	$\frac{1}{n}\frac{\Delta A}{A}$
$N = \sin A$	$\cos A \Delta A$	$\cot A \Delta A$
$N = \cos A$	$\sin A \Delta A$	$\tan A \Delta A$
$N = \ln A$	$\frac{\Delta A}{A}$	$\frac{\Delta A}{A\ln A}$

2. 标准误差传递公式

以上所用的最大误差传递公式适用于直接测量数目较少的情况，或者在进行误差分析、实验设计时，作比较粗略的误差计算，以上的最大误差传递公式还是比较简单而稳妥的。但是当直接测量数目较多时，各项分误差的正负性或多或少总要抵消一部分，所以应该采用标准误差传递公式。事实上，在测量精度较高的实验中，都是采用标准误差传递公式的。

可以证明，间接测量的标准误差传递公式为

$$\sigma_N = \sqrt{\left(\frac{\partial f}{\partial A}\right)^2 \sigma_A^2 + \left(\frac{\partial f}{\partial B}\right)^2 \sigma_B^2 + \left(\frac{\partial f}{\partial C}\right)^2 \sigma_C^2 + \cdots} \qquad (1-5)$$

式中，σ_N 是间接测量的标准误差；σ_A、σ_B、σ_C 是直接测量的标准误差。

根据式（1-5）求得的常用函数的标准误差传递公式见表 1-4。

表 1-4 常用函数的标准误差传递公式

函数式 $N=f(A、B)$	绝对误差 σ_N	相对误差 $\frac{\sigma_N}{N}$
$N = A + B$	$\sqrt{\sigma_A^2 + \sigma_B^2}$	$\frac{\sqrt{\sigma_A^2 + \sigma_B^2}}{A + B}$
$N = A - B$	$\sqrt{\sigma_A^2 + \sigma_B^2}$	$\frac{\sqrt{\sigma_A^2 + \sigma_B^2}}{A - B}$
$N = AB$	$\sqrt{B^2\sigma_A^2 + A^2\sigma_B^2}$	$\sqrt{\frac{\sigma_A^2}{A^2} + \frac{\sigma_B^2}{B^2}}$

(续)

函数式 $N=f(A、B)$	绝对误差 σ_N	相对误差 $\dfrac{\sigma_N}{N}$
$N=\dfrac{A}{B}$	$\sqrt{\dfrac{\sigma_A^2}{B^2}+\dfrac{A^2\sigma_B^2}{B^4}}$	$\sqrt{\dfrac{\sigma_A^2}{A^2}+\dfrac{\sigma_B^2}{B^2}}$
$N=A^n$	$nA^{n-1}\sigma_A$	$n\dfrac{\sigma_A}{A}$
$N=A^{\frac{1}{n}}$	$\dfrac{1}{n}A^{\frac{1}{n}-1}\sigma_A$	$\dfrac{1}{n}\dfrac{\sigma_A}{A}$
$N=\sin A$	$\cos A\sigma_A$	$\cot A\sigma_A$
$N=\cos A$	$\sin A\sigma_A$	$\tan A\sigma_A$
$N=\ln A$	$\dfrac{1}{A}\sigma_A$	$\dfrac{\sigma_A}{A\ln A}$

3. 间接测量误差传递公式的应用

当各直接测量在函数中只出现一次时，根据表1-3、表1-4可以对间接测量的误差计算式用下面两句话概括：在计算最大误差时，对于加、减类函数，间接测量的绝对误差为各直接测量绝对误差之和；对于乘除类函数，间接测量的相对误差为各直接测量相对误差之和。在计算标准误差时，对于加、减类函数，间接测量的绝对误差为各直接测量绝对误差的方、和、根（即开方、相加、开平方）；对于乘除类函数，间接测量的相对误差为各直接测量相对误差的方、和、根。

为了帮助理解，下面举几个例子，以说明误差传递公式的具体应用。

例1 已知 $Y=\dfrac{8LDF}{\pi d^2 b\Delta n}$，求 Y 的标准误差（其中，F 为准确值）。

解：

1）根据式（1-5），先求其绝对误差 σ_Y

$$\sigma_Y=\Big[\Big(\dfrac{8FL}{\pi d^2 b\Delta n}\Big)^2\sigma_D^2+\Big(\dfrac{8FD}{\pi d^2 b\Delta n}\Big)^2\sigma_L^2+\Big(\dfrac{8LDF}{\pi d^2 b}\Big)^2\Big(\dfrac{\sigma_{\Delta n}}{\Delta n^2}\Big)^2$$

$$+\Big(\dfrac{8LDF}{\pi d^2\Delta n}\Big)^2\Big(\dfrac{\sigma_b}{b^2}\Big)^2+\Big(\dfrac{8LDF}{\pi b\Delta n}\Big)^2\Big(\dfrac{2\sigma_d}{d^3}\Big)^2\Big]^{\frac{1}{2}}$$

$$=\dfrac{8LDF}{\pi d^2 b\Delta n}\Big[\Big(\dfrac{\sigma_D}{D}\Big)^2+\Big(\dfrac{\sigma_L}{L}\Big)^2+\Big(\dfrac{\sigma_{\Delta n}}{\Delta n}\Big)^2+\Big(\dfrac{\sigma_b}{b}\Big)^2+\Big(\dfrac{2\sigma_d}{d}\Big)^2\Big]^{\frac{1}{2}}$$

所以相对误差 E_Y 为

$$E_Y=\dfrac{\sigma_Y}{Y}=\Big[\Big(\dfrac{\sigma_D}{D}\Big)^2+\Big(\dfrac{\sigma_L}{L}\Big)^2+\Big(\dfrac{\sigma_{\Delta n}}{\Delta n}\Big)^2+\Big(\dfrac{\sigma_b}{b}\Big)^2+\Big(\dfrac{2\sigma_d}{d}\Big)^2\Big]^{\frac{1}{2}}$$

2）根据以上概括的第二句话，对于乘除类函数先求相对误差，则

$$E_Y=\dfrac{\sigma_Y}{Y}=\Big[\Big(\dfrac{\sigma_D}{D}\Big)^2+\Big(\dfrac{\sigma_L}{L}\Big)^2+\Big(\dfrac{\sigma_{\Delta n}}{\Delta n}\Big)^2+\Big(\dfrac{\sigma_b}{b}\Big)^2+\Big(\dfrac{2\sigma_d}{d}\Big)^2\Big]^{\frac{1}{2}}$$

所以 Y 的绝对误差 σ_Y 为

$$\sigma_Y = \frac{\sigma_Y}{Y}Y = \frac{8LDF}{\pi d^2 b \Delta n}\left[\left(\frac{\sigma_D}{D}\right)^2 + \left(\frac{\sigma_L}{L}\right)^2 + \left(\frac{\sigma_{\Delta n}}{\Delta n}\right)^2 + \left(\frac{\sigma_b}{b}\right)^2 + \left(\frac{2\sigma_d}{d}\right)^2\right]^{\frac{1}{2}}$$

从以上计算可以看出，直接用式（1-4）或式（1-5）求解往往比较复杂，用概括出来的两句话求解比较方便，但前者适用于任何函数，而后者的使用是有条件的，当函数中某直接测量出现两次或两次以上时，就不适用了。这时，可以使用下面介绍的一种新的方法，它也适用于任何形式的函数。

例 2 已知 $\rho = \frac{m_1}{m_1 + m_2 - m_3}\rho_0$，其中，$\rho_0 = 999.244 \text{kg/m}^3$ 看成准确值，$m_1 = (6.166 \pm 0.010) \times 10^{-3}\text{kg}$，$m_2 = (15.946 \pm 0.010) \times 10^{-3}\text{kg}$，$m_3 = (15.366 \pm 0.010) \times 10^{-3}\text{kg}$，求 ρ 及其标准误差。

解：对 ρ 的表达式两边求对数

$$\ln\rho = \ln m_1 + \ln\rho_0 - \ln(m_1 + m_2 - m_3)$$

对上式两边求微分

$$\frac{d\rho}{\rho} = \frac{dm_1}{m_1} - \frac{d(m_1 + m_2 - m_3)}{m_1 + m_2 - m_3} = \frac{dm_1}{m_1} - \frac{dm_1 + dm_2 - dm_3}{m_1 + m_2 - m_3}$$

合并同类项

$$\frac{d\rho}{\rho} = \frac{m_2 - m_3}{m_1(m_1 + m_2 - m_3)}dm_1 - \frac{dm_2}{m_1 + m_2 - m_3} + \frac{dm_3}{m_1 + m_2 - m_3}$$

求标准误差时，将上式各分误差按方、和、根合成（若求最大误差，可将上式各分误差按绝对值合成），则

$$\frac{\sigma_\rho}{\rho} = \left\{\left[\frac{m_2 - m_3}{m_1(m_1 + m_2 - m_3)}\right]^2\sigma_{m_1}^2 + \left[\frac{\sigma_{m_2}}{m_1 + m_2 - m_3}\right]^2 + \left[\frac{\sigma_{m_3}}{m_1 + m_2 - m_3}\right]^2\right\}^{\frac{1}{2}}$$

$$= \left\{\left[\frac{15.946 - 15.366}{6.166(6.166 + 15.946 - 15.366)}\right]^2 \times 0.010^2 + \left[\frac{0.010}{6.166 + 15.946 - 15.366}\right]^2 + \left[\frac{0.010}{6.166 + 15.946 - 15.366}\right]^2\right\}^{\frac{1}{2}}$$

$$= 0.2\%$$

$$\rho = \frac{m_1}{m_1 + m_2 - m_3}\rho_0 = \frac{6.166 \times 999.244}{6.166 + 15.946 - 15.366}\text{kg/m}^3 = 913.3\text{kg/m}^3$$

$$\therefore \sigma_\rho = \rho\frac{\sigma_\rho}{\rho} = 913.3\text{kg/m}^3 \times 0.2\% = 1.8\text{kg/m}^3$$

则 $\rho = (913.3 \pm 1.8)\text{kg/m}^3 \qquad \frac{\sigma_\rho}{\rho} = 0.2\%$

4. 表面误差

为了衡量测量结果的好坏，有时也用表面误差来计算，表面误差一般用百分误差来表示，其误差的定义式如下

$$\text{表面误差} = \frac{\text{测量值} - \text{理论值（或公认值）}}{\text{理论值（或公认值）}} \times 100\%$$

用符号表示为

$$E' = \frac{x - x_0}{x_0} \times 100\% \tag{1-6}$$

这种误差反映了测量值与理论值的偏离程度，实际上它不但包含了随机误差，还包含了系统误差和粗差。

1.5 不确定度

根据国际标准化组织等 7 个国际组织联合发表的《测量不确定度指南 ISO 1993（E）》的精神，现在不少物理实验教材在数据处理中使用不确定度概念，以规范原先在进行误差计算与表达中的不统一现象。事实上，不确定度的有关规定和计算式是建立在误差理论基础之上，也是误差理论的进一步发展。在此，我们作一简要介绍。

1.5.1 直接测量结果的不确定度

不确定度是指由于测量误差的存在而对被测量值不能肯定的程度，是表征被测量的真值所处的量值范围的评定。因此，完整的测量结果应给出被测量的量值 X_0，同时还要标出测量的总不确定度 Δ，写成 $X_0 \pm \Delta$ 的形式，它表示被测量的真值在 $(X_0 - \Delta, X_0 + \Delta)$ 的范围之外可能性（或概率）很小。

总不确定度 Δ 从估计方法上可分为两类分量：A 类指多次重复测量后用统计方法计算出的分量 Δ_A；B 类指用其他方法估计出来的分量 Δ_B，它们可用"方、和、根"法合成，即有

$$\Delta = \sqrt{\Delta_A^2 + \Delta_B^2} \tag{1-7}$$

1. 不确定度的 A 类分量

在实际测量中，一般只能进行有限次测量，这时测量误差不完全服从正态分布规律，而是服从 t 分布（又称学生分布）的规律。此时，对测量误差的估计就要在贝塞尔公式的基础上再乘以一个因子。例如，在相同条件下对同一物理量 x 作 n 次测量，则 Δ_A 等于测量列的标准误差 σ 乘以一因子 $t_p(n-1)/\sqrt{n}$，即

$$\Delta_A = \frac{t_p(n-1)}{\sqrt{n}} \sigma \tag{1-8}$$

式中 $t_p(n-1)$ 是与测量次数 n、置信概率 p 有关的量。置信概率 p 及测量次数 n 确定后 $t_p(n-1)$ 也就确定了。当 $p=95\%$ 时，$t_p(n-1)/\sqrt{n}$ 的部分数据可以从表 1-5 中查得。

表 1-5　A 类分量因子与测量次数关系

测量次数 n	2	3	4	5	6	7	8	9	10
$t_p(n-1)/\sqrt{n}$ 因子	8.98	2.48	1.59	1.24	1.05	0.93	0.84	0.77	0.72

在实验中当测量次数 n 在 5～10 时，A 类分量因子可近似取 1，这时式（1-8）可简化为

$$\Delta_A = \sigma = \sqrt{\frac{\sum (x_i - \bar{x})^2}{n-1}} \tag{1-9}$$

当然，测量次数 n 不在上述范围或要求误差计算比较准确时，就要从有关数表中查出 $t_p(n-1)/\sqrt{n}$ 因子的准确值，然后用式（1-9）计算 Δ_A。

2. 不确定度的 B 类分量

在物理实验中常遇到仪器的误差或误差的限值，它是参照国家标准规定的计量仪表、仪器的准确度等级或允许的误差范围，由生产厂家给出或由实验室结合具体测量方法和条件简化的约定，用 $\Delta_{仪}$ 表示。通常取 $\Delta_{仪}$ 等于仪表、仪器的示值误差限或基本误差限。在物理实验中使用的多数仪表、仪器对同一量在相同条件下作多次测量时，测量的随机误差一般比其基本示值误差限或基本误差限小不少。因此，约定把 $\Delta_{仪}$ 简化地直接作为不确定度的 B 类分量 Δ_B，即 $\Delta_B = \Delta_{仪}$。

3. 总不确定度的合成

当测量次数 n 符合 $5 < n \leq 10$ 时，总不确定度 Δ 可表示为

$$\Delta = \sqrt{\sigma^2 + \Delta_{仪}^2} \tag{1-10}$$

这是今后实验中估算不确定度的常用公式。

如果 $\sigma < \frac{1}{3}\Delta_{仪}$，或因受条件限制而只进行一次测量，则 Δ 可简单地用仪器的误差 $\Delta_{仪}$ 来表示。

1.5.2 间接测量结果的不确定度

间接测量结果的不确定度与直接测量结果的不确定度关系，同间接测量误差的传递公式有完全相似的形式。设 N 为间接测得的量，而 A、B、C、$\cdots$ 为直接测得量，它们之间满足一定的函数关系，即 $N = f(A、B、C、\cdots)$，则间接测量的不确定度 Δ_N 为

$$\Delta_N = \sqrt{\left(\frac{\partial f}{\partial A}\right)^2 \Delta_A^2 + \left(\frac{\partial f}{\partial B}\right)^2 \Delta_B^2 + \left(\frac{\partial f}{\partial C}\right)^2 \Delta_C^2 + \cdots} \tag{1-11}$$

上式中 Δ_A、Δ_B、Δ_C 等分别为各直接测量的不确定度。

1.6 有效数字与运算法则

1.6.1 有效数字概念

用任何仪器测量物理量时，由于仪器精度的限制，读数不可能无限精确，只能读出一近似值。当然，仪器的精度越高，其上最小分度越小，就能越精确地把不同大小的物理量加以区分，因此仪器的精度与测量的精确度是密切相关的。

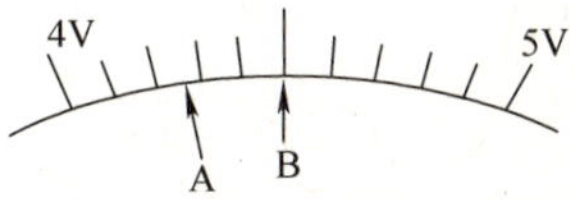

直接测量一般都应估读到仪器最小分度以下一位数字，如图 1-7 所示，$U_A = 4.26V$，其中最后一位数 "6" 是估读出来的，可能是 "5"，也可能是 "7"，所以它是可疑数字，"6" 前面的二位是准确的、可靠的。测量结果中可靠的几位数字加上可疑的一位数字统称为有效数字。有效数字中的最后一位虽然是可疑的，即在该位上存在误差，但它在一定程度上反映了客观实际，因此也是有效的。一个测量结果有效数字的多少决定于仪器的最小分度及被测量本身的大小。因此，根据一个合理的测量结果可以大致定出仪器的最小分度（或精度）。有时在某一测量中，测量值的大小有一定的任意性，此时为了使读数尽可能准确，总是使箭头正好对准仪器的某一刻度线

图 1-7 电压表有效数字读数示意

上，如图 1-7 中 B 的位置，即 $U_B = 4.50\text{V}$。

1.6.2 有效数字的运算规则

有效数字的正确读得显示了仪器的精度，不能任意增减。同样，在进行数据处理时，结果量应该取几位必须遵循科学依据。这点对于初学者尤其要十分注意。

1. 误差的有效数字

由于误差本身是可疑数字，根据一般只保留一位可疑数字的原则，计算误差（或表示误差）时，一般只取一位，（只有当误差利用进位法则成一位时引起的附加误差在整个误差中所占比重较大时，才允许保留两位），而测量结果的有效位数应通过和误差对齐的办法决定，多余的位数按四舍五入法（误差一般只入不舍）处理。如 $(30.1367 \pm 0.028)\text{cm}$，$(9.80 \pm 0.003)\text{cm}$，应分别改为 $(30.14 \pm 0.03)\text{cm}$，$(9.80 \pm 0.01)\text{cm}$。

2. 单位的换算

在十进制换算单位中，不可改变有效数字的位数。例如，$1.2\text{kg} = 1.2 \times 10^3 \text{g}$，$0.820\text{mm} = 8.20 \times 10^{-4}\text{m}$，切不可写成 $1.2\text{kg} = 1200\text{g}$，$0.820\text{mm} = 8.2 \times 10^{-4}\text{m}$。

在非十进制换算单位中，有可能改变有效数字的位数，如 $(2.7 \pm 0.1)\text{ min} = (162 \pm 6)\text{ s}$。

3. 常数及系数的有效数字

在运算过程中，经常会碰到一些常数（如 π、e 等）及系数（如 $\frac{1}{2}$、$\sqrt{2}$ 等），可以认为这些数的有效位数有无限多，在它们参加运算时，只需取比测量值多一位有效数字即可。例如，圆的面积 $S = \frac{1}{4}\pi D^2$，当 $D = 2.356\text{mm}$ 时，取 $\pi = 3.1416$，$4 = 4.0000$ 参加运算。总的原则是常数及系数位数的选取以不降低运算结果的有效数字为准。注意，还有一些常数的有效位数是有限的，如重力加速度 g，普朗克常数 h 等。

4. 四则运算

为了提高运算速度同时又保证一定的运算精度，习惯上采用以下运算规则：在有数字运算中，无误差位的数字之间的四则运算结果仍是无误差数字，有误差位的数字与其他任何数字的四则运算结果是有误差数字，当它进一位时，则进位数字可认为是无误差的，最后把运算结果按四舍五入法则保留一位误差。

在加、减运算中，所得结果的有效数字其最后一位与参加运算各数中最后一位的最高位同位。如 $1.389 + 17.2 = 18.6$（数字下面的一横表示该位含有误差）

$$\begin{array}{r} 1.389 \\ +\ \ 17.2 \\ \hline 18.589 = 18.6 \end{array}$$

在乘除运算中，所得结果的有效数字与参加运算各数中有效位数最少的相同。例如，$3.456 \times 10^{-3} \times 3.8 \times 10^{-3} = 1.3 \times 10^{-5}$

$$\begin{array}{r} 0.003456 \\ \times\ \ \ 0.0038 \\ \hline 0.0000131328 = 1.3 \times 10^{-5} \end{array}$$

5. 函数的运算

函数运算不像四则运算那样简单，而要根据误差来确定有效位数，并从中总结出一些规律。

(1) 自然对数 ln$x$　自然对数的有效数字其小数部分的位数与真数 x 的位数相同。

因为 ln$x$ 的绝对误差为 d(ln$x$) = dx/x，dx 一般取 x 最后一位的 1，若 x 为 3 位，则 dx/x 为几百分之一，为保险起见，取 dx/x = 10^{-3}，所以 ln$x$ 的最后一位应保留到千分位，即小数部分有 3 位有效数字。例如，ln56.7 = 4.038，小数三位，有效数四位。

(2) 指数 e^x　指数 e^x 运算的有效位数取法是：e^x 结果写成科学表达式后，其小数位数与 x 小数位数相同。

因为 e^x 的绝对误差为 e^xdx，dx 取 x 最后一位的 1，若 x = 8.54，则 dx = 0.01，当 e^x 写成科学表达式后，e^xdx 正好是 e^x 的第三位，即误差所在位。例如，$e^{8.54}$ = 5.12 × 10^3，$e^{0.0084}$ = 1.0084。

(3) 幂运算　对平方或平方根运算，其结果的有效位数由误差决定。若 $y = x^{\frac{1}{n}}$，则应先求微分，然后由误差决定有效位数。例如，$9.24^{\frac{1}{15}}$ = 1.15979 应取 6 位有效数字，这是因为

$$dy = \frac{1}{n}x^{\frac{1}{n}-1}dx = \frac{1}{15} \times 9.24^{\frac{1}{15}-1} \times 0.01 = 8 \times 10^{-5}$$

所以有效数字保留到小数第 5 位，即误差所在位。

(4) 三角函数　对于三角函数的有效数字也应根据误差来决定。例如，cos9°24′ = 0.98657，有 5 位有效数字。因为 d(cos$x$) = -sin$x$dx，取 dx = 1′ = 3 × 10^{-4} rad，所以 |d(cos9°24′)| = sin9°24′ × 3 × 10^{-4} = 5 × 10^{-5}，即误差所在位在小数第 5 位上。

由上所述，有效数字的运算规则都与误差有关，因此，以误差来决定运算结果的有效位数是有效数字运算的总原则。

1.7　实验数据的处理方法

正确处理实验数据是实验的基本技能之一。根据不同的实验内容及不同的要求，可以采用相应的数据处理方法。下面分别介绍物理实验中常见的一些实验数据处理方法。

1.7.1　列表法

1. 概述

在实验中，可以把物理量分成如下 3 类：自变量、因变量和结果量。自变量是先直接测定的量；因变量是经过简单运算后得出的中间量，或是后直接测得的量；结果量是根据直接测得的量而算得的最后结果。例如，用伏安法测电阻，对被测电阻 R_x 两端加上不同的电压 U，测出其相应的电流 I，则 U 是自变量，I 是因变量，电阻值 R_x 为最后结果。这样可以对列表法下一个简单的定义，即将实验中测得的各自变量、因变量和结果量依一定的形式和次序一一对应列出来，这种数据的表示方法就称为列表法。

列表法的优点是数据表达紧凑、整齐、清楚，从一系列排列的数据中容易看出有关物理量之间的对应关系或变化情况，也能发现个别数据的反常现象，从而找到实验中差错之处。因而列表法是实验数据处理的最基本方法，它几乎在所有的实验中都能应用。

2. 列表举例

用光杠杆测量悬重 m 及标尺读数 n 的列表见表 1-6。

表 1-6 用光杠杆测量悬重 m 及标尺读数 n

序号	m_i/kg	n_i/cm	n'_i/cm	$\bar{n}_i$/cm	Δn_i/cm ($\bar{n}_{i+5} - \bar{n}_i$)	$(\Delta n_i - \overline{\Delta n})^2$ /10^{-4}cm^2
1	2.000	0	↑ 0.12	0.06	1.34	25
2	3.000	0.29	0.41	0.35	1.28	1
3	4.000	0.56	0.70	0.63	1.27	4
4	5.000	0.80	0.99	0.90	1.26	9
5	6.000	1.04	1.24	1.14	1.28	1
6	7.000	1.31	1.48	1.40		
7	8.000	1.55	1.71	1.63	$\overline{\Delta n}$ = 1.29cm	
8	9.000	1.83	1.98	1.90	$\sum_{i=1}^{5}(\Delta n_i - \overline{\Delta n})^2$	
9	10.000	2.12	2.21	2.16	= 0.0040cm^2	
10	11.000	↓ 2.42	2.43	2.42		

注:"↓"表示悬重增加,"↑"表示悬重减少。

3. 列表的要求

1) 列表要写出名称。

2) 项目(包括名称和单位)一般用符号表示。主项(头几项)代表自变量,副项(后几项)代表因变量,结果量写在最后一项。

3) 同一列的数据小数点及位数应上下对齐,如果数据中有效数字很多,并且只是最后几位才有变化的,只要写出有变化的几位即可。

4) 数值为零时记为"0",数值空缺时记为"/",当数值过大或过小时,应以科学计数法表示。

5) 对在列表中需要说明的内容或有关的公式可在表后注出。

1.7.2 作图法

物理实验中所得到的一系列测量数据,也可以用图线直观地表示出来,作图法就是在坐标纸上描绘出一系列数据间对应关系的图线。作图法是研究物理量之间变化规律,找出对应的函数关系,求经验公式的常用方法之一。同时作好一张正确、实用、美观的图是实验技能训练中的一项基本功。

1. 图示法

实验所揭示的物理量之间的关系,可以用一个解析函数关系式来表示,也可以用画在坐标纸上的某一坐标平面内的曲线表示,后者称为实验数据的图形表示法,简称图示法。

图示法的作图要求如下:

1) 定量作图一定要用坐标纸,在物理实验中最常用的是直角坐标纸,坐标纸的大小原则上是以不损失实验数据的有效数字和能包括所有实验点作为选择依据,一般图上最小分格至少应是有效数字的最后一位可靠数字。

2) 通常以横坐标表示自变量,纵坐标表示因变量。写出坐标轴所代表的物理量的名称和单位。为了使图线在坐标纸上分布合理和充分利用坐标纸,坐标轴的起点不一定从零开始,同时要选取合适的坐标轴的比例。选定比例时,应使最小分格代表1、2、5,而不能选3、4、7,因为这样不仅使标点和读数不方便,而且也容易出错。

3) 根据测量数据,找到每个实验点在坐标纸上的位置,用削尖的铅笔以"⊙"标出,要求测量数据对应的坐标准确地落在小圆圈的中心。一张图上要画几条曲线时,每条曲线上的点可用不同标记如"+""×"等表示,以示区别,标记的线度为1~2mm。

4) 用直尺、曲线板、铅笔将测量点连成直线或光滑曲线(校正曲线或定标曲线是点与点相连成为折线)。因为实验值有一定误差,所以图线不一定要通过所有实验点,只要求图线尽可能靠近所有实验点,并使实验点在图线两旁均匀分布。若函数关系是线性的,则应画成直线;若是非线性的,则应画成光滑的曲线。因为一般的初等函数都是连续的,它的图线形状必定是光滑的。在曲线的弯折处往往容易产生较大误差,因此该处应多测几个实验点。对个别偏离图线较大的点,要重新审核,进行分析后决定取舍。

5) 在图线的明显位置上标明图线的名称以及必要的说明。

2. 图解法

图解法就是根据实验数据作好的图线,用解析法求出相应的参量或相应的函数形式。当图线是直线时,采用此方法十分方便,因此它也是数据处理的常用方法之一。

下面以表1-6的数据为依据来介绍图解法的实际应用:

1) 根据表1-6做出 $n-m$ 图线,如图1-8所示。

2) 在图线上取两点 $A(m_1, n_1)$、$B(m_2, n_2)$,其坐标值最好是整数,以便于读数。"⊙"号表示所取的点与实验点相区别,(一般不要取原实验点)。所取两点在测量范围内应尽量彼此分开一些,以减小误差。

3) 根据伸长法测金属丝弹性模量的公式,有

$$\Delta n = \frac{8LDg}{\pi d^2 bY}\Delta m = K\Delta m \quad (1-12)$$

所以 n 与 m 呈线性关系,$n-m$ 图线的斜率为

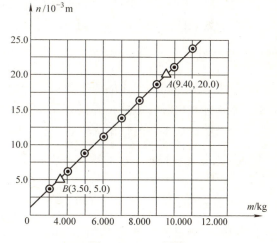

图1-8 $n-m$ 图线

$$K = \frac{n_2 - n_1}{m_2 - m_1} = \frac{(20.0 - 5.0) \times 10^{-3}}{9.40 - 3.50}\text{m/kg} = 2.54 \times 10^{-3}\text{m/kg}$$

则金属丝的弹性模量 Y 为

$$Y = \frac{8LDg}{\pi d^2 bK}$$

只要将实验中测得的 L、D、d、b 值分别代入上式即可求得 Y。

上例中,应用图线的斜率 K 求得了物理量 Y,有时也可利用图线在纵轴或横轴上的截距求出相应的物理量。当函数形式是非线性关系时,可以经过适当的变换,使之成为线性关系,即曲线的改直。例如,在气轨上的简谐振动的研究实验中,有

$$T = 2\pi \sqrt{\frac{m+m'}{K_1+K_2}}$$

上式中简谐振动的周期 T 与滑块的质量 m 不成线性关系，可以将此式变换成

$$T^2 = \frac{4\pi^2}{K_1+K_2}(m'+m) = b + Km$$

则 T^2 与 m 变成了线性关系，其中 m' 是弹簧振动的有效质量。这样只要作出 T^2-m 图线，然后用图解法求得直线的斜率 K，即可解得两条弹簧的弹性系数之和 K_1+K_2，利用图线的外推法读得截距 b，就可算出弹簧振动的有效质量 m'。

3. 作图法的特点

1) 作图法的最大优点是直观，根据图线形状，可以很直观很清楚地观察出在一定条件下，物理量之间的相互关系，找出物理规律。

2) 在测量精度要求不高时，由图线形状探索函数关系，求得相应的物理量比其他数据处理方法要简便。

3) 若图线中某些点偏离特别大，可提醒重新审核，发现测量中的某些错误。

4) 在图线上，可以直接读出没有进行测量的物理量（内插法）；在一定条件下，也可以从图线的延伸部分读到测量数据范围以外的点（外推法）。

5) 作图法也有其局限性，特别是受图纸大小的限制，不能严格建立物理量之间函数关系，同时受到人的主观性影响，进行的插点、连线不可避免地会带来误差。

1.7.3 逐差法

逐差法是对等间隔变化的所测数据，进行合理的等间隔项相减的一种处理方法。它计算简便，能充分利用测量数据，并具有对数据取平均和减小误差的效果。

下面仍然以表 1-6 的数据为例，来说明逐差法的具体应用。

根据公式（1-11），为了求得 Y，必须求得 $\Delta m/\Delta n$，取 $\Delta m = 5.00 \text{kg}$，则 $\overline{\Delta n} = \frac{1}{5}$
$[(n_6 - n_1) + (n_7 - n_2) + \cdots + (n_{10} - n_5)] = \frac{1}{5}\sum_{i=1}^{5} n_{i+5} - n_i$，这就是所谓的逐差法，它是将一组等间隔的测量数据分成前后两部分，后一部分与前一部分的数据依次分别相减，然后取平均。若不是这样处理，而是用 $\overline{\Delta n'} = \frac{1}{9}\sum_{i=1}^{10}(n_{i+1} - n_i) = \frac{n_{10} - n_1}{9}$ 来计算，十分明显，这种处理方法是极不合理的，因为中间的 8 次测量都没有用上，只用了最前和最后的两个数据。

1.7.4 最小二乘法

把实验数据画成图表固然可以表示出物理规律，但它还是一种粗略的数据处理方法。图表表示往往不如用函数表示明确和方便。所以还是希望从实验数据求得经验方程，也称为方程的回归问题。

方程的回归首先要确定函数的形式。函数形式的确定一般是根据理论的推断或者从实验数据变化的趋势推断出来。例如，推断物理量 y 和 x 之间的关系是线性关系，则把函数式

写成
$$y = b_0 + b_1 x$$
如果推断是指数关系，则写成
$$y = c_1 e^{c_2 x} + c_3$$
函数关系实在不清楚的，常常用多项式表示
$$y = b_0 + b_1 x + b_2 x^2 + \cdots + b_n x^n \tag{1-13}$$
式中，b_0、b_1、b_2、$\cdots$、b_n，c_1、c_2、c_3 等均为常数。所以回归问题可以认为是用实验数据来确定上式方程中的待定常数。

1. 一元线性回归

设已知函数形式是
$$y = b_0 + b_1 x \tag{1-14}$$
自变量只有 x 一个，故称为一元线性回归。实际上如果用作图法，相当于求直线的截距和斜率。

实验测得的一组数据是

x：x_1，x_2，x_3，$\cdots$，x_m

y：y_1，y_2，y_3，$\cdots$，y_m

方程式（1-14）既然是物理量 y 和 x 间所服从的规律，所以在 b_0、b_1 确定之后，如果实验没有误差，把 (x_1, y_1)、(x_2, y_2) 等代入式（1-14）时，方程的左右两边应该相等。但实际上，测量总伴随着测量误差。把这些测量归结为 y 的测量偏差，并记作 ε_1、ε_2、ε_3、$\cdots$、ε_m。这样，把实验数据代入到式（1-14），得到

$$\begin{cases} y_1 - b_0 - b_1 x_1 = \varepsilon_1 \\ y_2 - b_0 - b_1 x_2 = \varepsilon_2 \\ \vdots \\ y_m - b_0 - b_1 x_m = \varepsilon_m \end{cases} \tag{1-15}$$

这样做的目的在于利用方程组（1-14）来确定 b_0 和 b_1，那么 b_0 和 b_1 应满足什么要求呢？从几何意义来看，$y = b_0 + b_1 x$ 是一条直线，b_0 和 b_1 决定了直线的取法，(x_1, y_1)、(x_2, y_2)、$\cdots$、(x_m, y_m) 是实验所得的点，ε_1、ε_2、$\cdots$、ε_m 是这些实验点与直线上对应点的纵坐标偏差。显然，要求总的偏差为最小值，即 $\sum_{i=1}^{m} \varepsilon_i^2 = \min$ 才是最合理的，这就是最小二乘法原理。由于

$$\sum_{i=1}^{m} \varepsilon_i^2 = \sum_{i=1}^{m} (y_i - b_0 - b_1 x_i)^2 \tag{1-16}$$

为求 $\sum_{i=1}^{m} \varepsilon_i^2$ 的最小值，把式（1-15）分别对 b_0 和 b_1 求导并令其等于零，则

$$\begin{cases} \dfrac{\partial}{\partial b_0} \left(\sum_{i=1}^{m} \varepsilon_i^2 \right) = -2 \sum_{i=1}^{m} (y_i - b_0 - b_1 x_i) = 0 \\ \dfrac{\partial}{\partial b_1} \left(\sum_{i=1}^{m} \varepsilon_i^2 \right) = -2 \sum_{i=1}^{m} (y_i - b_0 - b_1 x_i) x_i = 0 \end{cases} \tag{1-17}$$

令 $\bar{x}$ 为 x 的平均值，即 $\bar{x} = \dfrac{1}{m}\sum\limits_{i=1}^{m} x_i$，$\bar{y}$ 为 y 的平均值，即 $\bar{y} = \dfrac{1}{m}\sum\limits_{i=1}^{m} y_i$，$\overline{x^2}$ 为 x^2 的平均值，即 $\overline{x^2} = \dfrac{1}{m}\sum\limits_{i=1}^{m} x_i^2$，$\overline{xy}$ 为 xy 的平均值，即 $\overline{xy} = \dfrac{1}{m}\sum\limits_{i=1}^{m} x_i y_i$

则式（1-17）写成

$$\begin{cases} \bar{y} - b_0 - b_1 \bar{x} = 0 \\ \overline{xy} - b_0 \bar{x} - b_1 \overline{x^2} = 0 \end{cases} \tag{1-18}$$

解方程组（1-18）可得

$$\begin{cases} b_1 = \dfrac{\bar{x}\,\bar{y} - \overline{xy}}{\bar{x}^2 - \overline{x^2}} \\ b_0 = \bar{y} - b_1 \bar{x} \end{cases} \tag{1-19}$$

2. 把非线性关系转化为线性关系

非线性回归是一个很复杂的问题，并无一定的解法，但是通常遇到的非线性问题多数能化为线性关系。下面举例说明。

1）若函数为 $x^2 + y^2 = c$，其中 c 为常数，令 $X = x^2$，$Y = y^2$，则 $Y = c - X$。

2）若函数为 $y = \dfrac{x}{a + bx}$，其中 a、b 为常数，将原方程化为 $\dfrac{1}{y} = b + \dfrac{a}{x}$，令 $Y = \dfrac{1}{y}$，$X = \dfrac{1}{x}$，则 $Y = b + aX$。

3）若函数为 $y = c_1 e^{c_2 x}$，其中 c_1、c_2 为常数，将方程两边取对数，则 $\ln y = \ln c_1 + c_2 x$，令 $Y = \ln y$，$\ln c_1 = b_0$，$c_2 = b_1$，则 $Y = b_0 + b_1 x$。

3. 相关系数 r

以上所讨论的都是实验在已知函数形式下进行时，由实验的测量数据求出的回归方程。在函数形式未知的情况下，函数形式的选取主要靠理论上的分析，在理论还不清楚的场合，只能靠实验数据的趋势来推测。这样，对同一组实验数据，不同的工作者可能取不同的函数形式，得出不同的结果。为了判断所得结果是否合理，在特定常数求得以后，还需要计算一下相关系数 r。对于一元线性回归，r 定义为

$$r = \dfrac{\overline{xy} - \bar{x}\,\bar{y}}{\sqrt{(\overline{x^2} - \bar{x}^2)(\overline{y^2} - \bar{y}^2)}} \tag{1-20}$$

相关系数 r 的数值大小反映了相关程度的好坏。可以证明 $|r|$ 的值介于 0 和 1 之间。$|r|$ 值越接近 1，说明实验数据越能密集在求得的直线附近，x、y 之间存在着线性关系，用线性函数进行回归比较合理，如图 1-9a 所示；相反，如果 $|r|$ 值远小于 1 而接近于 0，说明实验数据对求得的直线很分散，x 和 y 之间不存在线性关系，即用线性回归不妥，必须用其他函数重新试探，如图 1-9b 所示。在物理实验中，一般当 $|r| \geq 0.9$ 时，就认为两个物理量之间存在较密切的线性关系。

回归法处理数据的优点在于理论上比较严格，在函数形式确定以后，结果是唯一的，不会因人而异。如果用作图法处理同样数据，即使肯定是线性关系，不同的工作者给出的直线会不同，这是作图法不如回归法的地方。

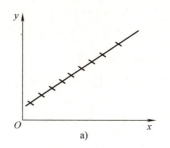 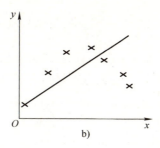

图 1-9 线性回归图

为了具体地说明线性回归法的应用，下面举一个实例。

例 3 已知一个电阻的阻值 R 与温度 t 的关系为 $R = R_0(1 + at) = R_0 + R_0 at$，其中 R_0、a 为常数。现已测得了一系列 R、t 数值共 8 组（见表 1-7），请用最小二乘法做以下内容：

1）线性拟合，并写出直线方程。
2）求出电阻温度系数 a 和 0℃时的电阻值 R_0。
3）求出相关系数 r，评价相关程度。

解 根据 R、t 的线性方程，$R = R_0 + R_0 at$，令 $y = R$，$x = t$，$b_0 = R_0$，$b_1 = R_0 a$，则上式为 $y = b_0 + b_1 x$，把实验数据列入表 1-7，并进行相关的计算。

表 1-7 R、t 数据的回归处理

i	$x_i/℃$	$x_i^2/℃^2$	y_i/Ω	y_i^2/Ω^2	$x_i y_i/℃\cdot\Omega$
1	15.0	225.0	28.05	786.8	420.8
2	20.0	400.0	28.52	813.4	570.4
3	25.0	625.0	29.10	846.8	727.5
4	30.0	900.0	29.56	873.8	886.8
5	35.0	1225	30.10	906.0	1054
6	40.0	1600	30.57	934.5	1223
7	45.0	2025	31.00	961.0	1395
8	50.0	2500	31.62	999.8	1581
平均值	32.5	1188	29.81	890.3	982.2

将表中的数据代入（1-19）式，则

$$b_1 = R_0 a = \frac{\bar{x}\,\bar{y} - \overline{xy}}{\bar{x}^2 - \overline{x^2}} = \frac{32.5 \times 29.81 - 982.2}{32.5^2 - 1188}\Omega/℃ = 0.102\,\Omega/℃$$

$$b_0 = R_0 = \bar{y} - b_1 \bar{x} = (29.81 - 0.102 \times 32.5)\Omega = 26.5\,\Omega$$

故函数关系为 $R = 26.5 + 0.102t$
其中，$R_0 = 26.5\,\Omega$

$$a = \frac{b_1}{R_0} = \frac{0.102}{26.5}℃^{-1} = 3.85 \times 10^{-3}℃^{-1}$$

由（1-20）式可得

$$r = \frac{\overline{xy} - \bar{x}\,\bar{y}}{\sqrt{(\overline{x^2} - \bar{x}^2)(\overline{y^2} - \bar{y}^2)}} = \frac{982.2 - 32.5 \times 29.81}{\sqrt{(1188 - 32.5^2)(890.3 - 29.81^2)}} = 0.903$$

由 r 值可见，R 与 t 之间有较好的线性关系，即相关程度较好。

用最小二乘法处理实验数据显得有些复杂，但实践中可以利用计算器。由于一般函数型计算器除了设置"$\bar{x}$""σ"键外，还设置了"n""$\sum x$""$\sum x^2$"等键，故在计算表 1-7 中的数据时，可将计算器置于"SD"模式，则可较方便求出。如果能用计算机，只要事先编好数据处理程序则运算将更为方便。

1.8 物理实验的规范化操作要求

动手操作，这是实验课与理论课最主要的区别。一个实验成功与否，首先取决于操作是否合理、正确。而且测量技术、动手能力本身就是实验课的一项主要学习内容，它是从事科学工作和科学研究的基础。因此，应该认真对待实验操作这一重要环节。

那么，什么是规范化操作要求呢？在目前的实验参考书上都没有明确回答这一问题，而在各个具体实验的原理、步骤以及注意事项等章节中或多或少地对操作有这样那样的要求。这就是说，规范化操作要求体现在每一个实验中。由于实验内容繁多，测量条件和测量方法又各不相同，因此，对操作的基本要求也各有区别，不能一概而论。为了帮助初学者尽早领略到其中的要点，现将操作的基本要求做如下概括，这就是："安全、准确、有序、方便"。

"安全"包括人身安全和仪器安全。实验中，经常用到 220V 交流电，热学实验中会用到电炉、电热器等，光学实验中会用到激光器、高压汞灯、氢灯等。在使用时应事先把它们妥善放置，实验中要防止触电、烫伤、避免激光直接照射到眼睛，以免损伤视网膜。对于易碎器具，如玻璃温度计、光杠杆镜、各种光学镜片，必须夹持牢固、放置稳妥、轻拿轻放、防止打破。对于高灵敏度的仪器，使用中要有保护措施，并且要十分仔细。例如，检流计、灵敏电流表在通电前，必须仔细检查电路，千万不能让大电流通入这些仪器，否则将造成电表损坏。

"准确"是实验的灵魂，任何实验都希望结果尽可能准确。这就要求仪器安置要合理，调整及测量要符合理论依据。例如，用光杠杆镜测量金属丝弹性模量时，标尺应竖直，标尺的第一个读数要求与光杠杆镜、望远镜等高；用秒表测振动周期时，应该在振动物体处于平衡位置时开始计时；在热学实验中，为了使温度计测得的温度代表系统的整体温度，就应对系统中的水进行适当搅拌；在光学实验中，要对光路调至共轴等。

"有序"指实验操作应按照一定的顺序，先做什么，后做什么心中要十分清楚。特别是有些实验，操作的先后次序是不允许颠倒的，前面有一步没有做，或者没有做好，到最后会导致测量结果完全错误。一般情况下，总是先对器具进行安置、调节，做好必要的准备工作，以及测出一些预备量。如电路的连接，秒表上好发条，测出螺旋测微器的初读数、室温等。然后，测量实验中的关键量，最后测量不受环境和时间影响的其他量。将所有数据清楚地记录下来，并且妥善处理好实验用具。

"方便"是在安全、准确、有序的前提下提出来的。物理实验内容广泛，情况多变，不可能也没有必要把每一个实验的操作细节都一一向大家交代。作为一名实验者，应该要有自己的头脑来分析判断,在保证安全、准确、有序的前提下,采取最方便的方法完成操作。因为方便不但能节省时间,而且还能减小误差。也就是说,实验中应该体现出个人的灵活性,甚至是创造性。有时教材上提出的操作方法不一定完全合理,不一定是最好的方法。可以在理解的基础上有所更改、有所创新。

规范化操作要求的八字原则是对物理实验操作的高度概括,如果讲得稍具体些,这就是:"有条不紊,步骤分明;布局合理,动作协调;操作细致,记载清楚"。希望本节内容能对初学者有所启示,也同时希望大家在各个具体实验中加以很好体会。

1.9 物理实验课的基本程序

1.9.1 课前预习

由于实验课本身的特点——实践性,因此,在课内同学们的主要时间是花在实验操作、现象观察以及运用理论知识解决实际问题方面。与理论课不同,教师的讲解只能是简短的,这就要求实验者在课前必须进行认真和全面的预习,否则就会在实验中出现这样那样的差错,学不到真正的知识。

预习主要在实验室外进行,通读有关的实验教材,着重领会实验原理、测量方法、操作步骤以及应注意问题等,列出需测物理量的全部数表,对于一时不能理解的问题可以参阅相近的参考书,或者到实验室通过观察实际仪器及实验资料设法弄懂。进入实验室以后还应该进行进一步的预习,此时要着重熟悉仪器结构、功能,考虑如何安置、布局和调整仪器。

1.9.2 实验操作

实验开始前老师要检查同学的预习情况,或提出一些实验问题,若发现没有经过预习的,要求其完成预习后才能开始实验。实验要有科学性和严肃性,操作、测量应认真、细致、一丝不苟,以尽可能获得准确的实验结果。实验中要善于观察各种现象、分析这些现象是否合理,设法找出非合理现象的原因,纠正操作上的错误,使实验朝正确的方向进行。每次测量后,应立即将数据记在数表里,要根据仪表的最小刻度决定实验数据的有效数字位数,各个数据之间,应留有间隙,以供必要时补充或更正。

1.9.3 实验报告

实验报告是实验工作的全面总结,只有经过写实验报告,才能将实验中的知识点从感性认识提高到理性认识,因此,要像做实验一样认真对待。实验报告要求文字简洁、字迹工整、图表规范、表达清楚。一份完整的实验报告一般包括下列几个部分:实验名称、实验目的、仪器材料、主要原理、操作步骤、实验数据及图线、计算式、实验结果、问题讨论或解答思考题。下面就实验报告的各个部分做一些必要的说明。

1) 实验目的是根据实验内容而提出的总要求,因此,它是实验报告的核心,报告中各部分内容都应围绕实验目的来写。有时某一实验内容较多,实验者可以根据自己的需要选择其中一部分进行研究,此时实验目的就应根据实际情况来写,不能盲目照书抄写。

2) 以上列出的九项内容不是一成不变的,由于各实验的具体内容不同,每份报告各部分的写法应有所侧重，有些要进行误差计算、误差分析、问题讨论，有些则不需要。一般来讲，实验原理、数据的表达及处理是报告的重点，一定要表达清楚、完整。

3）实验原理要求在理解的基础上精写，可以画出必要的电路图、示意图以帮助说明原理中的关键问题，而不是长篇大论地照书抄写。

4）仪器材料要根据实验实际使用的记载，包括型号、编号、数量等，以便在出现测量错误时能够在同一套仪器中进行复测，找出错误原因。

5）凡是数值计算式一律分三步进行：原始公式→代入全部数据→算得最后结果（不能遗忘单位）。

6）得到实验结果以后，可以对结果做出评价。有些结果可以明显地看出是不合理的，但有些一时还看不出来，只有经过误差计算，才能对实验结果做出正确的判断，如果实验结果明显地超出了误差范围，就有必要进行分析、讨论，甚至重新做一次实验，以找出真正的原因。

做实验报告是一项十分细致而艰苦的工作，特别是初学者，往往会出现这样那样的问题或错误，但只要认真对待，及时纠正前面几次报告中的差错，就一定能很好掌握实验报告的写作技能，为今后从事科学研究工作打下扎实的基础。

第 2 章　基础性实验

2.1　重力加速度的测量

2.1.1　单摆法

1. 实验目的
1）掌握米尺、游标卡尺、停表、数字测时计的正确使用方法。
2）掌握用单摆测量重力加速度的原理及方法。
3）学习用作图法处理测量数据。

2. 实验仪器
单摆、光电计时装置、镜尺组合、钢卷尺、游标卡尺。

3. 实验原理

数学摆是物理摆系统的简约化模型。一个质点用一个没有质量的刚性悬丝悬挂，仅受重力作用且在一个竖直面内摆动，即成为一个数学摆。但实际上数学摆是不存在的，是理想化模型，物理实验中常用单摆去模拟它。

一根不可伸长的细线，上端悬挂一个小球。当细线质量比小球的质量小很多，而且小球的直径相比细线的长度小很多时，此种装置称为单摆，如图 2-1 所示。如果把小球稍微拉开一定距离，小球在重力作用下可在铅直平面内做往复运动，一个完整的往复运动所用的时间称为一个周期。

按照严格的数学解，单摆的周期 T、摆长 l 与摆角 θ 之间有如下关系

$$T = 2\pi \sqrt{\frac{L}{g}} \left[1 + \left(\frac{1}{2}\right)^2 \sin^2 \frac{\theta}{2} + \left(\frac{1}{2}\right)^2 \left(\frac{3}{4}\right)^2 \sin^4 \frac{\theta}{2} + \cdots \right] \tag{2-1}$$

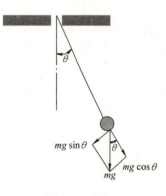

图 2-1　单摆

式中，g 是当地的重力加速度；n 是被展开的幂级数的阶数。

略去上式中的高次项，保留二级小项有

$$T = 2\pi \sqrt{\frac{L}{g}} \left[1 + \left(\frac{1}{2}\right)^2 \sin^2 \frac{\theta}{2} \right] \tag{2-2}$$

实际的单摆为一根细线拴一个小金属球，线长可以调节，细线的质量应远小于金属球的质量，球的直径远小于线的长度，在摆动过程中，忽略空气浮力、摩擦阻力以及线的伸长等因素，再假设摆角较小（小于 5°），则有

$$\left[\left(\frac{1}{2}\right)^2 \sin^2\frac{\theta}{2}\right] \ll 1 \tag{2-3}$$

则式（2-2）可近似为

$$T = 2\pi\sqrt{\frac{L}{g}} \tag{2-4}$$

则

$$g = 4\pi^2\frac{L}{T^2} \tag{2-5}$$

式中，L 为单摆长度，单摆长度是指上端悬挂点到球心之间的距离；g 为重力加速度。如果测量得出周期 T、单摆长度 L，利用式（2-5）可计算出重力加速度 g。由式（2-5）可知 T^2 和 L 具有线性关系，即 $T^2 = \frac{4\pi^2}{g}L$。对不同的单摆长度 L 测量得出相对应的周期，可由 $T^2 - L$ 图线的斜率求出 g 值。

4. 实验内容

1）通过测量单摆周期测量 g：在 $L = 100\text{cm}$，$\theta \leqslant 5°$ 条件下，用停表测量单摆 50 次的累计周期（$50T$），并用米尺重复 3 次测量摆长取平均值。

2）研究周期与单摆长度的关系：改变单摆摆长 L，每次缩短 10.0cm，取 5 次值，在 $\theta \leqslant 5°$ 条件下，用光电门配合数字测时计测量其 50 次累计周期。

3）研究单摆摆角和周期的关系：取 $L = 100\text{cm}$，用光电门配合数字测时计，分别在 $\theta = 5°$、$10°$、$15°$、$20°$、$25°$ 条件下，测量其 50 次累计周期，可以计算出周期 T，研究摆动角度 θ 和周期 T 之间的关系。

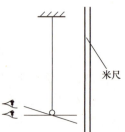

图 2-2 测量摆长时可能产生视角误差

5. 注意事项

（1）消除视差 用米尺或钢卷尺测量摆长时，应注意使尺子与被测摆线平行，并尽量靠近。如图 2-2 所示，由于观测方向的不同，所读出的长度数值也不同，这就是视差，为了防止由于视角因素引起的测量误差，测量时应使视线方向和尺面的方向保持垂直。还可在尺子旁边放一个和尺面相平行的平面镜，在被测点和它在镜中像刚好重合的方向去读数，这样就可以保证视线和尺子的方向垂直。

（2）使用停表的注意事项

1）使用停表前应检查其零点是否准确，若不准，应进行零点修正，即记下其回零读数，测量后从测量值中将其减去（注意符号）。

2）停表按钮的行程一般分为二个小截，在预备测量阶段先按下一小截，待需启动时，再稍用力按到底，这种按法可缩短手动按所产生的迟滞时间。

3）停表或数字测时计的校准。为了减少停表或数字测时计不准带来的系统误差，可用一个精度比它高一个数量级的测时计作为标准计时器来较准，例如秒表走了 605.8s 时，标准计时器的读数是 603.32s，则校准系数 $C = \frac{603.32}{605.8}$，因此应将实验所测得周期 T_i 乘以系数 C，即 $T = CT_i$，这才是准确的周期值。

6. 数据记录及处理

1）对同一单摆长度进行多次周期测量，用计算法求重力加速度。测量数据见表 2-1。

表 2-1 计算法求重力加速度

次数	L/cm	$50T$/s	T/s
1			
2			
3			
平均值			

由式（2-4）计算 $\overline{g}$ 值，用误差传递公式计算出误差，将结果表示成 $g = \overline{g} \pm \Delta g$ 的形式。

2）研究周期 T 与单摆长度的关系，用作图的方法求 g 值。测量数据记入表 2-2。

表 2-2 用作图法求 g 值

L/cm	$50T$/s	T/s	T^2/s^2
100.0			
110.0			
⋮			

根据以上数据可以在坐标纸上作 $T^2 - L$ 图，从图中可看出 T^2 与 L 呈线性关系。在直线上选取两点 $P_1(L_1, T_1^2)$ 和 $P_2(L_2, T_2^2)$，由两点式求出斜率 $k = \dfrac{T_2^2 - T_1^2}{L_2 - L_1}$，再从 $k = \dfrac{4\pi^2}{g}$ 求得重力加速度，即

$$g = 4\pi^2 \frac{L_2 - L_1}{T_2^2 - T_1^2}$$

3）研究周期与摆动角度的关系。可使用坐标纸来做 $T - \sin^2\dfrac{\theta}{2}$ 图，求直线的斜率，并与 $\dfrac{\pi}{2}\sqrt{\dfrac{L}{g}}$ 作比较，验证式（2-2）。测量数据记入表 2-3。

表 2-3 周期与摆动角度关系测量数据

次数	1	2	3	4	5	6	7	8
θ								
$50T$/s								
T/s								

7. 思考题

1）如果用一直尺测量摆幅，当摆长为 100cm，摆幅水平位移为 10cm 时，会对周期 T 产生多大影响？你怎样简便地进行估算？

2）试使摆幅很大，看摆动周期有没有变化？如果看不出变化，试说明其原因。

3）测量周期时有人认为，摆动小球通过平均位置走得太快，计时不准，摆动小球通过最大位置时走得慢，计时准确，你认为如何？试从理论和实际测量中加以说明。

4）要测量单摆长度 L，就必须先确定摆动小球重心的位置，这对不规则的摆动球来说是比较困难的。那么，采取什么方法可以测出重力加速度呢？

2.1.2 自由落体法

1. 实验目的

1）掌握光电计时器的使用方法。

2）掌握用自由落体测定重力加速度的原理及方法。

2. 实验仪器

自由落体装置；光电计时装置。

3. 实验原理

（1）根据自由落体运动公式测量 g　自由落体公式为

$$h = \frac{1}{2}gt^2 \tag{2-6}$$

测出 h 和 t 就可以算出重力加速度 g。用电磁铁联动或把小球放置在刚好不能挡光的位置，在小球开始下落的同时计时，则 t 是小球下落时间，h 是在 t 时间内小球下落的距离。

（2）利用双光电门计时方式测量 g　如果只用一个光电门测量会有两个困难：一是 h 不容易测量准确；二是电磁铁有剩磁，t 不易测量准确。这两点都会给实验带来一定的测量误差。为了解决这个问题采用双光电门计时方式，可以有效地减小实验误差。小球在竖直方向从 O 点开始自由下落，设它到达 A 点的速度为 V_1，从 A 点起，经过时间 t_1 后小球到达 B 点，如图 2-3 和图 2-4 所示。令 A、B 两点间的距离为 h_1，则

$$h_1 = V_1 t_1 + \frac{g t_1^2}{2} \tag{2-7}$$

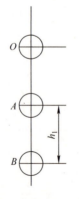 

图 2-3　双光电门计时测量重力加速度装置（一）　　图 2-4　双光电门计时测量重力加速度装置（二）

若保持上述条件不变，从 A 点起，经过时间 t_2 后，小球到达 B' 点，令 A、B' 两点间的距离为 h_2，则

$$h_2 = V_1 t_2 + \frac{g t_2^2}{2} \tag{2-8}$$

可以得出

$$g = 2 \frac{\dfrac{h_2}{t_2} - \dfrac{h_1}{t_1}}{t_2 - t_1} \tag{2-9}$$

利用上述方法测量，将原来难于精确测定的距离 h_1 和 h_2 转化为测量其差值，即 (h_2-h_1)，该值等于第二个光电门在两次实验中的上下移动距离，可由第二个光电门在移动前后标尺上的两次读数求得。而且解决了剩磁所引起的时间测量困难问题，测量结果比应用一个光电门要精确得多。

4. 实验内容

（1）仪器组装

1）将三脚架的三条腿打开到最大位置，将三条腿上两边的螺钉紧固，使其不能活动。

2）把立柱端面中心上的螺钉卸下，将三脚架上的两个定位键插入立柱端面的两个 T 形的槽内，用螺钉紧固。

3）将电磁铁吸引小球的装置、光电门、接球架固定于立柱上。

（2）仪器使用

1）调节立柱竖直。将重锤悬挂在电磁铁吸引小球的装置左面的校正板挂钩上，将两组光电门拉开一定的距离，调节底座平衡螺钉，使垂线刚好处在 X 轴和 Y 轴两个方向正中间放置的光敏管处，保证小球下落过程中，遮光位置的准确性，满足实验精度。

2）当接通电脑计时器的电源时，打开电源开关，置于"计时"挡。

3）保持上光电门的位置不变，将下光电门的位置下移 20cm，释放小球，记录通过两光电门之间的时间 t 和距离 h，重复测量三次。

4）重复上一步骤，依次测量当两个光电门距离为 40cm、60cm、80cm、100cm 时所用的时间 t。

5. 注意事项

1）调整自由落体运动实验仪，保证小球下落时都是从两个光电门的正中央通过。

2）测量 h 时要保证准确，因为 h 的准确测量对实验结果影响很大。

6. 数据记录及处理

1）按式（2-9）计算重力加速度 g。

2）从相关资料获得当地重力加速度标准值 g_0，计算测量值相对于 g_0 的百分误差值。

3）除了用公式法计算 g 值外，还可用作图法求得 g 值，作出 $\frac{h}{t}-t$ 图线，从其斜率中求出 g。

7. 思考题

1）A 和 B 的位置怎样比较合适？试改变 A、B 的位置进行实验，并对结果进行讨论。

2）实际上还可以改变部分实验装置，以彻底消除剩磁效应的影响。请思考，应如何设计？

2.2　动量守恒定律的验证

1. 实验目的

1）验证动量守恒定律。

2）熟悉气垫导轨、通用计算机计时器的使用方法。

3）用观察法研究弹性碰撞和非弹性碰撞的特点。

2. 实验仪器

J2125—B—1.5 型气垫导轨、计算机计时器、气源、物理天平

3. 实验原理

如果某一力学系统不受外力，或外力的矢量和为零，则系统的总动量保持不变，这就是动量守恒定律。在本实验中，是利用气垫导轨上两个滑块的碰撞来验证动量守恒定律。在水平导轨上滑块与导轨之间的摩擦力忽略不计，则两个滑块在碰撞时除受到相互作用的内力外，在水平方向可以看作不受外力的作用，因而碰撞的动量守恒。若 m_1 和 m_2 分别表示两个滑块的质量，以 v_{10}、v_{20}、v'_{10}、v'_{20} 分别表示两个滑块儿碰撞前后的速度，则由动量守恒定律可得

$$m_1 v_{10} + m_2 v_{20} = m_1 v'_{10} + m_2 v'_{20} \tag{2-10}$$

下面分几种情况来进行讨论。

(1) **完全弹性碰撞** 弹性碰撞的特点是碰撞前后系统的动量守恒，机械能也守恒。如果在两个滑块相碰撞的两端装上缓冲弹簧，在滑块相碰时，由于缓冲弹簧发生弹性形变后恢复原状，系统的机械能基本无损失，两个滑块碰撞前后的总动能不变，可用公式表示为

$$\frac{1}{2}m_1 v_{10}^2 + \frac{1}{2}m_2 v_{20}^2 = \frac{1}{2}m_1 v'^2_{10} + \frac{1}{2}m_2 v'^2_{20} \tag{2-11}$$

由式（2-10）和式（2-11）联合求解可得

$$\left. \begin{array}{l} v'_{10} = \dfrac{(m_1 - m_2)v_{10} + 2m_2 v_{20}}{m_1 + m_2} \\[2mm] v'_{20} = \dfrac{(m_2 - m_1)v_{20} + 2m_1 v_{10}}{m_1 + m_2} \end{array} \right\} \tag{2-12}$$

若令 $m_1 = m_2$，两个滑块的速度必交换。若不仅 $m_1 = m_2$，且令 $v_{20} = 0$，则碰撞后 m_1 滑块变为静止，而 m_2 滑块却以 m_1 滑块原来的速度沿原方向运动起来。这与公式的推导一致。若 $m_1 \neq m_2$，仍令 $v_{20} = 0$，则有

$$\begin{array}{l} v'_{10} = \dfrac{(m_1 - m_2)v_{10}}{m_1 + m_2} \\[2mm] v'_{20} = \dfrac{2m_1 v_{10}}{m_1 + m_2} \end{array} \tag{2-13}$$

实际上完全弹性碰撞只是理想的情况，一般碰撞时总有机械能损耗，所以碰撞前后仅是总动量保持守恒，当 $v_{20} = 0$ 时

$$m_1 v_{10} = m_1 v'_{10} + m_2 v'_{20} \tag{2-14}$$

(2) **完全非弹性碰撞** 若在两个滑块的两个碰撞端分别装上尼龙搭扣，碰撞后两个滑块黏在一起以同一速度运动就可成为完全非弹性碰撞。若 $m_1 = m_2$，$v_{20} = 0$，$v'_{10} = v'_{20} = v$，由式（2-10）得 $v = \dfrac{1}{2}v_{10}$，若 $m_1 \neq m_2$，仍令 $v_{20} = 0$，则有

$$v = \frac{m_1}{m_1 + m_2} v_{10} \tag{2-15}$$

(3) **恢复系数和动能比** 碰撞的分类可以根据恢复系数的值来确定。所谓恢复系数就是指碰撞后的相对速度和碰撞前的相对速度之比，用 e 来表示：

$$e = \frac{v'_{20} - v'_{10}}{v_{10} - v_{20}} \tag{2-16}$$

若 $e=1$，即 $v_{10} - v_{20} = v'_{20} - v'_{10}$ 是完全弹性碰撞；若 $e=0$，即 $v'_{20} = v'_{10}$ 是完全非弹性碰撞。此外，碰撞前后的动能比也是反映碰撞性质的物理量，在 $v_{20}=0$，$m_1 = m_2$ 时，动能比为

$$R = \frac{1}{2}(1 + e^2) \tag{2-17}$$

若物体做完全弹性碰撞时，$e=1$，则 $R=1$（无动能损失）；若物体做非弹性碰撞时，$0 < e < 1$，则 $\frac{1}{2} < R < 1$。

4. 实验内容

（1）用弹性碰撞验证动量守恒定律

1）$m_1 = m_2$ 时的弹性碰撞。

① 连接并调试好仪器。

② 把滑块1（在左）放在左光电门的外侧，滑块2放在两光电门之间靠近右面光电门的地方，让滑块2处于静止状态。

③ 把滑块1反向推动，让它碰后反弹回来通过左面光电门后再和滑块2发生碰撞，碰撞前的速度 v_{10} 由左光电门所记录的时间 Δt_1 反映出来。碰撞后 $v'_{10}=0$，m_2 以 v_{10} 的速度运动，即 $v'_{20} = v_{10}$，m_2 的速度 v'_{20} 由右面光电门所记录的时间 $\Delta t'_{20}$ 反映出来。通过实验中记录经过左面光电门的遮光时间 Δt_1 和碰撞后经过右面光电门的遮光时间 $\Delta t'_{20}$，即可验证在实验条件下的动量守恒。

④ 用所测得的碰撞前后的速度计算恢复系数和动能比。

⑤ 改变碰撞时的速度 v_{10} 重复以上内容。

2）$m_1 \neq m_2$ 时的弹性碰撞。

① 取一大一小两个滑块分别称其质量为 m_1 和 m_2。

② 在左光电门外侧放大滑块1，较小的滑块2放在两光电门之间。使 $v_{20}=0$，推动 m_1 使之与 m_2 相碰，测量较大的滑块在碰撞前经过光电门的遮光时间 Δt_{10}，及碰撞以后 m_1、m_2 先后经过右面光电门的时间 $\Delta t'_{20}$、$\Delta t'_{10}$，由此计算出 v_0、v'_1、v'_2，便可验证在此实验条件下的动量守恒，即 $m_1 v_{10} = m_1 v'_{10} + m_2 v'_{20}$。

③ 改变 v_{10}，重复以上内容测量多次。

（2）用完全非弹性碰撞验证动量守恒

① 较大的滑块1和较小的滑块2的两个碰撞端，分别装上尼龙搭扣，用天平称量 m_1 和 m_2，使 $m_1 = m_2$。

② 左光电门以外的地方放一个滑块1，在两光电门之间靠近右光电门的地方放一个滑块2，并使 $v_{20}=0$，推动 m_1 使之与 m_2 相碰撞。碰撞后两个滑块黏在一起以同一速度运动就可成为完全非弹性碰撞，碰撞后速度 $v'_{10} = v'_{20} = v$。

③ 记下滑块经过左光电门的遮光时间 Δt_{10} 及经过右光电门的遮光时间 $\Delta t'_{10}$，由此可以计算出碰撞前的速度 v_{10} 及碰撞后的速度 v'_{10}，在此实验条件上可验证 $v'_{10} = \frac{1}{2} v_{10}$。

④ 改变弹性碰撞的速度 v_{10}，重复多次测量。

⑤ 用碰撞前后的速度算一下恢复系数和动能比。

5. 注意事项

1) m_1的初始速度不可以太小,以至m_2的速度太小;但也不能太大,以免把m_2碰翻。

2) 在进行质量不相等的弹性碰撞时,m_1和m_2的质量应该有明显的差别。

6. 数据记录及处理

(1) 弹性碰撞 $m_1 = m_2$时的弹性碰撞,自拟表格记录有关数据;$m_1 \neq m_2$时的弹性碰撞,自拟表格记录数据。

(2) 完全非弹性碰撞 自拟表格记录有关数据。

对上述两种情况下所测数据进行处理,计算出碰撞前和碰撞后的总动量,并通过比较得出动量守恒的结论。

7. 思考题

1) 在弹性碰撞情况下,当$m_1 \neq m_2$,$v_{20} = 0$时,两个滑块碰撞前后的动能是否相等?如果不完全相等,试分析产生误差的原因。

2) 为了验证动量守恒定律,应如何保证实验条件,减少测量误差?

附:装置介绍

1. 气源

气源是由电动机带动风扇转动形成压缩空气的装置。压缩空气用导管通到气轨的进气口。

2. 气垫导轨

各种型号气垫导轨的结构大致相同,如图2-4所示,本节以J2125—B—1.5型气垫导轨为例来说明气垫导轨的各部分功能。

1——进气口:用波纹管与气源连接,将一定压强的气流输入导轨空腔。

2——左端堵:图2-5所示左端的堵板,为进气口和弹射器的安装提供支持。

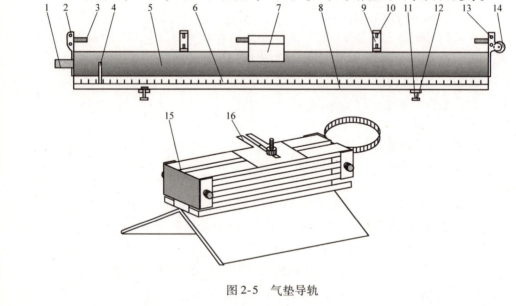

图2-5 气垫导轨

3——弹射器：固定在导轨堵板上和滑行器上的弹簧碰圈，作发射使用，可使滑行器获得一个初速度。

4——起始挡板：使滑行器重复地从导轨上同一位置开始运动。

5——导轨：采用截面为三角形的空心铝合金管体制成。两个侧面上按一定规律分布着气孔。进入导轨的压缩空气从气孔中喷出，在滑行器内表面和导轨表面之间形成一层很薄的气垫，将滑行器浮起。滑行器在导轨表面运动过程中，只受到很小的空气粘滞阻力的影响，能量损失极小，所以滑行器的运动可近似地看作是无摩擦阻力的运动。

6——标尺：固定在导轨上，用来指示光电门和滑行器的位置。

7——滑行器：用铝合金制成，在滑行器上方的T形槽中可安装不同尺寸的挡光片，在滑行器两侧的T形槽中可加装不同质量的砝码。滑行器两端可以安装弹射器或搭扣。

8——底座：用来固定导轨并防止导轨变形。

9——光电门支架：为单侧上下双层结构，可安装在导轨的任意位置处。

10——光电门：是计时器的传感元件，由聚光灯泡和光敏二极管构成。分别安装在光电门支架旁侧上下两层相对应的位置处，利用二极管在光照和遮光两种状态下电阻的变化，获得信号电压，以此来控制计数器工作。

11——支脚：采用三点结构。双脚端用来调节导轨的横向水平，单脚端用来调节导轨纵向的水平。调节由调节螺钉来完成。

12——垫脚：支脚下面的垫块。垫脚的平面一侧贴在桌面上，调节螺钉的尖端放在垫脚凹面的一侧内。

13——右端堵：图2-4右端的堵板，为滑轮和弹射器的安装提供支持。

14——滑轮：使用前要调整轴尖，使滑轮转动灵活。

15——搭扣：固定在滑行器上的尼龙扣件，两个滑行器碰撞时可通过搭扣而黏贴在一起。

16——挡光片：为不同尺寸和形状的挡光器件。

3. 计时系统介绍

（1）MUJ—6B电脑通用计数器和J—MS—6电脑通用计数器的工作原理 两种电脑通用计数器都采用51系列单片机作为中央处理器，并编入了相应的数据处理程序，具备多组实验数据记忆存储功能。从P_1和P_2两个光电门采集数据信号，经中央处理器处理后，在LED数码显示屏上显示出测量结果。两种计数器的面板如图2-6（图中注释与图2-7一样）和图2-7所示。

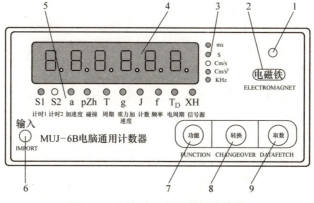

图2-6 MUJ—6B电脑通用计数器

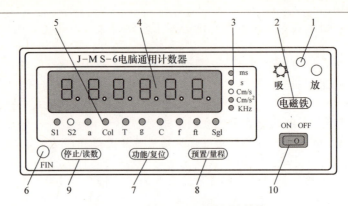

图 2-7　J—MS—6 电脑通用计数器
1—电磁铁开关指示灯　2—电磁铁键　3—测量单位指示灯　4—显示屏
5—功能转换指示灯　6—测频输入口　7—功能键（功能/复位键）　8—转换键（预置/量程键）
9—取数键（停止/读数键）　10—电源开关

这两种计数器的功能相同，因此面板图上两种计数器只要是功能相同的部分都赋予了相同的编号。

(2) 通用计数器面板各部位作用

1) 电磁铁开关指示灯：打开电磁铁键，指示灯亮。

2) 电磁铁键：按动此键，可改变电磁铁的吸合（键上方发光管亮）与放开（键上方发光管灭）。

3) 测量单位指示灯：选择测量单位，相应指示灯亮。

4) 显示屏：由 6 位 LED 数码显示管组成。

5) 功能转换指示灯：选择测量功能，相应指示灯亮。

6) 测频输入口：外界信号输入接口。

7) 功能键（功能/复位键）：用于 10 种功能的选择和取消，显示数据复位。①功能复位：在按键之前，如果光电门遮过光，按下此键，则显示屏清零，功能复位。②功能选择：功能复位以后，按下此键仪器将选择新的功能。若按住此键不放，可循环选择功能，至所需的功能灯亮时，放开此键即可。

8) 转换键（预置/量程键）：用于测量单位的转换，挡光片宽度的设定及简谐振动周期值的设定。

9) 取数键（停止/读数键）：按下此键可读出前几次实验中存入的计时"S_1"、计时"S_2"、加速度"a"、碰撞"col"、周期"T"和重力加速度"g"的实验值。当显示"Ex"，提示将显示存入的第 x 次实验值。在显示过程中，按下"功能/复位键"，会清除已存入的数据。

10) 电源开关：MUJ—6B 电脑通用计数器的电源开关在后面板上。

(3) 计时系统　计时系统由固定在导轨上的两个光电门和随滑块运动的挡光片及电脑通用计数器组成。

电脑通用计数器在本试验中所使用的功能键的作用：

1) 计时"S_1"：测量挡光片对 P_1 或对 P_2 的挡光时间，可连续测量，也可以测量挡光片

通过 P_1 或 P_2 的平均速度。

2) 计时"S_2": 测量挡光片对 P_1 或 P_2 两次挡光的时间间隔, 也可以测量挡光片通过 P_1 或 P_2 的平均速度。

3) 加速度"a": 测量挡光片通过 P_1 和 P_2 的平均速度及通过 P_1 和 P_2 的时间, 或测量挡光片通过 P_1 和 P_2 的平均加速度。

4) 周期"T": 测量简谐振动中若干个周期的时间或周期的个数。

5) 设定周期数: 按下转换键(预置/量程键)不放, 确认到所需的周期数放开此键。每完成一个周期, 显示屏上周期数会自动减1, 最后一次挡光完成, 会显示累计时间值。

6) 不设定周期数: 在周期数显示为0时, 每完成一个周期, 显示周期数会增加1, 按下转换键(预置/量程键)即停止测量。显示最后一个周期约1s后, 显示累计时间。按取数键(停止/读数键), 可提取单个周期的时间值。

下面介绍挡光片的工作原理。

1) 凸形挡光片。如图2-8所示, 当滑行器推动挡光片前沿 l_1 通过光电门时, 计数器开始计时, 当滑行器推动挡光片后沿 l_2 通过光电门时, 挡光结束, 计数器停止计时。

此类挡光片与计数器的"δ1"功能配合使用。若选定的单位是时间, 则屏上显示的是挡光片的挡光时间 Δt。设挡光片的宽度为 Δl, 实验中一般选取 $\Delta l = 1.00\text{cm}$。若选定的单位是速度, 则计数器还可以自动计算出滑行器经过光电门的平均速度 $v = \Delta l/\Delta t$, 并显示出来。

2) 凹形挡光片。如图2-9所示, 当滑行器推动前挡光条的前沿 l_1 挡光时, 计数器开始计时, 当滑行器推动后挡光条的前沿 l_2 挡光时, 计数器停止计时。

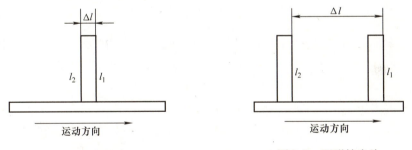

图2-8 凸形挡光片　　　　　　图2-9 凹形挡光片

此类挡光片与计数器的"S_1"功能配合使用。若选定的单位是时间, 则屏上显示的是两次挡光的时间间隔 Δt。挡光片的前后挡光条同侧边沿之间的距离为 Δl, 实验中有宽度为 1.00cm、3.00cm、5.00cm、10.00cm 宽度的挡光片供选择。若选定的单位是速度, 则计数器还可自动算出滑行器通过光电门的平均速度 $v = \Delta l/\Delta t$, 并显示出来。

此类挡光片与计数器的"a"功能配合, 可自动计算出滑行器通过两个光电门的平均加速度。原理为: 计数器能自动算出滑行器经过两个光电门的平均速度 v_1 和 v_2, 还可以记录滑行器通过两个光电门的时间 t, 然后由公式 $a = \dfrac{v_2 - v_1}{t}$ 自动算出滑行器通过两个光电门的平均加速度。

2.3 转动惯量的测定（用刚体转动实验仪）

1. 实验目的
1）验证刚体的转动定律，测定刚体的转动惯量。
2）进一步理解刚体的质量及质量分布对转动惯量的影响。
3）验证平行轴定理。
4）掌握用作图法（曲线改直）处理数据。
2. 实验仪器
刚体转动实验仪、秒表、米尺、游标卡尺、砝码。
3. 实验原理

刚体绕固定转轴转动时，刚体转动的角加速度 β 与刚体所受到的合外力矩 M、刚体对该转轴的转动惯量 I 之间有 $M = I\beta$ 的关系，这一关系称为刚体的转动定律。本实验所用仪器装置如图2-9所示。当忽略了各种摩擦阻力，不计滑轮和线的质量，并且线长不变时，塔轮（塔轮质量为 m_0）仅仅受到线的拉力 T 的力矩作用，砝码（质量为 m）以加速度 a 下落，则

$$T = m(g - a) \tag{2-18}$$

$$Tr = I\beta \tag{2-19}$$

式中，g 是当地重力加速度；r、β 是塔轮的半径和转动角加速度；I 为转动系统对轴 OO' 的转动惯量。

若砝码由静止开始下落高度 h 所用的时间为 t，则

$$h = \frac{1}{2}at^2 \tag{2-20}$$

由以上公式，并利用 $a = r\beta$ 可以解得 $m(g-a)r = \dfrac{2hI}{rt^2}$。如果实验过程中使 $g \gg a$，则有

$$mgr = \frac{2hI}{rt^2} \tag{2-21}$$

下面就式（2-21）分两种情况来讨论：

1）若保持 m、h 大小不变，m_0 大小、位置不变，改变 r，测出对应的时间 t。根据式（2-21）有

$$r = \sqrt{\frac{2hI}{mg}} \frac{1}{t} \tag{2-22}$$

作 $r - \dfrac{1}{t}$ 图，如果图线是一条直线，则式（2-22）被验证，从而间接地验证了刚体的转动定律，同时由直线的斜率可求出系统转动惯量 I。

2）若保持 h、r、m 不变，对称地改变 m_0 的位置，即改变两个 m_0 的质心到 OO' 轴的距离 x，根据刚体转动的平行轴定理，整个转动系统 ΔL 轴的转动惯量为

$$I = I_0 + I_{0C} + 2m_0 x^2 \tag{2-23}$$

式中，I_0 是塔轮 A 及两臂 B、B′ 绕 OO' 轴的转动惯量；I_{0C} 是两个 m_0 绕通过其质量中心并且平行于 OO' 的轴的转动惯量。将式（2-23）代入式（2-21）可得

$$t^2 = \frac{4m_0 h}{mgr^2}x^2 + \frac{2h(I_0 + I_{OC})}{mgr^2} \tag{2-24}$$

移动两个 m_0 的位置，测量出 x 及其相对的 t 值，做出 $t^2 - x^2$ 图线，如果为一直线，从而间接地验证了平行轴定理。

4. 实验内容

（1）验证刚体转动定律，测定刚体的转动惯量

1）安装调试实验装置如图 2-10 所示。取下塔轮，换上铅锤，调节底座的调节螺钉，使铅锤位于轴线中间，保证 OO' 轴线竖直；调整塔轮支架的位置，让塔轮上的细线水平的跨过滑轮，挂一个质量为 m 的砝码，使各个滑动部分能活动自如。

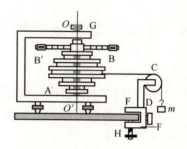

图 2-10 转动惯量实验装置

2）将质量为 m_0 的两个圆柱体对称地固定在两臂 B、B' 上，r_1 取 1cm，在维持砝码质量 m（$m = 20g$）不变的情况下，让其从静止开始下落，记录砝码经过距离 h 所用的时间 t，重复 3 次取平均值 t_1。

3）改变 r 的值 3～5 次，其他条件不变，重复上述方法，测出对应的时间 t_1, t_2, t_3, …, t_5。

（2）验证平行轴定理并观测转动惯量与质量分布的关系　选定 m、h、r，分别测出两 m_0 对称置于（5, $5'$）、（4, $4'$）、…、（1, $1'$）位置时的 x_i 及 m 下落 h 距离所用的时间 t_i，每一位置测量 3 次取其平均值。

5. 注意事项

1）用塔轮上的不同半径做实验时，一定要上下调节滑轮的位置，以保证细线从塔轮绕出后与转轴垂直，同时要使滑轮与细线在同一平面内。

2）砝码开始下落时，尽量做到初速为 0，且保证 $g \gg a$。

3）调节仪器转轴与支撑面垂直，调整滑轮支架的位置、高低，使塔轮绕线水平跨过滑轮，塔轮转轴不能固定太紧，也不要太松，以尽量减少摩擦。

6. 数据记录及处理

（1）作 $r - \dfrac{1}{t}$ 图，采用作图的方法求出转动惯量

1）将实验内容 1 的测量数据填入自拟的表格中，并求出 $\bar{t}$ 和 $\dfrac{1}{t}$。

2）在直角坐标纸上做出 $r - \dfrac{1}{t}$ 图，若为直线即验证了转动定律。

3）从 $r - \dfrac{1}{t}$ 图上求出斜率 k，根据 $k = \sqrt{\dfrac{2hI}{mg}}$ 求出转动系统对 OO' 轴的转动惯量。

（2）作 $t^2 - x^2$ 图

1）把实验步骤 2 中的测量数据填入自拟的表格内，求出 $\bar{t}$ 和 $\bar{t}^2$。

2）采用坐标纸，做出 $t^2 - x^2$ 图线，若为直线，则平行轴定理得到了验证。

（3）观察转动惯量与质量分布的关系　把实验内容 1 和 2 测得时间的平均值，分别代

入式 (2-21)，计算出转动惯量 I，分析结果，总结出转动惯量与质量及质量分布的关系。

7. 思考题

1) 怎样安装和调整刚体转动实验仪？

2) 实验采用什么数据处理方法验证转动定律和平行轴定理？为什么不作 $r-t$ 图和 t^2-x 图，而作 $r-\frac{1}{t}$ 图和 t^2-x^2 图？

2.4 金属线胀系数的测定

1. 实验目的

1) 掌握利用光杠杆测定线胀系数的原理及方法。

2) 理解光杠杆测量微小长度的原理及方法。

2. 实验仪器

GXZ 型固体线胀系数测定仪（见图 2-11）（附光杠杆案例）、望远镜直横尺、钢卷尺、蒸汽发生器、气压计（共用）、温度计（50～100℃，准确到 0.1℃）、游标卡尺。

3. 实验原理

（1）金属线胀系数的测定及其测量方法　当固体温度升高时，产生线度增长的现象称为固体的线膨胀。固体长度 L 和温度 t 之间的函数关系式为

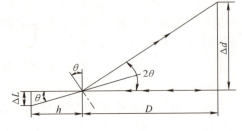

图 2-11　光杠杆放大

$$L = L_0(1 + \alpha t + \beta t^2 + \cdots)$$

式中，L_0 是温度为 0℃ 时的长度；α、β 等是和被测物质有关的常数，因 β 及其以后的项比 α 小很多，可略去，α 为固体线胀系数，单位为 1/℃。所以在常温下，固体的长度 L 与温度 t 有如下关系：

$$L = L_0(1 + \alpha t) \tag{2-25}$$

设物体在 t_1 时的长度为 L，温度升到 t_2 时长度增加了 ΔL。根据式（2-25）可以得出

$$L = L_0(1 + \alpha t_1) \tag{2-26}$$

$$L + \Delta L = L_0(1 + \alpha t_2) \tag{2-27}$$

从式（2-26）、式（2-27）中消去 L_0 后，再经简单运算得：

$$\alpha = \frac{\Delta L}{L(t_2 - t_1) - \Delta L t_1} \tag{2-28}$$

由于 $\Delta L \ll L$，故式（2-28）可以近似写成

$$\alpha = \frac{\Delta L}{L(t_2 - t_1)} \tag{2-29}$$

显然，固体线胀系数的物理意义是当温度变化 1℃ 时，固体长度的相对变化值。在式（2-29）中，L、t_1、t_2 都比较容易测量，但 ΔL 很小，一般长度仪器不易测准，本实验中用光杠杆和望远镜标尺组来对其进行测量。关于光杠杆和望远镜标尺组测量微小长度变化原理

可以根据如图2-12所示进行推导。

由图 2-12 中几何关系可知，$\tan\theta = \Delta L/h$，反射线偏转了 2θ，$\tan 2\theta = \Delta d/D$，当 θ 角度很小时，$\tan 2\theta \approx 2\theta$，$\tan\theta \approx \theta$，故有 $2\Delta L/h = \Delta d/D$，即

$$\Delta L = \frac{\Delta d h}{2D} \text{ 或 } \Delta L = \frac{(d_2 - d_1)h}{2D}$$

(2-30)

（2）测量装置简介 待测金属棒直立在仪器的大圆筒中，光杠杆的后脚尖置于金属棒的上顶端，两个前脚尖置于固定平台的凹槽内。

设在温度 t_1 时，通过望远镜和光杠杆的平面镜，看到标尺上的刻度 d_1 恰好与目镜中十字横线重合，当温度升到 t_2 时，与十字横线重合的是标尺的刻度 d_2，则根据光杠杆原理可得

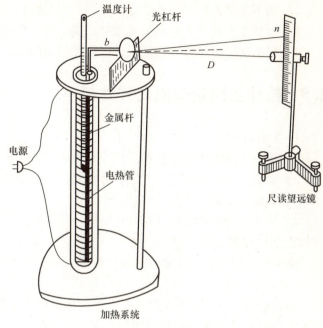

图 2-12 光杠杆实验装置

$$\alpha = \frac{(d_2 - d_1)h}{2D(t_2 - t_1)}$$

(2-31)

4. 实验内容

1）在室温下，用米尺测量待测金属棒的长度 L 3 次，取平均值，然后将其插入仪器的大圆柱形筒中。

2）插入温度计，小心轻放，以免损坏。

3）将光杠杆放置到仪器平台上，其后足尖踏到金属棒顶端，前两足尖踏入凹槽内，平面镜要调到铅直方向。望远镜和标尺组要置于光杠杆前约 1m 距离处，标尺调到垂直方向。调节望远镜的目镜，使标尺的像最清晰并且与十字横线间无视差，记下标尺的读数 d_1。

4）记下初温 t_1 后，给仪器通电加热，待温度计的读数稳定后，记下温度 t_2 以及望远镜中标尺的相应读数 d_2。

5）停止加热，测出距离 D。取下光杠杆放在白纸上轻轻压出 3 个足尖痕迹，用铅笔通过前两足迹联成一直线，再由后足迹引到此直线的垂线，用标尺测出垂线的距离 h。

5. 注意事项

1）棒的下端点要和基座紧密接触。

2）整体要求平稳，因伸长量极小，故在测量时仪器不应有振动。

6. 数据记录及处理

1）自拟表格记录实验数据，将测得的数据代入式（2-31），计算出 α 值。

2）将 α 的测量值与实验室给出的理论值相比较，求出百分误差。

7. 思考题

1）本实验所用仪器和用具有哪些？如何将仪器安装好？操作时应注意哪些问题？

2) 调节光杠杆的程序是什么？在调节中要特别注意哪些问题？
3) 分析本实验中各物理量的测量结果，哪一个对实验误差影响较大？
4) 根据实验室条件你还能设计一种测量 ΔL 的方案吗？

2.5 拉伸法测量金属的弹性模量

1. 实验目的
1) 进一步熟悉用光杠杆测量微小长度的原理和方法。
2) 掌握拉伸法测量金属丝的弹性模量的原理及方法。
3) 训练正确调整测量系统的能力。
4) 学习一种处理实验数据的方法——逐差法。

2. 实验仪器
弹性模量测定仪、螺旋测微器、游标卡尺、钢卷尺、光杠杆及望远镜直尺。

3. 实验原理
胡克定律指出，在弹性限度内，弹性体的应力和应变成正比。设有一根长为 L，横截面积为 S 的钢丝，在外力 F 作用下伸长了 ΔL，则

$$\frac{F}{S} = E \frac{\Delta L}{L} \tag{2-32}$$

式中的比例系数 E 称为弹性模量，单位为 N/m^2。设实验中所用钢丝直径为 d，则 $S = \frac{1}{4}\pi d^2$，将此公式代入上式整理以后得

$$E = \frac{4FL}{\pi d^2 \Delta L} \tag{2-33}$$

上式表明，对于长度 L，直径 d 和所加外力 F 相同的情况下，弹性模量 E 大的金属丝的伸长量 ΔL 小。因而，弹性模量表达了金属材料抵抗外力产生拉伸（或压缩）形变的能力。

如图 2-13 所示，安装光杠杆及望远镜直横尺。光杠杆前后足尖的垂直距离为 h，光杠

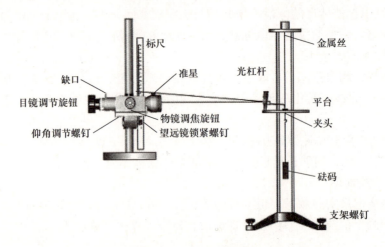

图 2-13 弹性模量装置

杆平面镜到标尺的距离为 D，设加质量为 m 的砝码后金属丝伸长为 ΔL，加砝码 m 前后望远镜中直尺的读数差为 Δd，则由图 2-14 知，$\tan\theta = \Delta L/h$，反射线偏转了 2θ，$\tan 2\theta = \Delta d/D$，当 $\theta < 5°$ 时，$\tan 2\theta \approx 2\theta$，$\tan\theta \approx \theta$，故有 $2\Delta L/h = \Delta d/D$，即 $\Delta L = \Delta dh/2D$，或者

$$\Delta L = (d_2 - d_1) h/2D \qquad (2\text{-}34)$$

将 $F = mg$ 代入式（2-33），得出用伸长法测金属的弹性模量 E 的公式为

$$E = \frac{8mgLD}{\pi d^2 \Delta dh} \qquad (2\text{-}35)$$

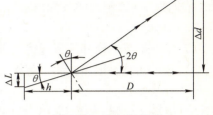

图 2-14　光杠杆原理

4. 实验内容

（1）弹性模量测定仪的调整

1）调节弹性模量测定仪底脚螺钉，使立柱处于垂直状态。

2）将钢丝上端夹住，下端穿过钢丝夹子和砝码相连。

3）将光杠杆放在平台上，调节平台的上下位置，尽量使三足尖在同一个水平面上。

（2）光杠杆及望远镜直横尺的调节

1）在弹性模量测定仪前方约 1m 处放置望远镜直尺组合，并使望远镜和光杠杆在同一个高度，使光杠杆的镜面和标尺都与钢丝平行。

2）调节望远镜，在望远镜中能看到平面镜中直尺的像。

3）仔细调节望远镜的目镜，使望远镜内的十字线看起来清楚为止，调节平面镜、标尺的位置及望远镜的物镜焦距，使能清楚地看到标尺刻度的像。

（3）测量

1）将砝码托盘挂在下端，再放上一个砝码成为本底砝码，拉直钢丝，然后记下此时望远镜中所对应的读数。

2）顺次增加砝码 1kg，直至将砝码全部加完为止，然后再依次减少 1kg 直至将砝码全部取完为止，分别记录下读数，注意加减砝码时动作要轻缓。由对应同一砝码值的两个读数求平均，然后再分组对数据应用逐差法进行处理。

3）用钢卷尺测量钢丝长度 L。

4）用钢卷尺测量标尺到平面镜之间的距离 D。

5）用螺旋测微器测量钢丝直径 d，变换位置测 6 次（注意不能动悬挂砝码的钢丝），求平均值。

6）将光杠杆在纸上压出 3 个足印，用游标卡尺测量出 h。

5. 注意事项

实验测量中，发现增荷和减荷时读数相差较大，当荷重按比例增加时，Δd 不按比例增加，应找出原因，重新测量。这种情况可能发生的原因有：

1）金属丝不直，初始砝码太轻，没有把金属丝完全拉直。

2）弹性模量仪支柱不垂直，使金属丝下端的夹头不能在金属框内上下自由滑动，摩擦阻力太大。

3）加减砝码时动作不够平衡，导致光杠杆足尖发生移动。

4）上下夹头未夹紧，在增荷时发生金属丝下滑。

5）实验过程中地板、实验桌振动或者某种原因碰动仪器，使读数发生变化。

6. 数据记录及处理

自拟表格记录有关测量数据。钢丝直径测量 5 次求平均，并写出 d 的标准式。光杠杆的后脚到两个前脚连线的距离为 h，钢丝长度 L，标尺到平面镜的距离 D 都取单次测量，分别写出标准式。计算钢丝的弹性模量 E，并用标准式表示。

7. 思考题

1）怎样调节光杠杆及望远镜等组成的系统，使在望远镜中能看到清晰的像？
2）若本实验不用逐差法，怎样用作图法处理数据？

2.6 拉脱法测量液体的表面张力系数

1. 实验目的

1）掌握使用拉脱法测定室温下水的表面张力系数的方法。
2）学会使用焦利氏秤测量微小力的方法。

2. 实验仪器

焦利氏秤、砝码、烧杯、"Π"形金属框、温度计、酒精灯（共用）、待测液体（实验室配备溶液）、游标卡尺。

焦利氏秤是本实验所用主要仪器，它实际上是一个倒立的精密的弹簧秤。如图 2-15 所示。仪器的主要部分是一空管立柱 A 和套在 A 内的能上下移动的金属杆 B，B 上有毫米刻度，其横梁上挂有一弹簧 E，A 上附有游标 C 和可以移动的平台 H（H 固定后，通过螺钉 I 可微调上下位置），F 为玻璃管，玻璃管上有黑色标线，G 为平面镜，镜面有一红色标线。实验时，使平面镜 G 的红线和玻璃管下的黑线以及黑线在平面镜里的像 "三线重合"。转动旋钮 D 可控制 B 和 E 的升降，从而拉伸弹簧，确定伸长量，根据胡克定律可以算出弹力的大小。焦利氏秤上常附有 3 种规格的弹簧。可根据实验时所测力的最大数值及测量精密度的要求来选用。

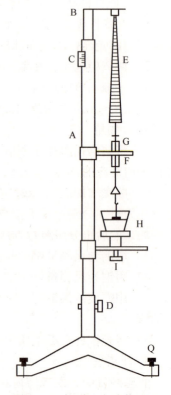

图 2-15　拉脱法实验装置

3. 实验原理

液体表面层内分子相互作用的结果使得液体表面自然收缩，犹如张紧的弹性薄膜。由于液面收缩沿着液面切线方向而产生的力称为表面张力。设想在液面上作长为 L 的线段，线段两侧液面便有张力 f 相互作用，其方向与 L 垂直，大小与线段长度 L 成正比。即有

$$f = \alpha L \tag{2-36}$$

比例系数 α 称为液体表面张力系数，其单位为 N/m。

将一表面洁净的长为 L 矩形金属框竖直浸入水中，然后慢慢提起一张水膜，当金属框将要脱离液面，即拉起的水膜将要破裂时（拉起水膜为最大），则有

$$F = mg + f \tag{2-37}$$

式中，F 是把金属片拉出液面时所用的力；mg 是金属框带起的水膜的总重量；f 是液体表面张力。不考虑金属丝的直径，此时拉起的水膜有两个面，所以 $f = 2\alpha L$，代入式（2-37）中可得

$$\alpha = \frac{F - mg}{2L} \tag{2-38}$$

实验表明，α 与液体种类、纯度、温度和液面上方的气体成分有关，液体温度越高，α 值越小，液体含杂质越多，α 值越小，只要上述条件保持一定，则 α 是一个常数，所以测量 α 时要记下当时的温度和所用液体的种类及纯度。

4. 实验内容

1）按照如图 2-15 所示安装仪器。挂好弹簧，调节三脚底座上的螺钉，使金属管 A、竖直弹簧 E 互相平行，转动旋钮 D 使 3 线对齐，读出游标 0 线对应在 B 杆上刻度的数值 L_0。

2）测量弹簧的倔强系数 K。依次将质量为 1.0g、2.0g、3.0g、…、19.0g 的砝码加在砝码盘内。转动旋钮 D，每次都重新使 3 线对齐，分别记下游标 0 线所指示在 B 杆上的读数 L_1、L_2、…、L_9，用逐差法求出弹簧的倔强系数。$K_1 = 5g/(L_5 - L_0)$，$K_2 = 5g/(L_6 - L_1)$，$K_3 = 5g/(L_7 - L_2)$，$K_4 = 5g/(L_8 - L_3)$，$K_5 = 5g/(L_9 - L_4)$，

$$\overline{K} = (K_1 + K_2 + \cdots + K_5)/5 \tag{2-39}$$

3）测 F 值。将金属片（常用金属丝 U 形框）仔细擦洗干净，再放在酒精灯上烘烤一下，然后把它挂在砝码盘下端的一个小钩子上，把装有蒸馏水的烧杯置于平台 H 上，调节平台位置，使金属片浸入水中，并调节 3 线对齐，记下此时游标 0 线指示在 B 杆上的读数 S_0。转动 H 下端旋钮 I 使 H 缓缓下降，由于水的表面张力作用，上面已调好的 3 线对齐状态受到破坏，调节旋钮 D 使 3 线再次对齐，然后再使 H 下降一点，重复刚才的调节，直到 H 稍微下降，金属片脱出液面为止，记下此时游标 0 线所指示的 B 杆上的读数 S，算出 $(S - S_0)$ 值，即为在表面张力作用下，弹簧的伸长量，重复测量 5 次，求出 $(S - S_0)$ 的平均值 $\overline{(S - S_0)}$，此时有

$$F = \overline{K}\,\overline{(S - S_0)} \tag{2-40}$$

式中，$\overline{K}$ 是式（2-39）中所示弹簧的倔强系数。将式（2-40）代入式（2-38）中可得

$$\alpha = \frac{\overline{K}\,\overline{(S - S_0)} - mg}{2L} \tag{2-41}$$

4）测 m 值。用卡尺测出金属框的宽度 L 值，高度 h 值和金属丝的直径 d，水的密度为 ρ。则

$$m = \rho L h d \tag{2-42}$$

将式（2-42）代入式（2-41）得 $\alpha = \dfrac{\overline{K}\,\overline{(S - S_0)} - \rho L h d g}{2L}$

即可算出水的 α 值。再测量蒸馏水的温度，可查出此温度下蒸馏水的标准值 α，并做比较。

5. 注意事项

1）由于杂质和油污可使水的表面张力显著减小，所以务必使蒸馏水、烧杯、金属片保

持洁净。实验前要对装蒸馏水的烧杯、金属片进行清洁处理,依次用 NaOH 溶液→酒精→蒸馏水将以上用具清洗干净,烘干后备用。

2) 焦利氏秤专用弹簧不要随意拉动,或挂较重物体,以防损坏。

3) 测量 "Π" 形丝宽度时,应放在纸上,注意防止其变形。

4) 灼烧 "Π" 形丝时不宜使其温度过高,微红(约 500℃)即可,以防变形。灼烧之后不应再用手触摸,因 "Π" 形丝很小,故应防止遗失。

5) 拉膜时动作要轻缓,尽量避免弹簧的上、下振动。为使数据测量准确,拉膜过程中动作要轻缓;在调节旋钮使弹簧均匀向上伸长时,需同时旋转螺钉 D,使载物台均匀下移,以始终保持 G、F 及其在指示镜中的像 F′ 3 线重合。

6) 在使用砝码时,应使用镊子取出或存放。

6. 数据记录及处理

1) 测量弹簧倔强系数 K(表 2-4)。

表 2-4 弹簧倔强系数 K 测量数据

m_i/g					
L_i/mm					
ΔL					
K_i					

2) 测 $(F-mg)$ 值(表 2-5)。

表 2-5 $F-mg$ 测量值

次数	1	2	3	4	5
S_0					
S					
$\overline{(S-S_0)}$					

将数据填写到上述表格中,利用逐差法处理实验数据,并根据公式求出待测液体的表面张力系数 α 的值。

7. 思考题

1. 矩形金属片浸入水中,然后轻轻提起到底面与水面相平时,试分析金属片在竖直方向的受力。

2. 分析式(2-36)成立的条件,实验中应如何保证这些条件实现?

2.7 落针法测量液体的黏滞系数

1. 实验目的

1) 观察液体的内摩擦现象,学习用落针法测量液体的黏滞系数。

2) 学习用霍尔传感器与单板机记录针的下落时间。

2. 实验仪器

黏滞系数实验仪(图 2-16)、游标卡尺、钢直尺、物理天平、气泡水准器、密度计等。

3. 实验原理

在半径为 R_1 的圆管中装满粘度为 η 的液体，让长为 L，半径为 R_2 的圆形针在管中沿轴线垂直下落，若离中心轴线距离为 r 的圆管状液体的速度为 V，作用在高为 L 的圆筒状液面上的黏滞力为 $f = 2\pi r L\eta \left(\dfrac{\mathrm{d}V}{\mathrm{d}r}\right)$，而作用在半径为 $r + \mathrm{d}r$ 的圆筒状液面上的黏滞力为 $f + \dfrac{\mathrm{d}f}{\mathrm{d}r}\mathrm{d}r$，所以作用在这两个圆筒状液面之间的液体上的黏滞力为 $\dfrac{\mathrm{d}f}{\mathrm{d}r}\mathrm{d}r = 2\pi L\eta \dfrac{\mathrm{d}}{\mathrm{d}r}\left(r\dfrac{\mathrm{d}V}{\mathrm{d}r}\right)\mathrm{d}r$，而在这两个圆筒状液面

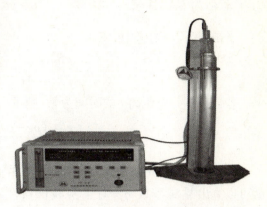

图 2-16 黏滞系数实验仪

之间的液体上下面的压强差 $(p_1 - p_2)$ 构成的力为 $[-(2\pi\gamma\mathrm{d}\gamma)(p_1 - p_2)]$ 这个力与黏滞力 $\dfrac{\mathrm{d}f}{\mathrm{d}\gamma}\mathrm{d}\gamma$ 相平衡，即

$$2\pi L\eta \dfrac{\mathrm{d}}{\mathrm{d}r}\left(r\dfrac{\mathrm{d}V}{\mathrm{d}r}\right)\mathrm{d}r = -2\pi r(p_1 - p_2)\mathrm{d}r \quad \dfrac{\mathrm{d}}{\mathrm{d}r}\left(r\dfrac{\mathrm{d}V}{\mathrm{d}r}\right) = -\dfrac{p_1 - p_2}{L\eta}\gamma \tag{2-43}$$

若针在下落时的速度为 V_∞，解式（2-43）得

$$\dfrac{\mathrm{d}V}{\mathrm{d}r} = -\dfrac{p_1 - p_2}{L\eta} + \dfrac{V_\infty + (p_1 - p_2)(R_1^2 - R_2^2)/4L\eta}{r\ln(R_1/R_2)} \tag{2-44}$$

$$V = \dfrac{p_1 - p_2}{2L\eta}(R_1^2 - r^2) - \dfrac{V_\infty + (p_1 - p_2)(R_1^2 - R_2^2)/4L\eta}{\ln(R_1/R_2)}\ln\left(\dfrac{R_1}{r}\right) \tag{2-45}$$

又根据质量守恒方程，在单位时间内被落针推开的液体流量 $\pi V_\infty R_2^2$ 等于流过针和圆管间隙的流量 q，即

$$q = \int_{R_2}^{R_1} 2\pi r v \mathrm{d}r = \pi V_\infty R_2^2 \tag{2-46}$$

把式（2-45）代入式（2-46）计算得

$$\eta = \dfrac{p_1 - p_2}{4LV_\infty}\left[(R_1^2 + R_2^2)\ln\dfrac{R_1}{R_2} - (R_1^2 - R_2^2)\right] \tag{2-47}$$

可以证明式（2-47）中 $(p_1 - p_2)$ 能够写成

$$p_1 - p_2 = \dfrac{2LR_2^2(\rho_S - \rho_L)g}{R_1^2 + R_2^2} \tag{2-48}$$

上式，ρ_S 是针的密度；ρ_L 是液体的密度；g 是重力加速度。把式（2-48）代入式（2-47）得

$$\eta = \dfrac{gR_2^2(\rho_S - \rho_L)}{2V_\infty}\left(\ln\dfrac{R_1}{R_2} - \dfrac{R_1^2 - R_2^2}{R_1^2 + R_2^2}\right) \tag{2-49}$$

在以上推导中，假设容器的深度和针的长度均为无限，而实验中圆管的深度和针的长度均为有限，所以，应以针实际匀速下落的速度 V_0 代替 V_∞。这时式（2-49）要加一修正因子

C,C 近似为 $C = 1 + \dfrac{2}{3L_r}$,式中 $L_r = (L - 2R_1)/2R_2$

于是式(2-49)改写成

$$\eta = \frac{gR_2^2(\rho_S - \rho_L)C}{2V_0}\left(\ln\frac{R_1}{R_2} - \frac{R_1^2 - R_2^2}{R_1^2 + R_2^2}\right) \quad (2\text{-}50)$$

若针落下一定距离 I 的时间为 t,则可得 $V_0 = 1/t$,代入式(2-50),得 η 的测量公式为

$$\eta = \frac{gR_2^2 t(\rho_S - \rho_L)C}{2L}\left(\ln\frac{R_1}{R_2} - \frac{R_1^2 - R_2^2}{R_1^2 + R_2^2}\right) \quad (2\text{-}51)$$

如果已知液体的密度 ρ_L 和重力加速度 g,测出 R_1、R_2、L、I、t,再称出针的质量 m,就可以算出黏滞系数 η。对本实验仪器,参数为:落针长度 $L = 188\text{mm}$,圆管内径 $R_1 = 18\text{mm}$,落针半径 $R_2 = 3.5\text{mm}$,落针质量 $m = 16\text{g}$。

4. 实验内容与步骤

1)安装仪器,水箱注水直至水位升到绿色指示区内。

2)接通仪器电源,打开电源开关,仪器显示"PH2"(否则按复位键)。

3)打开控温开关,显示当前温度。将温控器调到某一温度,此时升温指示灯亮,对待测液体进行水浴加热,到达设定温度后,升温指示灯熄灭(按"工作/设定"键)。

4)设置参数:将针密度 ρ_S、待测液体密度 ρ_L、器壁修正系数 P_0 输入芯片(参考值 $\rho_S = 2211\text{kg/m}^3$,待测液体为甘油 $\rho_L = 1260\text{kg/m}^3$,$P_0 = 0.017$)。按数据输入,当某位数字在闪动,便可通过按上升键▲或下降键▼来修改该位数值,要要设定另一位数值,可反复按循环键⟳,直至使该位数字在闪动。

5)设定完后按"实验"键,数码显示"PLEASE",该机处于待命状态。

6)调整落针,待液体稳定后拉起发射器上的磁铁,针沿管轴心落下,触动霍尔传感器,记下下落时间 t,按"结果"键,显示黏滞系数 η。

7)重复多次实验,多次测量 t 及 η 值。

5. 注意事项

1)需使针垂直下落,不要触碰到容器壁。

2)用取针器将针拉起并悬挂在圆筒上端后,由于液体受到扰动,处于不稳定状态,应稍等片刻,再将针投下,进行测量。

3)取针装置上的磁铁尽量远离容器和针,以免对针下落造成影响。

4)给仪器加水及操作实验过程中,勿将水洒出,否则易使仪器出现短路、漏电故障,产生危险。

5)若仪器长期存放(如15天以上),须将水排尽,以免水质发生变化及仪器部分发生锈蚀。

6. 数据记录及处理

1)数据记录表格(表2-6)。

表 2-6 黏滞系数测量实验数据记录表

测量次数	落针长度 L/mm	落针外径 $2R_2$/mm	同名磁极间距 l/mm	玻管内径 $2R_1$/mm	落针量 m/g	下落时间 t/s
1						
2						
3						
4						
5						
平均值						

$\theta =$ _____ $\rho_1 =$ _____ $g =$ _____

2）由表格的数据及其他有关数据代入式（2-51），计算出流体的动力黏滞系数 η。

3）将式（2-51）计算的 η 值与单板机显示的 η 值比较。

7. 思考题

1）在式（2-51）中，若修正因子 C 引起的误差忽略不计，g 作为常量，试推导估算 η 的相对误差公式，并指出产生误差的主要因素是什么？如何减小误差？

2）若有两个密度不同的针，试说明如何利用本实验装置测量液体的密度，并推导测量公式。

3）流体的黏滞系数与哪些因素有关？

4）测定液体黏滞系数的方法有哪些？

2.8 用电流场模拟静电场

1. 实验目的

1）学会用模拟法测绘静电场。

2）加深对电场强度和电位概念的理解。

2. 实验仪器

静电场描绘仪（图 2-17）、静电场描绘仪信号源（图 2-18）、滑线变阻器、万用电表。

图 2-17 静电场描绘仪

图 2-18 静电场描绘仪信号源

3. 实验原理

带电体的周围存在静电场，电场的分布是由电荷的分布、带电体的几何形状及周围介质所决定的。由于带电体的形状复杂，大多数情况下求不出电场分布的解析解，因此只能靠数值解法求出或用实验方法测出电场分布。直接用电压表法去测量静电场的电位分布往往是困难的，因为静电场中没有电流，磁电式电表不会偏转；另外由于与仪器相接的探测头本身总是导体或电介质，若将其放入静电场中，探测头上会产生感应电荷或束缚电荷。由于这些电荷又产生电场，与被测静电场叠加起来，对被测电场产生显著的影响。因此，实验时一般采用间接的测量方法（即模拟法）来解决。

（1）**用稳恒电流场模拟静电场** 模拟法本质上是用一种易于实现、便于测量的物理状态或过程模拟不易实现、不便测量的物理状态或过程，它要求这两种状态或过程有一一对应的两组物理量，而且这些物理量在两种状态或过程中满足数学形式基本相同的方程及边界条件。

本实验是用便于测量的稳恒电流场来模拟不便测量的静电场，这是因为这两种场可以用两组对应的物理量来描述，并且这两组物理量在一定条件下遵循着数学形式相同的物理规律。例如，对于静电场，电场强度 E 在无源区域内满足以下积分关系

$$\oint_S E \mathrm{d}S = 0 \tag{2-52}$$

$$\oint_l E \mathrm{d}l = 0 \tag{2-53}$$

对于稳恒电流场，电流密度矢量 j 在无源区域中也满足类似的积分关系

$$\oint_S j \mathrm{d}S = 0 \tag{2-54}$$

$$\oint_l j \mathrm{d}l = 0 \tag{2-55}$$

在边界条件相同时，二者的解是相同的。

当采用稳恒电流场来模拟研究静电场时，还必须注意以下使用条件：

1）稳恒电流场中的导电质分布必须相对应于静电场中的介质分布。具体地说，如果被模拟的是真空或空气中的静电场，则要求电流场中的导电质应是均匀分布的，即导电质中各处的电阻率 ρ 必须相等；如果被模拟的静电场中的介质不是均匀分布的，则电流场中的导电质应有相应的电阻分布。

2）如果产生静电场的带电体表面是等位面，则产生电流场的电极表面也应是等位面。为此，可采用良导体做成电流场的电极，而用电阻率远大于电极电阻率的不良导体（如石墨粉、自来水或稀硫酸铜溶液等）充当导电质。

3）电流场中的电极形状及分布，要与静电场中的带电导体形状及分布相似。

（2）**长直同轴圆柱面电极间的电场分布** 如图 2-19 所示是长直同轴圆柱形电极的横截面图。设内圆柱的半径为 a，电位为 V_a，外圆环的内半径为 b，电位为 V_b，则两极间电场中距离轴心为 r 处的电位 V_r 可表示为

$$V_r = V_a - \int_a^r E \mathrm{d}r \tag{2-56}$$

又根据高斯定理，则圆柱内 r 点的场强

$$E = K/r \quad (\text{当 } a < r < b \text{ 时}) \tag{2-57}$$

式中，K 由圆柱体上线电荷密度决定。

将式（2-57）代入式（2-56）得

$$V_r = V_a - \int_a^r \frac{K}{r}\mathrm{d}r = V_a - K\ln\frac{r}{a} \tag{2-58}$$

在 $r = b$ 处应有 $V_b = V_a - K\ln\dfrac{b}{a}$

所以

$$K = \frac{V_a - V_b}{\ln(b/a)} \tag{2-59}$$

如果取 $V_a = V_0$，$V_b = 0$，将式（2-59）代入式（2-58），得到

$$V_r = V_0 \frac{\ln(b/r)}{\ln(b/a)} \tag{2-60}$$

式（2-60）表明，两圆柱面间的等位面是同轴的圆柱面。用模拟法可以验证这一理论计算的结果。

当电极接上交流电时，产生交流电场的瞬时值是随时间变化的，但交流电压的有效值与直流电压是等效的，所以在交流电场中用交流毫伏表测量有效值的等位线与在直流电场中测量同值的等位线，其效果和位置完全相同。

4. 实验内容

图 2-20 是静电场描绘装置图。其中，1 是电极 A，2 是电极 B，3 是探针，4 是探针架，5 是打孔针，6 是白纸，7 是导电水槽。实验中将电极 A 和电极 B 同时置于水中，在两电极上接上电源，则两电极间形成的稳定电流场即可模拟静电场的电场分布。

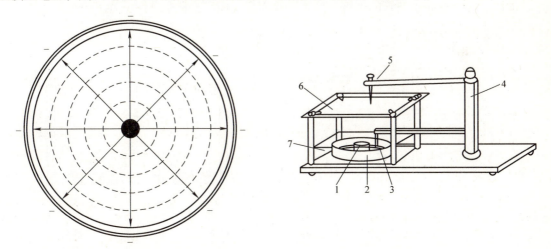

图 2-19　长直同轴圆柱形电极的横截面　　　　图 2-20　静电场描绘装置

图 2-21 为静电场描绘接线图，电源可取静电场描绘仪信号源、其他交流电源或直流电源，经滑线变阻器 R 分压为实验所需要的两电极之间的电压值。V 表可用交流毫伏表（晶体管毫伏表）、万用表或数字万用表。下面分别测绘各电极电场中的等电位点。

(1) 长直同轴圆柱面电极间的电场分布

1) 水槽中倒入适量的水，然后把它放在双层静电场测绘仪的下层。

2) 按图 2-21 接好电路，V 表及探针联合使用。

3) 把坐标纸放在静电场测绘仪的上层夹好，旋紧四个压片螺钉旋钮。在坐标纸上确定电极的位置，测量并记录内电极的外径及外电极的内径。

4) 调节静电场描绘仪信号源输出电压，使两电极间的电位差 V_0 为 10.00V。

5) 测量电位差为 8V、6V、4V 和 2V 的四条等位线，每条等位线测等位点不得少于 9 个。

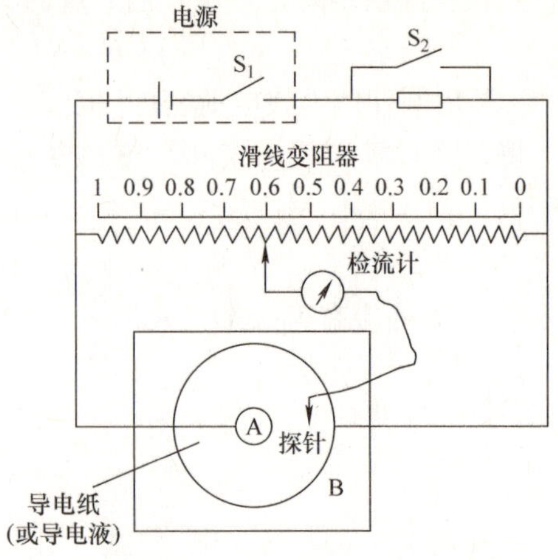

6) 移动探针座使探针在水中缓慢移动，找到等位点时按一下坐标纸上的探针，便在坐标纸上记下了其电位值与电压表的示值相等的点的位置。

图 2-21 静电场描绘接线

(2) 两平行长直圆柱体电极间的电场分布　图 2-22 是两平行长直圆柱体模拟电极间的电场分布示意图，由于场分布具有对称性，等电位面也是对称分布的。更换同轴圆柱面的水槽电极，参照实验内容 1 按实验室要求测出若干条等位线。

(3) 聚焦电极间的电场分布　阴极射线示波管的聚焦电场是由第一聚焦电极 A_1 和第二加速电极 A_2 组成。A_2 的电位比 A_1 的电位高。电子经过此电场时，由于受到电场力的作用，使电子聚焦和加速。如图 2-23 所示为其电场分布。经过此实验，可了解静电透镜的聚焦作用，加深对阴极射线示波管的理解。参照实验内容 1 按实验室要求测出若干条等位线。

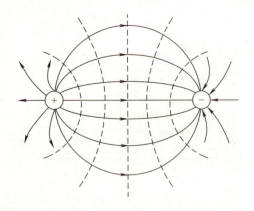

图 2-22　两平行长直圆柱体模拟电极间的电场分布

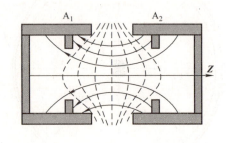

图 2-23　聚焦电极间的电场分布

5. 注意事项

1) 水槽由有机玻璃制成，实验时应轻拿轻放，以免摔裂。

2) 电极、探针应与导线保持良好的接触。

3) 实验完毕后，将水槽内的水倒净。

6. 数据记录及处理

1）将等位点连成等位线。

2）根据电力线与等位线垂直的特点，画出被模拟空间的电力线。

3）测量出内容 1 长直同轴圆柱面电极间的电场分布图中每条等位线的直径，按式（2-60）计算出每条等位线的电位值，然后与测量电位值比较，计算相对误差并列出表格。

7. 思考题

1）用模拟法测的电位分布是否与静电场的电位分布一样？

2）如果实验时电源的输出电压不够稳定，那么是否会改变电力线和等位线的分布？为什么？

3）试从测绘的等位线和电力线分布图中分析，何处的电场强度较强？何处的电场强度较弱？

4）试从长直同轴圆柱面电极间导电介质的电阻分布规律和欧姆定律出发，证明它的电位分布与式（2-60）有相同的形式。

5）等势线与电力线之间有什么关系？

2.9 用霍尔元件测螺线管磁场

1. 实验目的

1）了解霍尔电压产生的机制。

2）学会用霍尔元件测量磁场的基本方法。

3）学习用"对称测量法"消除负效应的影响，测量试样的 $V_H - I_S$ 和 $V_H - I_M$ 曲线。

2. 实验仪器

HL–IS 螺线管磁场测定电源、HL–IS 螺线管磁场测定仪（图 2-24）。

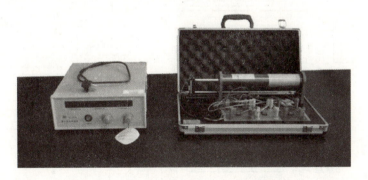

图 2-24　HL–IS 螺线管磁场测定仪及电源

3. 实验原理

（1）霍尔效应　如图 2-25 所示，霍尔元件是均匀的 N 型（或 P 型）半导体材料制成的矩形薄片，长为 L，宽为 b，厚为 d。当在 1、2 两端加上电压，同时有一个磁场 $\boldsymbol{B}$ 垂直穿过元件的宽面时，在 3、4 两端产生电位差（V_H），这种现象为霍尔效应。霍尔元件内定向运动的载流子所受洛伦兹力 f_B 和静电作用力 f_E 大小相等时，3、4 两面将建立起一稳定的电位差，即霍尔电压 V_H。

$$V_H = K_H I_H B \qquad (2\text{-}61)$$

式中，K_H 是霍尔元件的灵敏度。

（2）附加电压

1）不等位电势差 V_0：与磁场 B 换向无关，随电流 I_H 换向而换向。

2）厄廷好森（Etinghausen）效应温差电势差 V_t：随磁场 B 和电流 I_H 换向而换向。

3）能斯脱（Nernst）效应热流电势差 V_p：随磁场 B 换向而换向，与电流 I_H 换向无关。

4）里纪 – 勒杜克（Righi – leduc）效应附加温差电势差 V_s：随磁场 B 换向而换向，与电流 I_H 换向无关。

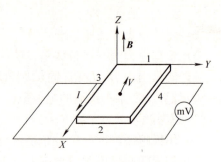

图 2-25　霍尔效应原理

（3）附加电压的消除　根据附加电压随磁场 B 和电流 I_H 换向而各自呈现的特点加以消除。

$$(+I_H, +B) \quad V_1 = +V_H + V_0 + V_t + V_p + V_s$$
$$(-I_H, +B) \quad V_2 = -V_H - V_0 - V_t + V_p + V_s$$
$$(-I_H, -B) \quad V_3 = +V_H - V_0 + V_t - V_p - V_s$$
$$(+I_H, -B) \quad V_4 = -V_H + V_0 - V_t - V_p - V_s$$

测量表达式：
$$V_H = \frac{1}{4}(V_1 - V_2 + V_3 - V_4) \qquad (2\text{-}62)$$

（4）面板及背板布局（图 2-26）

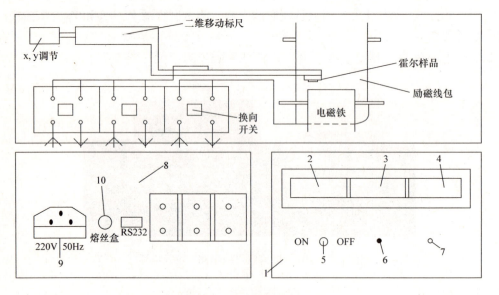

图 2-26　螺线管磁场测定装置

1—面板　2—霍尔电流显示　3—霍尔电压显示　4—励磁电流显示
5—电源开关　6—霍尔电流调整　7—励磁电流调整　8—背板　9—电源插座　10—熔丝座

4. 实验内容

（1）仪器连接　将螺线管磁场装置与螺线管磁场测试仪电路连接好。

(2) 调节螺线管的励磁电流 I_M（或 I_H）、调节霍尔元件的工作电流 I_S（或 I_H）。

测试仪在通电前，应将"I_S（或 I_H）调节"和"I_M 调节"两个旋钮置于零位（即逆时针旋到底）。

实验中调节"励磁电流调节"旋钮使励磁电流显示为 1.000A；调节"工作电流调节"旋钮，使工作电流显示为 5.00mA。

(3) 测量螺线管轴线的磁场分布

1) 以相距螺线管两端口等远的中心位置为坐标原点，探头离中心位置 $x = 12.5 - x_1 - x_2$，轻轻转动螺线管底座上的标尺旋钮，使测距尺读数 $x_1 = x_2 = 0.0$cm。先调节 x_1 旋钮，保持 $x_2 = 0.0$cm，使 x_1 停留在 0.0cm、0.5cm、1.0cm、2.0cm、4.5cm、7.0cm、10.0cm、12.5cm 等读数处，再调节 x_2 旋钮，保持 $x_1 = 12.5$cm，使 x_2 停留在 1.0cm、3.0cm、5.0cm、7.0cm、9.0cm、11.0cm、11.5cm、12.5cm 等读数处，按对称测量的方法测出相应的 V_1、V_2、V_3、V_4 值。

2) 记下 K_H 的值，由式（2-62）及式（2-61）得此点的 V_H 与 B。

(4) 绘制出螺线管内的 $B - x$ 磁场分布曲线 根据上述测量结果，绘制螺线管内的 $B - x$ 磁场分布曲线。

5. 注意事项

1) 绝不允许将测试仪上的励磁电流"I_M 输出"错接到"工作电流"处，也不可错接到"霍尔电压"处，否则，一旦通电，霍尔元件立即烧毁。

2) 霍尔元件质脆，引线的接头细小，容易损坏，旋进旋出时，操作动作要轻缓。

3) V_1、V_2、V_3、V_4 本身还含有"＋""－"号，测量记录时不要忘记。

4) 仪器开机前应将两个电流调节旋钮逆时针旋到底，使其输出电流趋于最小状态，然后开机。

5) 仪器关机前，应将两个电流调节旋钮逆时针旋到底，使其输出电流趋于最小状态，然后关机。

6. 数据记录及处理

1) 保持 I_M 值不变（取 $I_M = 0.07$A），测绘 $V_H - I_S$ 曲线，数据记入表 2-7 中。

表 2-7 V_H、I_S 测量数据记录表

I_S/mA	V_1/mV	V_2/mV	V_3/mV	V_4/mV	$V_H = (V_1 - V_2 + V_3 + V_4)/4$
	$+B$, $+I_S$	$-B$, $+I_S$	$-B$, $-I_S$	$-B$, $-I_S$	/mV
1.00					
1.20					
1.40					
1.60					
1.80					
2.00					

2) 保持 I_S 值不变（取 $I_S = 2.00$mA），测绘 $V_H - I_M$ 曲线，数据记入表 2-8 中。

表2-8 V_H、I_M 测量数据记录表

I_M/mA	V_1/mV $+B$, $+I_S$	V_2/mV $-B$, $+I_S$	V_3/mV $-B$, $-I_S$	V_4/mV $-B$, $-I_S$	$V_H = (V_1 - V_2 + V_3 + V_4)/4$ /mV
0.300					
0.400					
0.500					
0.600					
0.700					
0.800					

7. 思考题

1）消除霍尔效应副效应的方法？（提示：根据每一种附加电压随磁场 B 和电流 I_H 换向而变化的特点加以消除。）

2）若磁场的法线不是恰好与霍尔元件的法线一致，对测量结果会有何影响？如何用实验的方法判断 B 与元件法线是否一致？（提示：若磁场的法线不是恰好与霍尔元件的法线一致，则霍尔电压 $V_H = K_H I_H B$ 中的磁场 B 只是外磁场在霍尔元件的法线方向上的分量，因而会导致测量结果偏小。显然，缓慢变化霍尔元件的方向，观察其输出电压，电压最大时说明两者方向一致，否则，方向不一致。）

2.10 电子荷质比的测定

1. 实验目的

1）观察电子束在磁场作用下的偏转现象。
2）加深理解电子在磁场中的运动规律，拓展其应用。
3）学习用磁偏转法测量电子的荷质比。

2. 实验仪器（图2-27）

实验仪器为电子荷质比仪，主要有两部分：

第一部分主体结构有：赫姆霍兹线圈、电子束发射威尔尼氏管、计量电子束半径的滑动标尺、反射镜（用于电子束光圈半径测量的辅助工具）。

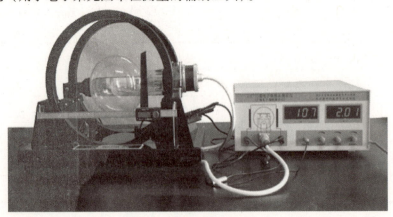

图2-27 电子荷质比仪

第二部分是整个仪器的工作电源，加速电压 0～200V，聚焦电压 0～15V 都有各自的控制调节旋钮。电源还备有可以提供最大 3A 电流的恒流电源，通入赫姆霍兹线圈产生磁场。因为本实验要求在光线较暗的环境中，所以电源还提供一组照明电压，方便读取滑动标尺上的刻度。

3. 实验原理

当一个电子以速度 v 垂直进入均匀磁场时，电子要受到洛仑兹力的作用，它的大小可由下列公式所决定：

$$f = ev \times B \tag{2-63}$$

由于力的方向是垂直于速度的方向，则电子的运动轨迹就是一个圆，力的方向指向圆心，完全符合圆周运动的规律，所以作用力与速度关系为

$$f = \frac{mv^2}{r} \tag{2-64}$$

式中，r 是电子运动圆周的半径。由于洛仑兹力就是使电子做圆周运动的向心力，因此可将式 (2-63)、式 (2-64) 联立

$$evB = \frac{mv^2}{r} \tag{2-65}$$

由式 (2-65) 可得

$$\frac{e}{m} = \frac{v}{rB} \tag{2-66}$$

实验装置是用一电子枪，在加速电压 u 的驱使下，射出电子流，因此 eu 全部转变成电子的输出动能

$$eu = \frac{1}{2}mv^2 \tag{2-67}$$

将式 (2-66) 与式 (2-67) 联立可得

$$\frac{e}{m} = \frac{2u}{(rB)^2} \tag{2-68}$$

实验中可取固定加速电压 u，通过改变不同的偏转电流，产生出不同的磁场，进而测量出电子束的圆轨迹半径 r，就能测定电子的荷质比——e/m。

按本实验的要求，必须仔细地调整威尔尼氏管中的电子枪，使电子流与磁场严格保持垂直，产生完全封闭的圆形电子轨迹。根据赫姆霍兹线圈产生磁场的原理

$$B = KI \tag{2-69}$$

式中，K 是磁电变换系数，可表达为

$$K = \mu_0 \left(\frac{4}{5}\right)^{\frac{3}{2}} \times \frac{N}{R} \tag{2-70}$$

式中，μ_0 是真空磁导率，它的值 $\mu_0 = 4\pi \times 10^{-7}$ H/m；R 是赫姆霍兹线圈的平均半径；N 是单个线圈的匝数。由厂家提供的参数可知 $R = 158$mm，$N = 130$ 匝，因此式 (2-68) 可以改写成

$$\frac{e}{m} = \frac{2u}{r^2 K^2 I^2} \tag{2-71}$$

4. 实验步骤

1）接好线路。

2）开启电源，使加速电压定于 120V，耐心等待，直到电子枪射出翠绿色的电子束后，将加速电压定于 100V。本实验的过程是采用固定加速电压，改变磁场偏转电流，测量偏转电子束的圆周半径。

注意：如果加速电压太高或偏转电流太大，都容易引起电子束散焦。

3）调节偏转电流，使电子束的运行轨迹形成封闭的圆，细心调节聚焦电压，使电子束明亮，缓缓改变赫姆霍兹线圈中的电流，观察电子束的偏转的变化。

4）测量步骤：

① 调节仪器后线圈上反射镜的位置，以方便观察。

② 依次调节偏转电流为：1.00A、1.20A、1.40A、1.60A、1.80A、2.00A、2.19A 和 2.40A，改变电子束的半径大小。

③ 测量每个电子束的半径：移动测量机构上的滑动标尺，用黑白分界的中心刻度线，对准电子枪口与反射镜中的像，采用三点一线的方法测出电子束圆轨迹的右端点，从游标上读出刻度读数 S_0；再次移动滑动标尺到电子束圆轨迹的左端点，采用同样的方法读出刻度读数 S_1；用 $r = \frac{1}{2}(S_1 - S_0)$ 求出电子束圆轨迹的半径。

④ 将测量得到的各值代入式（2-71），求出电子荷质比 e/m；并求出相对误差（标准值 $e/m = 1.76 \times 10^{11}$ C/kg）。

5. 注意事项

1）在实验开始前应首先细心调节电子束与磁场方向垂直，形成一个不带任何重影的圆环。

2）电子束的激发加速电压不要调得过高，过高的电压容易引起电子束散焦。电子束刚激发时的加速电压，略微需要偏高一些，大约在 130V 左右，但一旦激发后，电子束在 80 ~ 100V 左右均能维持发射，此时就可以降低加速电压。

3）测量电子束半径时，三点一线的校对应仔细，数据的偏离将因人而异，也将引起系统误差；切勿用圆珠笔等物品划伤标尺表面，实验过程中注意保持标尺表面干燥、洁净。

6. 数据记录及处理（见表2-9）

表2-9 电子荷质比测定实验数据记录表

n	S_0/mm	S_n/mm	r/mm	I/A	e/m/(C/kg)	$\frac{1}{n}\sum(e/m)$/(C/kg)
1						
2						
3						
4						
5						

7. 思考题

1）除本实验介绍的测量电子圆环半径大小的方法外，你还能提出其他更好更简捷的方法吗？

2）测量电子荷质比还有其他什么实验方法？
3）分析洛仑兹力在不同角度下对电子运动的影响。

2.11 示波器的调整和使用

1. 实验目的
1）了解示波器的基本工作原理。
2）掌握示波器和信号发生器的使用。
3）学习用李萨如图形测量频率的方法。
2. 实验仪器（图 2-28）
YX4340 型双踪示波器、SG1020S 双路数字合成信号发生器、导线若干。

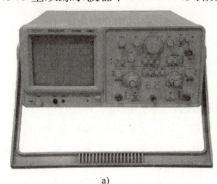
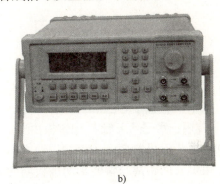

图 2-28　示波器与信号发生器
a）YX4340 型双踪示波器　b）SG1020S 双路数字合成信号发生器

3. 实验原理
示波器是一种能观察各种电信号波形并可测量其电压、频率等的电子测量仪器。示波器还能对一些能转化成电信号的非电量进行观测，因而它还是一种应用非常广泛的、通用的电子显示器。

（1）示波器的基本结构　示波器的型号很多，但其基本结构类似。示波器主要是由示波管、X 轴与 Y 轴衰减器和放大器、锯齿波发生器、整步电路和电源等几部分组成。

1）示波管。示波管由电子枪、偏转板、显示屏组成，如图 2-29 所示。

① 电子枪：由灯丝 H、阴极 K、控制栅极 G、第一阳极 A_1、第二阳极 A_2 组成。灯丝通电发热，使阴极受热后发射大量电子并经栅极孔出射。这束发散的电子经圆筒状的第一阳极 A_1 和第二阳极 A_2 所产生的电场加速后汇聚于荧光屏上一点，称为聚焦。A_1 与 K 之间的电压通常为几百伏特，可用电位器 W_2 调节，A_1 与 K 之间的电压除有加速电子的作用外，主要是达到聚焦电子的目的，所以 A_1 称为聚焦阳极。W_2 即为示波器面板上的聚焦旋钮。A_2 与 K 之间的电压为 1000 多伏以上，可通过电位器 W_3 调节，A_2 与 K 之间的电压除了有聚焦电子的作用外，主要是达到加速电子的作用，因其对电子的加速作用比 A_1 大得多，故称 A_2 为加速阳极。在有的示波器面板上设有 W_3，并称其为辅助聚焦旋钮。

在栅极 G 与阴极 K 之间加了一负电压即 $U_K > U_G$，调节电位器 W_1 可改变它们之间的电

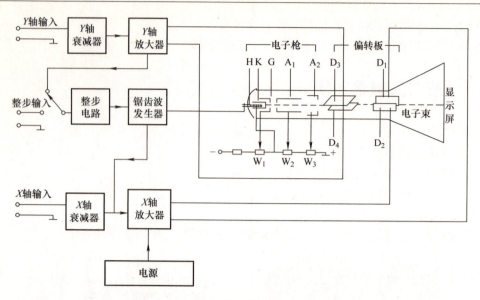

图 2-29 示波管

势差。G、K 间的负电压的绝对值越小,通过 G 的电子就越多,电子束打到荧光屏上的光点就越亮,调节 W_1 可调节光点的亮度。W_1 在示波器面板上为"辉度"旋钮。

② 偏转板:水平（X 轴）偏转板由 D_1、D_2 组成,垂直（Y 轴）偏转板由 D_3、D_4 组成。偏转板加上电压后可改变电子束的运动方向,从而可改变电子束在荧光屏上产生的亮点的位置。电子束偏转的距离与偏转板两极板间的电势差成正比。

③ 显示屏（荧光屏）：显示屏是在示波器底部玻璃内涂上一层荧光物质,高速电子打在上面就会发荧光,单位时间打在上面的电子越多,电子的速度越大光点的辉度就越大。荧光屏上的发光能持续的时间称为余辉时间。按余辉的长短,示波器分为长、中、短余辉三种。

2) X 轴与 Y 轴衰减器和放大器。示波管偏转板的灵敏度较低（为 0.1~1mm/V）,当输入信号电压不大时,荧光屏上的光点偏移很小而无法观测。因而要对信号电压放大后再加到偏转板（图 2-30）上,为此在示波器中设置了 X 轴与 Y 轴放大器。当输入信号电压很大时,放大器无法正常工作,使输入信号发生畸变,甚至使仪器损坏,因此在放大器前级设置有衰减器。X 轴与 Y 轴衰减器和放大器配合使用,以满足对各种信号观测的要求,即是示波器面板上的灵敏度调节旋钮。

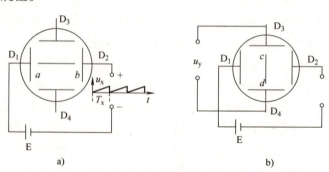

图 2-30 偏转板

3)锯齿波发生器。锯齿波发生器能在示波器本机内产生一种随时间变化类似于锯齿状、频率调节范围很宽的电压波形,称为锯齿波,作为 X 轴偏转板的扫描电压。锯齿波频率的调节可由示波器面板上的扫描时间选择旋钮控制。锯齿波电压较低,必须经 X 轴放大器放大后,再加到 X 轴偏转板上,使电子束产生水平扫描,即使显示屏上的水平坐标变成时间坐标,来展开 Y 轴输入的待测信号。

(2) 示波器的示波原理　示波器能使一个随时间变化的电压波形显示在荧光屏上,是靠两对偏转板对电子束的控制作用来实现的。如图 2-30a 所示,Y 轴不加电压时,X 轴加一由本机产生的锯齿波电压 u_x,$u_x=0$ 时电子在 E 的作用下偏至 a 点,随着 u_x 线性增大,电子向 b 偏转,经一周期时间 T_x,u_x 达到最大值 u_{xm},电子偏至 b 点。下一周期,电子将重复上述扫描,就会在荧光屏上形成一水平扫描线 ab。

如图 2-30b 所示,Y 轴加一正弦信号 u_y,X 轴不加锯齿波信号,则电子束产生的光点只作上下方向上的振动,电压频率较高时则形成一条竖直的亮线 cd。

如图 2-31 所示,Y 轴加一正弦电压 u_y,X 轴加上锯齿波电压 u_x,且 $f_x=f_y$,这时光点的运动轨迹是 X 轴和 Y 轴运动的合成。最终在荧光屏上显示出一完整周期的 u_y 波形。

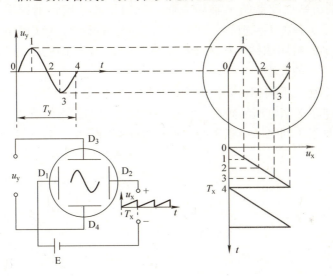

图 2-31　锯齿波

(3) 整步电路　从上述分析中可知,要在荧光屏上呈现稳定的电压波形,待测信号的频率 f_y 必须与扫描信号频率 f_x 相等或是其整数倍,即 $f_y=nf_x$(或 $T_x=nT_y$),只有满足这样的条件时,扫描轨迹才是重合的,形成稳定的波形。通过改变示波器上的扫描频率旋钮,可以改变扫描频率 f_x,使 $f_y=nf_x$ 条件满足。但由于 f_x 的频率受到电路噪声的干扰而不稳定,$f_y=nf_x$ 的关系常被破坏,这就要用整步(或称同步)的办法来解决。即从外面引入一频率稳定的信号(外整步)或者把待测信号(内整步)加到锯齿波发生器上,使其受到自动控制来保持 $f_y=nf_x$ 的关系,从而使荧光屏上获得稳定的待测信号波形。

4. 实验内容

(1) 观察信号发生器波形

1) 将信号发生器的输出端接到示波器 Y 轴输入端上。

2)开启信号发生器,调节示波器(注意信号发生器频率与扫描频率),观察正弦波形,并使其稳定。

(2)测量正弦波电压 在示波器上调节出大小适中、稳定的正弦波形,选择其中一个完整的波形,先测算出正弦波电压峰-峰值 U_{p-p},即

$$U_{p-p} = (垂直距离 DIV) \times (挡位 V/DIV) \times (探头衰减率)$$

然后求出正弦波电压有效值 U 为

$$U = \frac{0.71 \times U_{p-p}}{2}$$

(3)测量正弦波周期和频率 在示波器上调节出大小适中、稳定的正弦波形,选择其中一个完整的波形,先测算出正弦波的周期 T,即

$$T = (水平距离 DIV) \times (挡位 t/DIV)$$

然后求出正弦波的频率 $f = \frac{1}{T}$。

(4)利用李萨如图形测量频率 设将未知频率 f_y 的电压 U_y 和已知频率 f_x 的电压 U_x(均为正弦电压),分别送到示波器的 Y 轴和 X 轴,则由于两个电压的频率、振幅和相位的不同,在荧光屏上将显示各种不同波形,一般得不到稳定的图形,但当两电压的频率成简单整数比时,将出现稳定的封闭曲线,称为李萨如图形。根据这个图形可以确定两电压的频率比,从而确定待测频率的大小。

各种不同的频率比在不同相位差时的李萨如图形如图 2-32 所示,不难得出

$$\frac{加在 Y 轴电压的频率 f_y}{加在 X 轴电压的频率 f_x} = \frac{水平直线与图形相交的点数 N_x}{垂直直线与图形相交的点数 N_y}$$

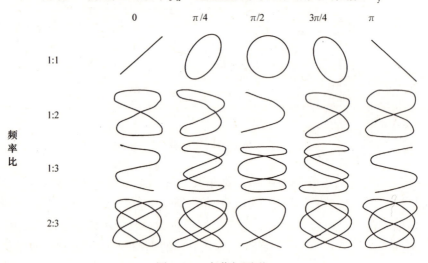

图 2-32 李萨如图形

所以未知频率 $f_y = \frac{N_x}{N_y} f_x$;但应指出水平、垂直直线不应通过图形的交叉点。

测量方法如下:

1)将一台信号发生器的输出端接到示波器 Y 轴输入端上,并调节信号发生器输出电压

的频率为50Hz，作为待测信号频率。把另一信号发生器的输出端接到示波器 X 轴输入端上作为标准信号频率。

2）分别调节与 X 轴相连的信号发生器输出正弦波的频率 f_x 约为25Hz、50Hz、100Hz、150Hz、200Hz等。观察各种李萨如图形，微调 f_x 使其图形稳定时，记录 f_x 的确切值，再分别读出水平线和垂直线与图形的交点数。由此求出各频率比及被测频率 f_y，记录于表2-10中。

3）观察时图形大小不适中，可调节 "V/DIV" 和与 X 轴相连的信号发生器输出电压。

5. 注意事项

1）光点不能长时间停留在示波器荧光屏上。

2）旋转旋钮要轻，以免损坏。

6. 数据处理（表2-10）

表2-10 用李萨如图形测量频率

标准信号频率 f_x/Hz	25	50	100	150	200
李萨如图形（稳定时）					
频比 = $\dfrac{水平线交点数 N_x}{垂直线交点数 N_y}$					
待测电压频率 $f_y = f_x N_x / N_y$					
f_y 的平均值/Hz					

7. 思考题

1）示波器由哪几部分构成？被测信号的波形在示波器中是如何合成的？

2）什么是线性扫描？线性扫描时，为什么可以把 X 轴坐标当作时间坐标？

3）李萨如图形有何特点？

4）荧光屏上无光点出现，有几种可能的原因？怎样调节才能使光点出现？

5）荧光屏上波形移动，可能是什么原因引起的？

2.12 超声波声速的测定

1. 实验目的

1）了解压电陶瓷换能器的工作原理。

2）培养综合运用仪器的能力。

3）学习用共振干涉法和相位比较法测量超声波的波速。

4）加深对驻波及振动合成等理论知识的理解。

2. 实验仪器

示波器、信号发生器、超声波声速测定仪（图2-33）、导线。

3. 实验原理

声波是一种在弹性介质中传播的机械纵波。频率在20～20000Hz的声波为可听声波。低于20Hz的声波为次声波，高于20000Hz的声波为超声波，这两类声波不能被人耳听到，但与可听声波性质相同。

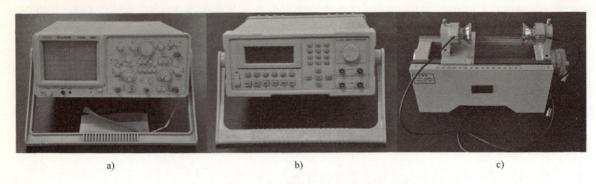

图 2-33 示波器、信号发生器、超声波声速测定仪
a) 示波器 b) 信号发生器 c) 超声波声速测定仪

本实验采用压电陶瓷超声波换能器,来产生和接收超声波。如图 2-34 所示,压电陶瓷超声波换能器由压电陶瓷片和轻、重两种金属组成夹心结构。头部用铝做成喇叭形,尾部用铜做成锥形,中部为压电陶瓷环,螺钉穿过环的中心。压电陶瓷片由多晶结构的压电材料(如钛酸钡、锆钛酸铅)制成,在一定的温度下经极化处理后,具有压电效应。压电效应即压电材料受到与极化方向一致的应力 T 时,在极化方向产生一定的电场强度 E,且有线性关系 $E = kT$;反之,当与极化方向一致的外加电压 U 加在压电材料上时,材料的伸缩形变 s 与电压 U 也有线性关系 $s = k'U$,比例系数 k、k' 与材料性质有关。由于

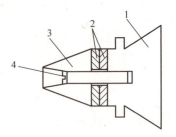

图 2-34 压电陶瓷超声波换能器
1—铝头 2—压电陶瓷圆环
3—黄铜尾部 4—螺钉

E 与 T、s 与 U 之间有简单的线性关系,因此就可以将正弦交流电信号,转变成压电材料的纵向长度伸缩,从而成为超声波的波源;同样也可以把超声波的声压变化,转变为电压的变化,用来接收超声波信号。

声波的传播速度 v 与声波频率 f 和波长 λ 的关系为

$$v = f\lambda \tag{2-72}$$

实验中,声波频率 f 可由信号发生器直接读出,因此只要测出声波波长 λ,就可求出声速 v。测量 λ 的常用方法有共振干涉法和相位比较法。

(1) 驻波法(共振干涉法) 实验装置如图 2-35 所示,S_1 和 S_2 是两只相同的压电陶

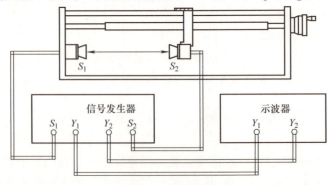

图 2-35 驻波法实验装置

瓷超声换能器，S_1 用作发射器，S_2 为接收器。低频信号发生器输出的正弦电压信号，接入换能器 S_1，S_1 将此信号转变为超声波信号，发射出平面超声波。换能器 S_2 接收到超声波信号后，将它转变为正弦电压信号，接入示波器进行观察。

换能器 S_2 在接收超声波的同时，还反射一部分超声波。这样，由 S_1 发射的超声波和由 S_2 反射的超声波，在 S_1 和 S_2 端面之间干涉，产生驻波共振现象。

（2）相位比较法　实验装置如图 2-35 所示，S_1 发出的超声信号经空气传播到达接收器 S_2，S_2 接收的信号与 S_1 发射的信号之间存在相位差 $\Delta\varphi$：

$$\Delta\varphi = \frac{2\pi}{\lambda}x \tag{2-73}$$

本实验中，把 S_1 发出的信号直接引入示波器的水平输入，并将 S_2 接收的信号引入示波器垂直输入。这样，对于确定的间距 x，示波器上将有两个同频率、振动方向相互垂直、相位差恒定的两个振动进行合成，从而形成李萨如图形。连续移动 S_2，增大 S_2 与 S_1 的间距 x，可使相位差变化，并依次满足：

$$\Delta\varphi = 0, \frac{\pi}{2}, \pi, \frac{3}{2}\pi, 2\pi, \cdots \tag{2-74}$$

相应地，示波器将依次显示如图 2-36 所示。

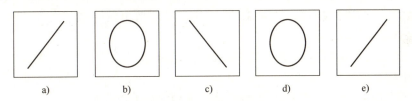

图 2-36　李萨如图形
a) $\Delta\varphi=0$　b) $\Delta\varphi=\pi/2$　c) $\Delta\varphi=\pi$　d) $\Delta\varphi=3\pi/2$　e) $\Delta\varphi=2\pi$

因此，当相位差从 $\Delta\varphi=0$ 变化到 $\Delta\varphi=\pi$ 时，李萨如图形从"／"变化到"＼"，相应的间距 x 的改变量为 $\Delta x = \frac{\lambda}{2}$；同理，当相位差从 $\Delta\varphi=\pi$ 变化到 $\Delta\varphi=2\pi$ 时，李萨如图形从"＼"变化到"／"，相应的间距 x 的改变量也是 $\Delta x = \frac{\lambda}{2}$，由此测得波长。

4. 实验内容

（1）仪器调整

1）按图 2-35 所示连接声速测试仪、声速测试仪信号源和双踪示波器。

注意：发射端波形接口 Y_1 连接示波器 EXT 接口；接收端波形接口 Y_2 连接示波器 CH2 通道。

2）接通电源后，仪器自动工作在连续波方式，预热 5min。仪器正常工作后，首先调节声速测试仪信号源的连续波强度和接收增益两旋钮（输出电压在 10~15V），并且调整频率调节旋钮（频率在 40kHz 左右）。

3）打开示波器，预热 2min。调整示波器，在水平方向接入扫描信号，在垂直方向接入接收端波形，并使图形稳定。

4）调节信号频率，观察频率调节时接收电压的幅度变化。在某一频率时电压幅度最大，该频率值就是测试系统的共振频率。改变 S_1 和 S_2 间距，重复调整，多次测定共振频率，取平均值为实验频率。

（2）驻波法测声速

1) 把信号频率设定为共振频率。

2) 将 S_2 移到接近 S_1 处（不要相接触）。从约 3cm 间距开始，由近至远缓慢移动 S_2，当示波器上出现振幅最大的波形时，从数显尺（或机械刻度）上读出读数 x_0。

3) 沿同一方向，再次移动 S_2，逐个记录振幅最大时的位置 x_0，x_1，x_2，…，x_7，共 8 个。

4) 将数据记入表 2-11，并记录实验时的室温 t，用逐差法处理数据。

（3）相位比较法测声速

1) 将信号频率设定为共振频率。

2) 调整示波器，在水平方向接入发射端波形，在垂直方向接入接收端波形，使示波器上显示出椭圆形李萨如图形。

3) 缓慢移动 S_2，观察示波器屏幕上是否出现直线—椭圆—直线的图形变化。

4) 从约 3cm 间距开始，由近至远缓慢移动 S_2，使示波器上出现一正斜率直线"/"（或负斜率直线"\"），记下相应的读数。

5) 移动 S_2，逐渐增大间距，使示波器屏幕上交替地出现直线"\"和"/"，依次记录其位置 x_0，x_1，x_2，…，x_7，共 8 个。

6) 将数据记入表 2-12 中，并记录实验时的室温 t。

5. 注意事项

1) 仪器使用中，应避免超声波声速测试仪信号源的输出端短路。

2) 实验中，S_1 和 S_2 不能互相接触，否则会损坏压电换能器。

3) 由于声波在空气中衰减较大，声波振幅随 S_2 远离 S_1 而显著变小，实验时应随时调节示波器垂直方向的衰减旋钮。

4) 旋钮来回转动会产生螺距间隙偏差，测量时应沿一个方向转动超声波测试仪鼓轮。

6. 数据记录及处理（表 2-11）

表 2-11 驻波法测声速

$t = $ _____（℃），$f = $ _____（Hz）

次数	0	1	2	3	4	5	6	7
x_n/cm								
$l_n = x_{n+4} - x_n$/cm	$x_4 - x_0 = $		$x_5 - x_1 = $		$x_6 - x_2 = $		$x_7 - x_3 = $	

表 2-12 相位比较法测声速

$t = $ _____（℃），$f = $ _____（Hz）

次数	0	1	2	3	4	5	6	7
x_n/cm								
$l_n = x_{n+4} - x_n$/cm	$x_4 - x_0 = $		$x_5 - x_1 = $		$x_6 - x_2 = $		$x_7 - x_3 = $	

7. 思考题

1) 驻波法测声速时示波器信号最小值为什么不为零？

2) 风是否会影响声波的传播速度？
3) 实验室所在的当地大气压是如何影响声速的？

2.13 惠斯通电桥测电阻

1. 实验目的
1) 掌握惠斯通电桥的原理，并通过它初步了解一般桥式线路的特点。
2) 学会使用惠斯通电桥测量电阻。
2. 实验仪器
QJ23 型电桥、电阻箱、检流计、滑线变阻器、直流稳压电源。
3. 实验原理

（1）惠斯通电桥原理　惠斯通电桥的基本电路如图 2-37 所示。把三个可调的标准电阻 R_1、R_2、R_S 和一个待测电阻 R_x 连接成四边形 $ABCD$，四边形的每一个边称为电桥的一个臂。在四边形的一对顶点 A 和 C 之间接有直流电源 E 和可变电阻 R_n，在四边形的另一对顶点 B 和 D 之间接有检流计 G。所谓"桥"一般指的是连接 B、D 顶点之间的电路，由检流计 G 直接比较这两点的电势。若 B、D 两点的电势相等，称为电桥平衡；反之，若 B、D 两点的电势不相等，称为电桥不平衡。

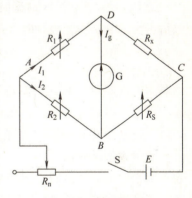

图 2-37　惠斯通电桥

改变可调的标准电阻 R_1、R_2 和 R_S 的阻值，就有可能使 B、D 两点的电势相等，此时检流计中没有电流通过，即 $I_g = 0$，由于 $U_{AD} = U_{AB}$，所以有

$$I_1 R_1 = I_2 R_2 \tag{2-75}$$

由于 $U_{DC} = U_{BC}$，所以有

$$I_1 R_x = I_2 R_S \tag{2-76}$$

把式（2-75）和（2-76）相除，有 $\dfrac{R_x}{R_1} = \dfrac{R_S}{R_2}$，即

$$R_x = \frac{R_1}{R_2} R_S = K_r R_S \tag{2-77}$$

R_1 和 R_2 称为比率臂，R_S 称为比较臂，$K_r = R_1/R_2$ 称为电桥的量程倍率（又称量程因数）。式（2-77）称为电桥的平衡条件，它将待测电阻 R_x 用三个已知的标准电阻的阻值表示了出来。可见，当电桥处于平衡状态时，桥臂上的四个电阻之间存在一个非常简单的关系：$R_x/R_1 = R_S/R_2$。此时，不论流经桥臂的电流大小如何变化，都不会影响这个关系。

由以上分析可知，电桥在不接通电源时，检流计的指针指零；接通电源而电桥达到平衡时，检流计指针仍然指零。这种在平衡点、零点或是相互抵偿的状态附近，实验会保持原始条件，从而避免一些附加的系统误差的实验方法称为零示法或零位法。用零示法的测量装置都有一个指零仪或指零装置，用来判断测量装置是否达到了平衡状态（或零点、抵偿点）。指零仪不改变测量装置的工作状态，理论上它不产生系统误差，可以实现高准确度测量。指零仪本身不表征任何测量结果，真正的测量结果都要通过一个或一组标准量来表示，这就实现了比较测量的方法。因此，惠斯通电桥测电阻的实验同时采用了零示法和比较法。调节电桥平衡的方法有两种：一种是取量程倍率 K_r 为某一定值，调节 R_S 的大小；另一种是保持 R_S 的大小不变，调节量程倍率 K_r 的值。在本实验中采用的是前一种方法。

(2) 电桥的灵敏度 对已平衡的电桥，如果比较臂电阻 R_S 改变 ΔR_S 时，检流计的指针偏离平衡位置 Δn 格，则定义电桥的灵敏度为

$$S = \frac{\Delta n}{\Delta R} \tag{2-78}$$

显然，电桥的灵敏度越大，对电桥平衡的判断也越准确。

进一步的分析表明：选用低内阻、高灵敏度的检流计，适当增加电桥的工作电压 E，适当减小比较臂电阻 R_S，均有利于提高电桥的灵敏度。

(3) 用交换法消除比率臂的误差 保持 R_1 和 R_2 不变，把 R_S 和 R_x 的位置交换，调节 R_S 使电桥再次达到平衡，设这时 R_S 电阻值变为 R'_S，根据电桥平衡条件有

$$R_x = \frac{R_2}{R_1} R'_S \tag{2-79}$$

联立式 (2-77) 和式 (2-79)，得

$$R_x = \sqrt{R_S R'_S} \tag{2-80}$$

由于式 (2-80) 中没有 R_1 和 R_2，这就消除了由于 R_1 和 R_2 不准确而引起的系统误差。这种把测量中的某些条件交换（如将测量对象的位置相互交换，或者将测量反向进行），使产生系统误差的原因对测量的结果起相反的作用，从而抵消了系统误差的方法称为交换法或交替法。这也是消除系统误差的基本方法之一。

4. 实验内容

(1) 自组电桥测电阻 按图 2-37 放置好各仪器然后接线。其中 R_1、R_2 和 R_S 为电阻箱，R_n 为滑线变阻器。当 R_1 和 R_2 阻值不同时，便得到不同的量程倍率 K_r。K_r 选好后，调节 R_S 使电桥平衡。限流电阻 R_n 应先调到最大。

1) 待测电阻为几十欧姆时，取 $K_r = 0.01$（如 $R_1 = 10.0\Omega$，$R_2 = 1000.0\Omega$）。合上开关 K，接通电源，再跃接（即断续接通）检流计的"电计"按钮，看检流计指针是否偏转。若 R_S 为某一值时，检流计指针偏向一边；当 R_S 变为另一值时，指针又偏向另一边，则 R_S 必定在这两个值之间。逐步改变 R_S 使指针的偏转逐步减少，直到电桥初步达到平衡。为了增加自组电桥的灵敏度，这时减小限流电阻 R_n 的阻值，使 R_n 为零，再调节 R_S 使检流计指针指零。

2) 记录下 $K_r = R_1/R_2$ 和 R_S 的值，由式 (2-80) 算出 R_x。R_x 相对合成标准不确定度

$$u_{cr} = \frac{u(R_x)}{R_x} = \left[\left(\frac{u(R_1)}{R_1}\right)^2 + \left(\frac{u(R_2)}{R_2}\right)^2 + \left(\frac{u(R_S)}{R_S}\right)^2\right] \tag{2-81}$$

式中 $u(R_1)$、$u(R_2)$、$u(R_S)$ 分别是 R_1、R_2、R_S 的标准不确定度，主要由电阻箱的仪器误差决定的 B 类标准不确定度分量构成。R_x 的合成标准不确定度 $u(R_x) = R_x u_{cr}$。写出测量结果的完整表达式。

3) 按上述步骤测量另一个电阻 R'_x（阻值为几千欧姆），此时 K_r 取 1。将以上数据填入表 2-13 中。

表 2-13　用自组电桥测电阻　　　　　　　　　环境温度＿＿＿＿℃

待测电阻	K_r	R_1/Ω	R_2/Ω	R_S/Ω	R_X/Ω	$\Delta m(R_1)/\Omega$	$\Delta m(R_2)/\Omega$	$\Delta m(R_S)/\Omega$	u_{cr}	合成标准不确定度$/\Omega$
R_x	0.01									
R_x'	1									

（2）用便携式 QJ23 型（图 2-38）电桥测电阻

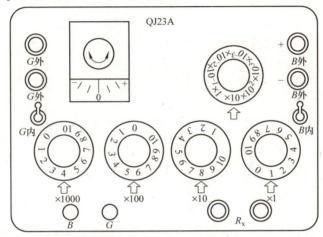

图 2-38　QJ23A 型电桥测电阻

1）将检流计指针调到零。

2）接上被测电阻 R_x，估计被测电阻近似值，然后将比例臂旋钮转动到适当倍率。注意倍率一定要选好，使测出的电阻值应有四位有效数字。

3）跃接按键 B 和 G，在电桥接通的情况下仔细调节 R_S，使电桥达到平衡。未知电阻的阻值 $R_x = K_r R_S$。

4）重复上述步骤测量另外两个电阻。

5）使用完毕，应将 B 按键和 G 按键放松。对 QJ23 型电桥应将检流计的"外接"断开，"内接"短路，保护检流计。

QJ23 型电桥的主要技术指标和准确度等级可参见箱底板上的铭牌。例如，使用内部电源和内附检流计，量程倍率 K_r 取 1、0.1、0.01，测量范围分别为 1000～9999Ω，100～999.9Ω，10～99.99Ω 时，该电桥以百分数表示的准确度等级指数 $C = 0.2$。

5. 注意事项

1）AC5 型检流计使用完毕必须将小旋钮 3 旋至红色圆点位置，将"电计"和"短路"按钮放松。

2）实验中 G 及"电计"按键一般采用跃接，只有当检流计的指针偏转较小时，才能将AC5 型检流计的"电计"按钮或便携式电桥的 G 按键锁住。

3）便携式电桥用完后，务必放松 B 按键，否则内部电源将长期放电，使电池报废并损坏仪器。

6. 数据记录及处理（见表 2-14 和表 2-15）

表 2-14 用自组电桥的交换法测电阻　　环境温度_____℃

待测电阻	K_r	R_S/Ω	R'_S/Ω	$\Delta m(R_S)/\Omega$	$\Delta m(R'_S)/\Omega$	u_{cr}	合成标准不定度/Ω
R'_x	1						

表 2-15 用自组电桥的交换法测电阻　　环境温度_____℃

待测电阻	K_r	R_S/Ω	$R_x=K_rR_S/\Omega$	$C(\%)$	标准不定度/Ω	相对标准不确定度
R_x						
R'_x						
R_x 与 R'_x 串联						
R_x 与 R'_x 并联						

7. 思考题

1) 电桥测电阻时，若比率臂选择不好，对测量结果有什么影响？
2) 交换法为什么能消除比率臂误差的影响？
3) 试证明当电桥达到平衡后，若互换电源与检流计的位置，电桥是否仍保持平衡？
4) 电桥平衡后，当 R_S 再改变 ΔR_S 时检流计的指针偏转 Δn 格，当限流电阻 R_n 的值为最大或零时，根据式（2-78）计算自组电桥的灵敏度 S 是否有变化？

2.14 数字电位差计测电源电动势和内阻

1. 实验目的
1) 了解电位差计的工作原理和结构特点。
2) 掌握用数字电位差计测量干电池的电动势和内阻。

2. 实验仪器
SDC—Ⅱ型数字电位差计、干电池、电阻箱、导线。

3. 实验原理

SDC—Ⅱ型数字电位差计如图 2-39 所示。电位差计是通过与标准电动势进行比较来测定未知电动势或电压的仪器。由于在电路中采用了补偿法，使被测电路在测量时无电流通过，因此不会改变被测对象原来的状态，从而达到了相当高的准确度。如果配以其他标准附件，用电位差计可以准确地测量电流、电压和电阻等。如果配以其他传感器，还可以进行非电学量的测量，因此直流电位差计与电桥一样是应用广泛的仪器。

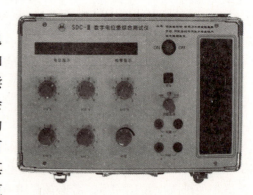

图 2-39 SDC—Ⅱ型数字电位差计

本实验所安排的学生式电位差计都是教学仪器，其基本原理和基本操作与各类工业产品的直流电位差计是相同的。

用电压表直接测量干电池的电动势 E_x 的方法，是将电压表并联到电池的两端，就有电流通过电池内部。由于干电池有内电阻 r，在电池内部不可避免地存在电势降落 I_r，因而电压表的指示值是电池的端电压 $U = E_x - I_r$。只有当 $I = 0$ 时，电池的端电压才等于电池的电动势 E_x。因此，用电压表直接测量电池的电动势是不准确的。

为了使电池内部没有电流通过而又能测出电池的电动势 E_x，我们采用补偿法。其原理如图 2-40 所示，将被测电动势 E_x 与已知电动势 E_S 按图接成一个回路。当 $E_x > E_S$ 时，回路中有电流流过，检流计的指针偏向一侧；而当 $E_x < E_S$ 时，检流计的指针偏向另一侧；若 $E_x = E_S$，回路中没有电流，检流计指示为零，此时 E_x 处于补偿状态或抵消状态。也就是说，只要 E_S 抵消了 E_x 的作用，使得电池内部电流为零，就可以测出 E_x，并且 $E_x = E_S$。在物理实验中，测量过程常常不可避免地出现一些改变实验系统原来状态或能量分布的消极影响，如果能有目的地补充一些条件或能量，以抵消这些影响，使系统保持原来状态（或理论规定状态），这种实验方法称为补偿法。

电位差计实现补偿功能的工作原理如图 2-41 所示，E 为建立工作电流的电源，R_n 为可变限流电阻，AB 为粗细均匀的总电阻为 R 的电阻丝，C 和 D 是与电阻丝 AB 相接触的滑动触头。G 为检流计，S_2 为双刀双掷开关，E_S 为电动势已知的标准电池，E_x 为电动势未知的待测电池。

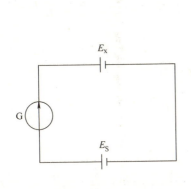

图 2-40 补偿

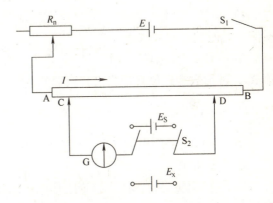

图 2-41 电位差计实现补偿作用的工作

E、R_n 和 R 构成工作电流调节回路，工作电流 I 的大小由 R_n 调节。当 K_2 与 E_S 侧接通时，E_S、G 和滑动触头 CD 之间的电阻 R_S 构成校正工作电流回路。调节 C、D 的位置，当 E_S 处于补偿状态时

$$E_S = I_0 R_S \tag{2-82}$$

此时校正的工作电流为 $I_0 = E_S / R_S$。当 S_2 与 E_x 侧接通时，仅再调节 C、D 的位置，E_x、G 和这时候滑动触头 CD 之间的电阻 R_x 构成待测回路。当 E_x 也处于补偿状态时，工作电流 I_0 的大小是不变的，因此

$$E_x = I_0 R_x \tag{2-83}$$

将式（2-83）除以式（2-82），得

$$E_x = \frac{E_S}{R_S} R_x = I_0 R_x \tag{2-84}$$

即在 E_S 处于补偿状态时的工作电流 $I_0 = E_S/R_S$ 不变的条件下，只要测得 E_x 处于补偿状态时的 R_x，由式（2-84）就可准确测出待测电动势 E_x。

4. 实验内容

（1）开机　接通电源线，打开开关（ON），预热 15min。

（2）内标检验

1）将"测量选择"旋钮置于"内标"。

2）将"100"位旋钮置于"1"，"补偿"旋钮逆时针旋转到底，其他旋钮均置于"0"。此时，"电位指标"显示"1.00000"V。如果显示小于"1.00000"V，可以调节补偿电位器旋钮以达到显示"1.00000"V；如果显示大于"1.00000"V 应适当减小"$10^0 - 10^{-4}$"旋钮，使显示小于"1.00000"V，再调节补偿电位器旋钮以达到"1.00000"V。

3）待"检零指示"显示数值稳定后，按一下"采零"键，此时，"检零指示"显示为"0000"V。

（3）测量干电池的电动势

1）将"测量选择"置于"测量"。

2）用测试导线将被测干电池按"＋""－"极性与"测量插孔"连接。

3）调节"$10^0 \sim 10^{-4}$"旋钮五个旋钮，使"检零指示"显示数值为负且绝对值最小。

4）调节"补偿"旋钮，使"检零指示"显示为"0000"，此时，"电位显示"数值为被测干电池的电动势的值。

（4）测量干电池的内阻 r　测出干电池的电动势后，用一个电阻箱与之并联，电阻箱取值 R_0，再用数字电位差计测出其两端的电压，则干电池的内阻 r 可以由下式求出

$$r = \left(\frac{E_x}{U} - 1\right) R_0 \tag{2-85}$$

（5）关机　关闭电源开关（OFF），再拔掉电源线。

5. 注意事项

1）每次测量时，都应先接通工作电流回路后再接通测量回路，测量完毕应先断开测量回路后再断开工作电流回路。

2）不读取数据时所有开关都应断开，防止电阻丝和电阻被加热引起阻值变化及干电池长时间放电使电动势值下降。

6. 数据记录及处理（表 2-16）

表 2-16　电位差计测电源电动势

次数	1	2	3	4	5	6
E_x						
U						

7. 思考题

1）为什么电位差计可以实现高精确度的测量？

2）用电位差计进行测量前为什么要对电位差计进行校准？

3）电位差计测量电动势的过程中，如果检流计指针一直偏向一边，试分析造成这一实验现象的可能原因？

2.15 分光计的调整与使用

1. 实验目的

1）了解分光计的结构和基本原理。

2）掌握分光计的调整方法。

3）测量三棱镜的顶角。

2. 实验仪器

分光计、双面反射镜、三棱镜。

3. 实验原理

（1）三棱镜顶角的测量 如图 2-42 所示，AB 和 AC 是三棱镜的两个光学面，用平行光束分别垂直照射这两个面，测出这两束光线之间的夹角 ϕ，则三棱镜的顶角

$$\alpha = 180° - \phi \tag{2-86}$$

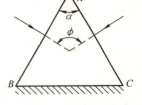

图 2-42 三棱镜

（2）实验装置介绍 分光计是用来准确测量光线偏转角度的仪器。分光计的调整方法与技巧，在光学仪器中有一定的代表性。分光计的型号比较多，本实验所介绍的 JJY—1 型分光计由阿贝式自准直望远镜、平行光管、载物台和游标读数装置四部分构成，原理如图 2-43 所示，光学仪左、右两侧及相应的调节旋钮如图 2-44a 和图 2-44b 所示。

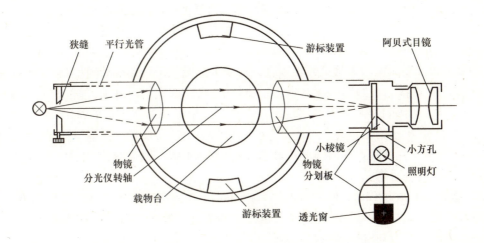

图 2-43 分光计原理

1）平行光管。平行光管原理如图2-43所示，管筒右端有一物镜，左端有一宽度可调节的精密狭缝，当狭缝位于物镜的焦平面上时，通过狭缝的光经过凸透镜后就成为平行光。平行光管的调节如图2-44所示，松开螺旋2，拧转狭缝与物镜距离调节1（有些分光计在管筒的侧面设置调节旋钮），使狭缝处在物镜的焦平面上。狭缝的宽度由螺钉28调节，平行光管光轴（光轴即为物镜的主轴，下同）的位置由螺钉26、27调节。

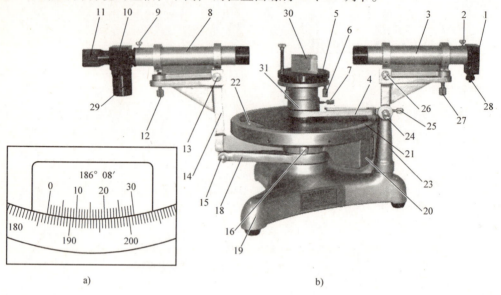

图2-44 分光计

2）阿贝式自准直望远镜。原理如图2-43所示，望远镜由物镜、阿贝式目镜、分划板和照明装置组成。分划板上刻有叉丝，旁边有一块全反射小棱镜，在小棱镜与分划板相邻的面上涂有不透光的薄膜，薄膜上刻有十字形透光窗口。小灯泡点亮后，白光经过小方孔上的滤色片变为绿色光，再经小棱镜的全反射把十字透光窗照亮。望远镜的调节如图2-44所示，旋转目镜与分划板距离调节手轮11，使眼睛通过目镜能很清楚地看到分划板上的刻线。放松螺钉9，拧转10以调节分划板与物镜的距离（有些分光计在管筒侧面设置了调节旋钮），当分划板位于物镜的焦平面上时，它上面十字透光窗发出的光线通过物镜变成平行光，如图2-45a所示。用一平面镜将此平行光反射回来，此光再经过物镜，会在分划板上生成绿色亮十字的像。如果平面镜与望远镜光轴垂直，视场中此像位于分划板的测量用十字叉丝的竖线与调节叉丝的交点上，如图2-45b所示。这种物和像都在同一平面内的现象（在分划板上），在光学上称为自准直。只要实现了自准直，分划板必然在物镜的焦平面上。当绿十字像处于图2-45b所示的位置时，望远镜光轴必然与平面镜面垂直。目镜与分划板和照明装置如图2-43所示的这种配置称为阿贝式目镜。在图2-44中，调节螺钉12和13，可使望远镜轴线与分光计转轴垂直。

3）载物台。放在载物台座31和三个调平螺钉6上的载物台5是用来放置三棱镜、光栅等光学元件的。光学元件可用压片30固定在载物台上，螺钉7可以把载物台座固定在任一高度上，并使载物台与游标盘一起转动。

4）游标读数装置。游标读数装置有刻度盘21，游标盘22。望远镜或载物台座转动时，

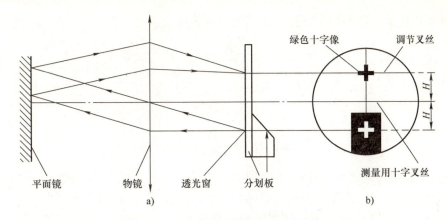

图 2-45 自准直法调节望远镜的光路图

调整有关螺钉可使刻度盘与游标盘发生相对运动。如图 2-44a 所示，JJY—1 型的刻度盘上刻有 720 条等分刻线，分度值 $\alpha = 30'$，游标的分度数 $n = 30$，根据最小分度值的公式，游标分度值 $i = \alpha/n = 30'/30 = 1'$。在图 2-44a 中，画出了游标及对应的读数。分光计上的游标装置是测角度的，因此这种游标装置又称角游标。

为了消除度盘的中心与分光计转轴之间的偏心差，在度盘同一直径的两端各装一个游标读数装置。测量时两个游标都应读数，然后算出每个游标两次读数的差，再取平均值。这个平均值可作为游标盘相对于刻度盘转过的角度，并且消除了偏心误差。

4. 实验内容

（1）调整分光计 调整分光计，目的是使平行光管发出平行光，望远镜聚焦于无穷远，平行光管和望远镜光轴在同一水平面内并与分光计转轴垂直。调节前，应对照图 2-43 和图 2-44 熟悉分光计的基本原理和结构。先目测，使各部件大致符合上述要求，然后进行以下调节：

1）把望远镜聚焦于无穷远。调节目镜与分划板距离手轮 11，直到清晰地看到分划板上的刻线。接通照明灯电源，在载物台上放置光学平面平板（即正反面都可反射光线的反射镜），放法如图 2-46 所示。轻轻地转动载物台座，同时从望远镜中寻找由光学平面平板反射回来的绿色光团，若找不到光团，须细心调节望远镜光轴高低，调节螺钉 12 和载物台下的螺钉 B_1、B_2。找到光团后，将螺钉 9 旋松，拉伸 10 以调节分划板与物镜的距离，直到在目镜中可以清晰地看到反射回来的亮十字像为止，这时望远镜已聚焦于无穷远。为了消除视差，眼睛可上下或左右移动，如果亮十字像与分划板刻线的距离保持不变，就说明亮十字像与刻线必然位于同一平面上，没有视差，否则应仔细调节物镜与分划板之间的距离，直到视差消除，锁紧螺钉 9。

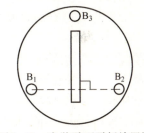

图 2-46 光学平面平板放置图

2）调整望远镜光轴与分光计转轴垂直。如果亮十字像不在图 2-45b 所示的位置，而是如图 2-47a 所示，可以先调载物台下的螺钉 B_1（或 B_2），使得亮十字像移近正确位置一半，如图 2-47b 所示，再调节望远镜光轴高低调节螺钉 12，使亮十字像与正确位置重合，如图 2-47c 所示。然后把载物台座连同光学平面平板一起旋转 180°，重复上述步骤反复调节几次，直到正反两个光学平面反射回来的亮十字像都在图 2-47c 所示位置，这时望远镜光轴就与分光计转轴相垂直。这种调节方法称为逐次逼近调整法。

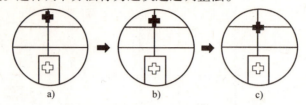

图 2-47 调整望远镜光轴与分光计转轴垂直

3) 将分划板刻线调成水平和竖直。缓慢旋转载物台座，如果分划板的水平刻线与亮十字像的移动方向不平行，就要在不破坏望远镜调焦的前提下转动分划板，放松螺钉 9，转动目镜筒 10，使亮十字像移动方向与分划板水平刻线平行，这时望远镜就调好了，锁紧螺钉 9，取下光学平面平板放好。

4) 调节平行光管

① 用已调好的望远镜为基准，关闭望远镜上的照明灯，用汞灯照亮狭缝。转动支臂 14，使望远镜正对平行光管。松开螺钉 2，仔细拧转物镜与狭缝距离调节狭缝装置 1，直到望远镜中看到清晰的狭缝像，且与分划板刻线之间无视差时为止，这时狭缝恰好位于平行光管物镜的焦平面上，平行光管从物镜端射出平行光。

② 将平行光管狭缝调成竖直。应在不破坏平行光管调焦的情形下，放松螺钉 2，旋转狭缝装置 1，把狭缝像调到与分划板竖直刻线平行时，锁好螺钉 2。

③ 调整平行光管光轴高低调节螺钉 27，升高或降低狭缝像的位置，使得狭缝像位于测量用十字叉丝竖线的中央。这时平行光管的光轴与望远镜光轴相重合并都与分光计转轴垂直。

至此，分光计已调节完毕，除目镜视度调节手轮 11 可因人而异进行微调外，望远镜和平行光管的上述调节螺钉就不能再动，否则就应重新调节。

(2) 用自准直法测量三棱镜顶角

1) 如图 2-48 所示，将三棱镜放在载物台中央，为了便于调节，三棱镜的三个边应分别与载物台下三个螺钉 6 的连线垂直。转动载物台座，当三棱镜的一个光学面如 AB 面正对望远镜时，调整螺钉 B_1，使亮十字像在图 2-47c 所示的位置上。然后将另一个光学面 AC 正对望远镜，调节螺钉 B_2 使亮十字也在图 2-47c 所示的位置上。反复几次，即达到三棱镜的光学面与分光计转轴平行。

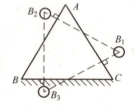

图 2-48 三棱镜放置图

2) 把游标盘 22 调到合适位置，防止测量过程中平行光管和望远镜挡住游标。锁紧螺钉 7 和 25，以固定载物台和三棱镜的位置。把望远镜对准光学面 AB 后，应锁紧螺钉 16，这样望远镜与度盘才能一起转动。

3) 锁紧望远镜止动螺钉 17，一面旋转望远镜微调螺钉 15，一面在望远镜中观察，当亮十字像正好在图 2-47c 所示位置时，记下两个游标盘的读数 ϕ_1 和 ϕ'_1。放松螺钉 17，把望远镜对准光学面 AC，然后锁紧螺钉 17，微调螺钉 15，记下亮十字像正好在图 2-47c 所示位置时两个游标盘的读数 ϕ_2 和 ϕ'_2。此时望远镜转过的角度

$$\phi = \frac{1}{2}[(\phi_2 - \phi_1) + (\phi'_2 - \phi'_1)] \tag{2-87}$$

根据式（2-86），可测出三棱镜的顶角 α。重复测 4 次，将结果填入表 2-17。

计算望远镜转过的角度时，如果经过度盘的零点，应加上 360° 后再减。例如 $\phi_1 \to \phi_2$ 是从 355°45′→0°→115°43′，那么转过的角度

$$\phi_2 - \phi_1 = (115°43' + 360°) - 355°45' = 119°58'$$

5. 注意事项

1）绝不能用手摸三棱镜、光学平面平板、物镜和目镜的光学表面。

2）推动望远镜只能推动望远镜支臂，不能推动已调好的望远镜目镜、照明装置或镜筒。旋紧望远镜止动螺钉、调节微调螺钉 15 后才能读取游标装置上的示值。

3）搞清原理，熟悉分光计后先目测，然后有目的地细调分光计，否则越调越乱。

6. 数据记录及处理

表 2-17　测三棱镜顶角

次数	望远镜正对 AB 面		望远镜正对 AC 面		$\phi = \frac{1}{2}[(\phi_2-\phi_1)+(\phi'_2-\phi'_1)]$	$\alpha = 180° - \phi$
	左游标 ϕ_1	右游标 ϕ'_1	左游标 ϕ_2	右游标 ϕ'_2		
1						
2						
3						
4						

7. 思考题

1）为什么绝不能用手摸三棱镜、光学平面平板、物镜和目镜的光学表面？

2）为什么推动望远镜只能推望远镜支臂，不能推动已调好的望远镜目镜、照明装置或镜筒。旋紧望远镜止动螺钉、调节微调螺钉 15 后才能读取游标装置上的示值？

2.16　分光计测定光栅常数及黄光波长

1. 实验目的

1）观察光栅衍射现象和衍射光谱。

2）进一步熟悉分光计的调节和使用。

3）选定波长已知的光谱线测定光栅常量。

2. 实验仪器

分光计、平面透射光栅、汞灯。

3. 实验原理

光栅是一种常用的分光元件，由于它能产生按一定规律排列的光谱线，是各种衍射仪、光谱仪、分光计等光学仪器的必备元件。

当单色平行光垂直照射到光栅面上，透过各狭缝的光线将向各个方向衍射。如果用凸透镜将与光栅法线成 ϕ 角的衍射光线会聚在其焦平面上，由于来自不同狭缝的光束相互干涉，结果在透镜焦平面上形成一系列明条纹。根据光栅衍射理论，产生明条纹的条件为

$$d \sin\phi_k = k\lambda \quad (k=0, \pm 1, \cdots) \tag{2-88}$$

式中，$d = a + b$ 是光栅常量；λ 是入射光波长；k 是明条纹（光谱线）的级数；ϕ_k 是第 k 级

明条纹的衍射角。式（2-88）称为光栅方程，它对垂直照射条件下的透射式和反射式光栅都适用。

如果入射光为复色光，由式（2-88）可知，波长不同，衍射角也不同，于是复色光被分解。而在中央 $k=0$，$\phi_k=0$ 处，各色光仍然重叠在一起，形成中央明条纹。在中央明条纹两侧对称分布着 $k=\pm 1$，± 2，…级光谱。每级光谱中紫色谱线靠近中央明条纹，红色谱线远离中央明条纹。

实验中若用汞灯照射分光计的狭缝，经平行光管后的平行光垂直照射到放在载物台上的光栅上，衍射光用望远镜观察，在可见光范围内比较明亮的光谱线如图 2-49 所示。这些光谱线的波长都是已知的。用分光计判明它的级数 k 并测出相应的衍射角 ϕ_k，就可由式（2-88）求出光栅常量 d。

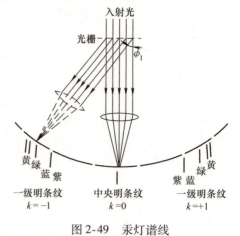

图 2-49 汞灯谱线

4. 实验内容

（1）调整分光计　调整方法参见实验 2.15。调好的分光计应使望远镜调焦在无穷远，平行光管射出平行光，望远镜与平行光管共轴并与分光计转轴垂直。平行光管的狭缝宽度调至 0.3mm 左右，并使狭缝与望远镜里分划板的中央竖线平行而且两者中心重合。要注意消除望远镜的视差，调好后固定望远镜和平行光管的有关螺钉。

（2）放置光栅

1）将放在光栅座上的光栅按图 2-50 所示的位置放在分光计的载物台上，并小心地用载物台上的压片将光栅片位置固定。先目测使光栅面与平行光管轴线大致垂直，然后用自准法调节。注意：望远镜和平行光管都已调好不能再调，只调节载物台下方的两个螺钉 G_1 和 G_3。

2）轻轻转动望远镜支臂以转动望远镜，观察中央明条纹两侧的衍射光谱是否在同一水平面内。如果观察到光谱线有高低变化，说明狭缝与光栅刻痕不平行，此时可调节图 2-50 所示的载物台螺钉 G_2，直到各级谱线基本上在同一水平面内为止。

（3）测量汞灯各谱线的衍射角

1）将分光计内小灯熄灭，转动望远镜，从最左端的 -1 级黄色谱线开始测量，依次测到最右端的 $+1$ 级黄色谱线。为了使分划板竖线对准光谱线，应用望远镜的微调螺钉仔细调节，不能用手直接推动望远镜。

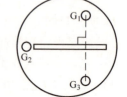

图 2-50 光栅摆放位置图

2）为了消除分光计刻度盘的偏心差，测量每一条谱线的衍射角时要分别测出左右两个游标的示值，然后取平均值。

3）由于衍射光谱对中央明条纹是左右对称的，为了减小测量的误差，对于每一条谱线应测出 $+1$ 级和 -1 级光谱线的位置，两个位置差值的一半即为 ϕ_1。

4）对于 $k=\pm 1$ 级光谱线，由式（2-88）得 $d=\lambda/\sin\phi_1$ 计算。

5. 注意事项

1）禁止用手触摸光栅，拿取或移动光栅时应移动光栅座。

2）对于调好的分光计，不能再调平行光管和望远镜上的任何调节螺钉或旋钮（除目镜视度调节手轮以外）。

3）测量衍射角时，应锁紧望远镜止动螺钉，用望远镜转角微调螺钉使分划板竖线与光谱线对齐，再读游标示值。

6. 数据记录及处理（表2-18）

表 2-18 分光计测光栅常数及波长

		黄1	黄2	绿
$k=-1$	左游标读数 θ_1			
	右游标读数 θ'_1			
$k=+1$	左游标读数 θ_2			
	右游标读数 θ'_2			
$\phi_1=[(\theta_2-\theta_1)+(\theta'_2-\theta'_1)]/4$				

7. 思考题

1）如果光栅平面和分光计转轴平行，但光栅上刻线和转轴不平行，那么整个光谱会有何变化，对测量结果有无影响？

2）如果光波波长都是未知的，能否用光栅测其波长？

2.17 迈克尔逊干涉仪测量 He – Ne 激光波长

1. 实验目的

1）了解迈克尔逊干涉仪的结构、原理和调节使用方法。

2）了解光的干涉现象；观察、认识、区别等倾干涉。

3）掌握用迈克尔逊干涉仪测 He – Ne 激光波长的方法。

2. 实验仪器

SGM – 1 型迈克尔逊干涉仪（图2-51）、He – Ne 激光。

图 2-51 SGM – 1 型迈克尔逊干涉仪

3. 实验原理

（1）迈克尔逊干涉仪原理 如图 2-52 所示，从光源 S 发出的光束射向分光板 G_1，被 G_1 底面的半透半反膜分成振幅大致相等的反射光 1 和透射光 2，光束 1 被动镜 M_1 再次反射

并穿过 G_1 到达 E;光束 2 穿过补偿片 G_2 后被定镜 M_2 反射,二次穿过 G_2 到达 G_1 并被底层膜反射到达 E;最后两束光是频率相同、振动方向相同,光程差恒定(即位相差恒定)的相干光,它们在相遇空间 E 产生干涉条纹。

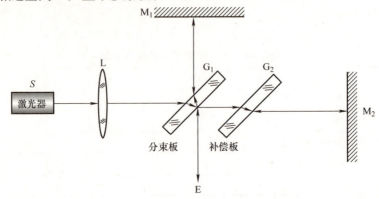

图 2-52 迈克尔逊干涉仪原理

(2) **单色光的等倾干涉** 调整 M_1 和 M_2 的方位使相互严格垂直,使得 $\theta=0$,空气折射率近似取 $n=1$,则可观察到等倾干涉圆条纹。

迈克尔逊干涉仪所产生的环形等倾干涉圆条纹的位置取决于相干光束间的光程差,而由 M_2 和 M_1 反射的两列相干光波的光程差为

$$\delta = 2nd\cos\theta \qquad (2\text{-}89)$$

其中 θ 为两列光在图 2-52 的 E 处相遇空间所形成的角度。

由干涉明纹条件有
$$2d\cos\theta = k\lambda \qquad (2\text{-}90)$$

1) d、λ 一定时,若 $\theta=0$,光程差 $\delta=2d$ 最大,即圆心所对应的干涉级次最高,从圆心向外的干涉级依次降低。

2) k、λ 一定时,若 d 增大,θ 随之增大,可观察到干涉环纹从中心向外"涌出",干涉环纹逐渐变细,环纹半径逐渐变小;当 d 增大至光源相干长度一半时,干涉环纹越来越细,图样越来越小,直至消失。反之,当 d 减小时,可观察到干涉环纹向中心"缩入"。当 d 逐渐减小至零时,干涉环纹逐渐变粗,干涉环纹直径逐渐变大,至光屏上观察到明暗相同的视场。

3) 对 $\theta=0$ 的明条纹,有:$\delta=2d=k\lambda$,可见每"涌出"或"缩入"一个圆环,相当于 $S_1 S_2$ 的光程差改变了一个波长 $\Delta\delta=\lambda$。当 d 变化了 Δd 时,相应地"涌出"(或"缩入")的环数为 Δk,从迈克尔逊干涉仪的读数系统上测出动镜移动的距离 Δd,及干涉环中相应的"涌出"或"缩入"环数 Δk,就可以求出光的波长 λ 为

$$\lambda = \frac{2\Delta d}{\Delta k} \qquad (2\text{-}91)$$

或已知激光波长,由上式可测微小长度变化为

$$\Delta d = \Delta k \lambda / 2 \qquad (2\text{-}92)$$

4) 由于动镜移动的距离 Δd,和螺旋测微器的读数 Δx 存在传动比为

$$\frac{\Delta d}{\Delta x} = \frac{1}{20} \qquad (2\text{-}93)$$

因此
$$\lambda = \frac{1}{10}\frac{\Delta x}{\Delta k} \tag{2-94}$$

4. 实验内容

1）目测粗调使凸透镜中心、激光管中心轴线、分光镜中心大致垂直定镜 M_2，并打开激光光源。

2）（暂时拿走凸透镜）调节激光光束垂直定镜。（标准：定镜反射回来的光束，返回激光发射孔。）

3）调 M_1 与 M_2 垂直。（标准：观测屏中两平面镜反射回来的亮点完全重合。）

4）在光路中加进凸透镜并调整之，使屏上出现干涉环。

5）调零。因转动微调鼓轮时，粗调鼓轮随之转动；而转动粗调鼓轮时，微调鼓轮则不动，所以测读数据前，要调整零点。

方法：将微调鼓轮顺时针（或逆时针）转至零点，然后以同样的方向转动粗调鼓轮，对齐任一刻度线。再将微调鼓轮同方向旋转一周再至零点。

6）测量。慢慢转动微动鼓轮，可观察到条纹一个一个地"冒出"或"缩进"，待操作熟练后开始测量干涉环纹从环心"冒出"或"缩进"环数 Δk，每变化 50 个环时，记下螺旋测微仪的读数 x，连续测量 8 次，然后用逐差法根据式（2-94）求出激光波长。

7）数据记录，并上交任课教师审批签字。

5. 注意事项

1）迈克尔逊干涉仪系精密光学仪器，使用时应注意防尘、防振；不要对着仪器说话、咳嗽等；测量时动作要轻、缓，尽量使身体部位离开实验台面，以防振动；不能触摸光学元件光学表面。

2）激光管两端的高压引线头是裸露的，且激光电源空载输出电压高达数千伏，要警惕误触。

3）测量过程中要防止回程误差。测量时，微调鼓轮只能沿一个方向转动（必须和大手轮转动方向一致），否则全部测量数据无效，应重新测量。

4）激光束光强极高，切勿用眼睛对视，防止视网膜遭受永久性损伤。

5）实验完成后，不可调动仪器，要等老师检查完数据并认可后才能关机。关机时，应先将高压输出电流调整为最小，再关电源。

6. 数据记录及处理（表 2-19）

表 2-19　迈克尔逊干涉仪测量 He–He 激光波长

干涉环变化数 K_1	0	50	100	150	200
位置读数 x_1/mm					
干涉环变化数 K_2					
位置读数 x_2/mm					
环数差 $\Delta k = k_2 - k_1$					
$\Delta x_i = x_2 - x_1$					
Δd_i					

2.18 杨氏双缝干涉实验

1. 实验目的

1）观察杨氏双缝干涉图样。
2）掌握杨氏双缝干涉图样形成的干涉机理。
3）学会利用杨氏双缝干涉图样测量双缝间距。

2. 实验仪器（图 2-53）

钠灯（加圆孔光阑）、透镜（$f=150\text{mm}$）、透镜（$f=50\text{mm}$）、双缝、可调狭缝、测微目镜。

图 2-53 杨氏双缝干涉实验仪

3. 实验原理

（1）波的相干条件 空间两列波在相遇处要发生干涉现象，这两列波必须满足以下三个相干条件：振动方向相同；频率相同；相位差保持恒定。获得相干光的具体方法有两种：分波阵面法和分振幅法。杨氏双缝干涉是用分波阵面法干涉。

（2）双缝干涉原理 如图 2-54 所示，用普通的单色光源（如钠光灯）入射狭缝 S，使 S 成为缝光源发射单色光。在狭缝 S 前放置两个相距为 d（d 约为 1mm）的狭缝 S_1 和 S_2，S 到狭缝 S_1 和 S_2 的距离相等。S_1、S_2 是由同一光源 S 形成的，是同方向、同频率、有恒定初相位差的两个单色光源发出的两列波，满足相干条件，

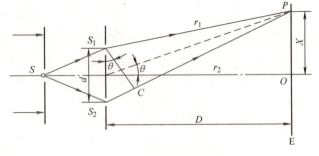

图 2-54 杨氏双缝干涉实验

因此在较远的接收屏上就可以观测到干涉图样。直接用激光束照射双缝，也可在屏幕上获得清晰明亮的干涉条纹。设 d 为此二狭缝的距离，D 为二狭缝连线到屏幕的垂直距离。OS 是 S_1、S_2 的中垂线，屏上任一点 P 与点 O 的距离为 x，P 到 S_1 和 S_2 的距离分别为 r_1、r_2。设 θ 为 P 点和 O 点与双缝中点的张角，如图 2-54 所示，则由 S_1、S_2 发出的光到 P 点的波程差为

$$\Delta r = r_2 - r_1 \approx d\sin\theta \tag{2-95}$$

波程差 Δr 在空气中近似等于光程差 δ。在实验中，通常 $D \gg d$，$D \gg x$ 时才能获得明显

的干涉条纹。即 θ 角很小，$\sin\theta \approx \tan\theta = \dfrac{x}{D}$。

根据波动理论，当两束光的光程差满足 $\delta = k\lambda$，P 点干涉增强出现明纹。所以屏上各条明纹中心的位置为

$$x = \pm \dfrac{k\lambda}{d}D \tag{2-96}$$

式中，$k = 0, 1, 2, \cdots$ 是干涉条纹的级数；λ 是单色光波长。

同样地，当 $\delta = (2k+1)\dfrac{\lambda}{2}$，P 点因干涉减弱出现暗纹。屏上各条暗纹中心的位置为

$$x = \pm (2k+1)\dfrac{\lambda}{2}\dfrac{D}{d}, k = 0, 1, 2, \cdots \tag{2-97}$$

由以上两式可以求出相邻明条纹或暗条纹的间距为

$$\Delta x = \dfrac{D}{d}\lambda \tag{2-98}$$

可以看出，干涉条纹是等距离分布的，与干涉级数 k 无关。条纹间距 Δx 的大小与入射光波长 λ 及缝屏间距 D 成正比，与双缝间距 d 成反比。杨氏双缝干涉的条纹图样是对称分布于屏幕中心 O 点两侧且平行等间距的明暗相间的直条纹，条纹的强度分布呈余弦变化规律。如果两束光在 P 点的光程差既不满足干涉增强也不满足干涉减弱，则在 P 点既不是最亮，也不是最暗，介于二者之间。如果已知 D、d，又测出 Δx，由式（2-98）则可计算单色光的波长

$$\lambda = \dfrac{d}{D}\Delta x \tag{2-99}$$

只要测得 D 和 Δx 值，在 λ 已知的条件下，便可测出双缝间距

$$d = \dfrac{D\lambda}{\Delta x} \tag{2-100}$$

利用杨氏双缝干涉还能测量透明介质的折射率和薄膜厚度等。按图 2-55 所示安排光路，能获得比较明亮的干涉图样，便于观测。

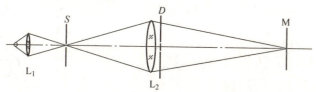

图 2-55　杨氏双缝干涉的光路

4. 实验内容

1）如图 2-55 所示，将单色光源、透镜 L_1 和 L_2、单缝 S、双缝 D 和测微目镜 M 的中心进行等高、共轴调节，并按图示顺序摆放仪器；点亮光源，通过透镜照亮狭缝 S，用手执白屏在单缝和双缝后面观察，应有清晰的光束。

2）按照图 2-55 调节各元件位置，使钠光通过透镜 L_1（$f = 50\text{mm}$）会聚到狭缝 S 上；用透镜 L_2（$f = 150\text{mm}$）将 S 成像于测微目镜分划板 M 上，然后将双缝 D 置于 L_2 近旁。

3）适当调宽单缝，保持足够的亮度。在测微目镜的视场中找到钠光的条纹，将测微目

镜移动以增大双缝和接收屏的距离。

4）将单缝减小到合适的宽度，太宽则干涉不明显，太窄光强不够，无法测量。在调节好 S、D 和 M 的 mm 刻线平行后，目镜视场出现便于观测的双缝干涉条纹。

5）用测微目镜测量相邻明纹或相邻暗纹的条纹间距 Δx，用米尺测量双缝至目镜焦面的距离 D，取入射光波长 $\lambda = 589.3$ nm（钠光灯的光波长 589 nm 和 589.6 nm），根据公式计算双缝间距 d。

5. 注意事项

1）实验中应注意调节单缝和双缝间距，并使单缝双缝相互平行以便能形成相干光源，发生干涉现象。

2）使用测微目镜时要非常细心和耐心，转动手轮时要缓慢均匀，避免回程误差。

3）测量双缝到测微目镜焦平面的距离 D 时可用米尺测多次，取平均值。

4）测量条纹间距 Δx 时，可以测量 n 条明纹或暗纹间的距离 a，再求出相邻明纹或暗纹的距离，可以减小误差。

6. 数据记录及处理（表 2-20）

表 2-20　杨氏双缝干涉实验

条纹序号	1	2	3	4	5	6
条纹位置读数						

7. 思考题

1）杨氏双缝实验中影响干涉条纹间距的因素有哪些？

2）如果是白光入射单缝，将会看到怎样的条纹？

3）若用一介质片放在某个单缝后，干涉条纹如何变化？

4）如果将整个装置放入水中，测量公式如何变化？

2.19　用牛顿环测量平凸透镜的曲率半径

1. 实验目的

1）观察劈尖干涉和牛顿环干涉的现象。

2）学习用劈尖干涉原理测量细丝的直径。

3）学习用牛顿环干涉原理测量球面的曲率半径。

4）掌握读数显微镜的调节与使用方法。

2. 实验器材（图 2-56）

读数显微镜、钠光灯、牛顿环。

3. 实验原理

如图 2-57 所示，牛顿环实验装置是把一块曲率半径为 R 的平凸玻

图 2-56　牛顿环测量平凸透镜曲率半径的实验仪器

璃透镜 A 放在一块光学平板玻璃上面而构成,这时在两玻璃面之间就形成了厚度不均匀的空气薄膜,薄膜厚度 e 从中心接触点到边缘逐渐增加且中心对称。用平行单色光自上而下垂直照射平凸透镜时,透镜下表面的反射光与平板玻璃上表面的反射光是相干的,其光程差与入射光波长 λ 和空气薄膜厚度有关,在薄膜上表面形成的干涉条纹是以接触点为圆心的一系列明暗交替的同心圆环——牛顿环,如图 2-58 所示。每一个圆环所处位置空气薄膜的厚度都相等,因此这种干涉称为等厚干涉。

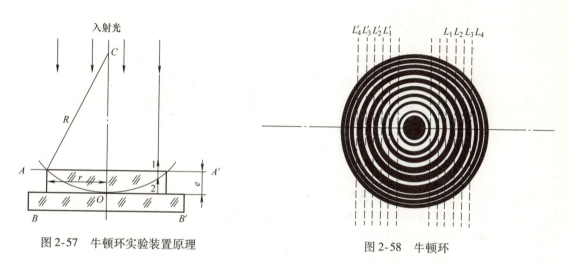

图 2-57 牛顿环实验装置原理　　　　　图 2-58 牛顿环

在空气薄膜厚度为 e 处,考虑从其下表面反射的光有半波损失,因此薄膜上下表面反射的两束相干光的光程差为

$$\Delta = 2e + \frac{\lambda}{2} \tag{2-101}$$

从图 2-57 中可以看出 $R^2 = r^2 + (R-e)^2$,简化后得 $r^2 = 2eR - e^2$,这里 r 表示厚度为 e 处的圆环状干涉条纹的半径,由于空气薄膜的厚度 e 远小于透镜的曲率半径 R,略去二级小量 e^2 有

$$e = \frac{r^2}{2R} \tag{2-102}$$

将式(2-102)代入式(2-101)得

$$\Delta = \frac{r^2}{R} + \frac{\lambda}{2}$$

根据干涉形成暗条纹的条件 $\Delta = (2k+1)\frac{\lambda}{2}$,($k=0,1,2,3,\cdots$)得

$$r^2 = kR\lambda \tag{2-103}$$

式中,$k=0,1,2,\cdots$ 分别对应 0 级、1 级、2 级、$\cdots$ 暗环。已知入射光的波长,测得第 k 级暗环半径 r_k,由式(2-103)可计算出透镜的曲率半径 R。由于玻璃的弹性形变,平凸透镜和平板玻璃的接触点不是一个几何点,观察牛顿环时也会看到,其中心是个暗圆斑,

这样牛顿环的环心位置就不能准确测定，致使任一级暗环的半径 r_k 也不能准确测定，因此实验时改测暗环的直径。接触处由于形变及微小灰尘的存在，改变了空气薄膜的厚度而引起附加光程差，为了消除这种系统误差，取两个暗环直径的平方差。设空气薄膜的附加厚度为 a，式（2-101）和产生暗环的条件则为

$$\Delta = 2(e \pm a) + \frac{\lambda}{2} = (2k+1)\frac{\lambda}{2}$$

即 $e = k\frac{\lambda}{2} \pm a$，再考虑式（2-102），得 $r^2 = kR\lambda \pm 2Ra$。取第 m、n 级暗环直径的平方为

$$D_m^2 = (2r_m)^2 = 4(mR\lambda \pm 2Ra)$$

$$D_n^2 = (2r_n)^2 = 4(nR\lambda \pm 2Ra)$$

将两式相减，得 $D_m^2 - D_n^2 = 4(m-n)R\lambda$。这就消除了由于附加厚度 a 而产生的系统误差，因而平凸透镜的曲率半径

$$R = \frac{D_m^2 - D_n^2}{4(m-n)\lambda} \tag{2-104}$$

钠光灯是一种气体放电灯。在放电管内充有金属钠和氩气。开启电源的瞬间，氩气放电发出粉红色的光，氩气放电后金属钠被蒸发并放电发出黄色光。钠光在可见光范围内两条谱线的波长分别为 589.59nm 和 589.00nm。这两条谱线很接近，所以可以把它视为单色光源，并取其平均值 589.30nm 为波长。

4. 实验内容

1）将牛顿环仪朝向自然光或室内光源，观察牛顿环条纹。调节牛顿环上的螺钉，使松紧适度，并让暗斑处于中心。

2）调节读数显微镜的目镜，使十字叉丝清晰，并让横线与标尺平行。

3）摇动测微鼓轮手柄，使显微镜筒靠近标尺中部。

4）开启钠光灯，5min 后钠光灯发的光才正常。调整钠光灯的高度以及读数显微镜的位置，使光从玻璃反射后垂直投射在牛顿环上（即在目镜中看到明亮的黄色）。

5）为了防止牛顿环实验装置与平板玻璃片互相挤压而破碎，应转动调焦手轮，先使玻璃片接近牛顿环装置，然后使显微镜筒自下而上缓慢上升，直到看清楚牛顿环。

6）微调牛顿环，使十字叉中心与暗斑中心大致重合。

7）摇动测微鼓轮手柄，使显微镜头选至 16 环处，十字叉竖线与暗环相切，再反向移动至 2 环处，在移动过程中记下标尺刻度（取 $n = 2$、3、4、5、6、7，及 $m = 8$、9、10、11、12、13），依次记录下 13、12、11、10、9、8 环的读数，再继续沿同一方向移动显微镜（穿过圆心），依次记录下另一边的刻度（7、6、5、4、3、2）。记录时，十字叉竖线对准暗环中间。将这些数据填入表 2-21 中。

5. 注意事项

1）使用读数显微镜时，为避免引进螺距差，移测时必须向同一方向旋转，中途不可倒退。

2）调焦时镜筒应从下往上缓慢调节，以免碰伤物镜及待测物。

3）实验完毕应将牛顿环仪上的三个螺钉松开，以免牛顿环变形。

6. 数据记录及处理

表 2-21　用牛顿环测量平凸透镜的曲率半径

级数	m_i	13	12	11	10	9	8
暗环位置	左						
	右						
直径	D_{mi}						
级数	n_i	7	6	5	4	3	2
暗环位置	左						
	右						
直径	D_{ni}						
直径的平方差	$D_{mi}^2 - D_{ni}^2$						
透镜曲率半径	R						

7. 思考题

1）将牛顿环实验装置放到白光下观察，此时的条纹有何特征？为什么？

2）牛顿环干涉条纹形成在哪一个面上？产生的条件是什么？

3）牛顿环干涉条纹的中心在什么情况下是暗的？什么情况下是亮的？

4）如何用等厚干涉原理检验光学平面的表面质量？

2.20　PN 结正向压降温度特性研究

1. 实验目的

1）了解 PN 结正向压降随温度变化的基本关系式。

2）在恒定正向电流条件下，测绘 PN 结正向压降随温度变化曲线，并由此确定其灵敏度及被测 PN 结材料的禁带宽度。

3）学习用 PN 结测温的方法。

2. 实验仪器

DH—PN—1 型 PN 结、电源。

3. 实验原理

理想的 PN 结的正向电流 I_F 和正向压降 V_F 存在如下近似关系

$$I_F = I_s \exp\left(\frac{qV_F}{kT}\right) \tag{2-105}$$

式中，q 是电子电荷；k 是玻尔兹曼常数；T 是绝对温度；I_s 是反向饱和电流，它是一个和 PN 结材料的禁带宽度以及温度有关的系数，可以证明

$$I_s = CT^r \exp\left(-\frac{qV_{g(0)}}{kT}\right) \tag{2-106}$$

式中，C 是与截面积、掺杂质浓度等有关的常数；r 是常数（见附录）；$V_{g(0)}$ 是绝对零度时 PN 结材料的导带底和价带顶的电势差。

将式（2-106）代入式（2-105），两边取对数可得

$$V_F = V_{g(0)} - \left(\frac{k}{q}\ln\frac{C}{I_F}\right)T - \frac{kT}{q}\ln T^r = V_1 + V_{n_1} \tag{2-107}$$

式中
$$V_1 = V_{g(0)} - \left(\frac{k}{q}\ln\frac{C}{I_F}\right)T$$

$$V_{n_1} = -\frac{kT}{q}\ln T^r$$

式（2-107）就是 PN 结正向压降对于电流和温度的函数表达式，它是 PN 结温度传感器的基本方程。令 I_F = 常数，则正向压降只随温度而变化，但是在式（2-107）中还包含了非线性项 V_{n_1}。下面来分析一下 V_{n_1} 项所引起的线性误差。

设温度由 T_1 变为 T 时，正向电压由 V_{F_1} 变为 V_F，由式（2-107）可得

$$V_F = V_{g(0)} - (V_{g(0)} - V_{F_1})\frac{T}{T_1} - \frac{kT}{q}\ln\left(\frac{T}{T_1}\right)^r \tag{2-108}$$

按理想的线性温度响应，V_F 应取如下形式

$$V_{理想} = V_{F_1} + \frac{\partial V_{F_1}}{\partial T}(T - T_1) \tag{2-109}$$

$\frac{\partial V_F}{\partial T}$ 为曲线的斜率，且 T_1 温度时的 $\frac{\partial V_{F_1}}{\partial T}$ 等于 T 温度时的 $\frac{\partial V_F}{\partial T}$ 值。

由式（2-107）可得

$$\frac{\partial V_{F_1}}{\partial T} = -\frac{V_{g(0)} - V_{F_1}}{T_1} - \frac{k}{q}r \tag{2-110}$$

所以
$$V_{理想} = V_{F_1} + \left(-\frac{V_{g(0)} - V_{F_1}}{T_1} - \frac{k}{q}r\right)(T - T_1) \tag{2-111}$$

$$= V_{g(0)} - (V_{g(0)} - V_{F_1})\frac{T}{T_1} - \frac{k}{q}(T - T_1)r$$

对理想线性温度响应式（2-111）和实际响应式（2-108）相比较，可得实际响应对线性响应的理论偏差为

$$\Delta = V_{理想} - V_F = -\frac{k}{q}(T - T_1)r + \frac{kT}{q}\ln\left(\frac{T}{T_1}\right)^r \tag{2-112}$$

设 $T_1 = 300\text{K}$，$T = 310\text{K}$，取 $r = 3.4$，由式（2-112）可得 $\Delta V = 0.048\text{mV}$，而相应的 V_F 的改变量约 20mV，相比之下误差甚小。不过当温度变化范围增大时，V_F 温度响应的非线性误差将有所递增，这主要由于 r 因子所致。

综上所述，在恒流供电条件下，PN 结的 V_F 对 T 的依赖关系取决于线性项 V_1，即正向压降几乎随温度升高而线性下降，这就是 PN 结测温的理论依据。必须指出，上述结论仅适用于杂质全部电离，本征激发可以忽略的温度区间（对于通常的硅二极管来说，温度范围约 $-50 \sim 150°C$）。如果温度低于或高于上述范围时，由于杂质电离因子减小或本征载流子迅速增加，$V_F - T$ 关系将产生新的非线性，这一现象说明 $V_F - T$ 的特性还随 PN 结的材料而异，对于宽带材料（如 GaAs，$Eg = 1.43\text{eV}$）的 PN 结，其高温端的线性区则宽；而材料杂质电离能小（如 InSb）的 PN 结，则低温端的线性范围宽。对于给定的 PN 结，即使在杂质导电和非本征激发温度范围内，其线性度亦随温度的高低而有所不同，这是非线性项 V_{n_1} 引起的，由 V_{n_1} 对 T 的二阶导数 $\frac{d^2V}{dT^2} = \frac{1}{T}$ 可知，$\frac{dV_{n_1}}{dT}$ 的变化与 V_{n_1} 成反比，所以 $V_F - T$ 的线性度在高温端优于低温端，这是 PN 结温度传感器的普遍规律。此外，减小 I_F，可以改善线性度，但并

不能从根本上解决问题，目前行之有效的方法大致有两种：

1）利用对管的两个 be 结（将晶体管的基极与集电极短路与发射极组成一个 PN 结），分别在不同电流 I_{F_1}、I_{F_2} 下工作，由此获得两者之差（$I_{F_1} - I_{F_2}$）与温度成线性函数关系，即

$$V_{F_1} - V_{F_2} = \frac{KT}{q} \ln \frac{I_{F_1}}{I_{F_2}}$$

由于晶体管的参数有一定的离散性，实际值与理论值仍存在差距。但与单个 PN 结相比其线性度与精度均有所提高，这种电路结构与恒流、放大等电路集成一体，便构成电路温度传感器。

2）采用电流函数发生器来消除非线性误差。由式（2-107）可知，非线性误差来自 T^r 项，利用函数发生器，I_F 比例于绝对温度的 r 次方，则 $V_F - T$ 的线性理论误差为 $\Delta = 0$。实验结果与理论值比较一致，其精度可达 0.01℃。

4. 实验内容

1）实验系统检查与连接

① 取下隔离圆筒的筒套（左手扶筒盖，右手扶筒套逆时针旋转），待测 PN 结管和测温元件应分放在铜座的左右两侧圆孔内，其管脚不与容器接触，然后装上筒套。

② 按图 2-59 所示进行连线。控温电流开关置"关"位置，接上加热电源线和信号传输线，两者连接均为直插式。在连接信号线时，应先对准插头与插座的凹凸定位标记，再按插头的紧线夹部位，即可插好。而拆除时，应拉插头的可动外套，绝不可鲁莽左右转动，或操作部位不对时而硬拉，否则可能拉断引线影响实验。

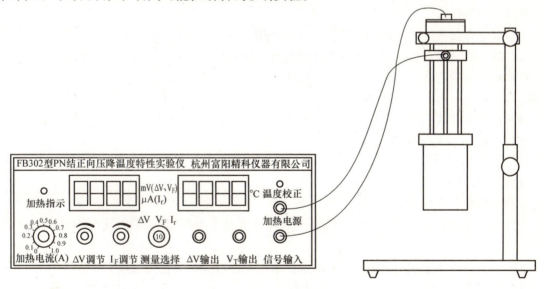

图 2-59 实验连线图

2）打开电流开关，预热几分钟后，此时测试仪上将显示出室温 T_R，记录下起始温度 T_R。

3）$V_F(0)$ 或 $V_F(T_R)$ 的测量和调零。将"测量选择"开关拨到 I_F，由"I_F 调节"使 $I_F = 50\mu A$，将 K 拨到 V_F，记下 $V_F(T_R)$ 值，再将"测量选择"置于 ΔV，由"ΔV 调节"使 $\Delta V = 0$。

本实验的起始温度如需从 0℃ 开始，则需将隔离圆筒置于冰水混合物中，待显示温度至 0℃ 时，再进行上述测量。

4）测定 $\Delta V - T$ 曲线　开启加热电流（指示灯亮），逐步提高加热电流进行变温实验，并记录对应的 ΔV 和 T，至于 ΔV、T 的数据测量，每改变 10mV 立即读取一组 ΔV、T 值，这样可以减小测量误差。应该注意：在整个实验过程中要注意升温速率要慢，且温度不宜过高，最好控制在 120℃ 以内。

5）求被测 PN 结正向压降随温度变化的灵敏度 $S(\text{mV}/℃)$　以 T 为横坐标，ΔV 为纵坐标，作 $\Delta V - T$ 曲线，其斜率就是 S。

6）估算被测 PN 结材料的禁带宽度　根据式（2-110）略去非线性项，可得

$$V_{g(0)} = V_{F_1} - \frac{\partial V_{F_1}}{\partial T} T_1 = V_{F_1} S T_1$$

实际计算时将斜率 S、温度 T_1（注意单位为 K）及此时的 V_{F_1} 值代入上式即可求得 $V_{g(0)}$，禁带宽度 $E_{g(0)} = q V_{g(0)}$。将实验所得的 $E_{g(0)}$ 与公认值 $E_{g(0)} = 1.21\text{eV}$ 比较，求其误差。

7）数据记录。实验起始温度：$T_R = $ _____ ℃；工作电流：$I_F = $ _____ mA；起始温度为 T_R 时压降：$V_F(T_R) = $ _____ mV；控温电流：_____ A。

8）改变加热电流重复上述步骤进行测量，并比较两组测量结果。

9）改变工作电流 $I_F = 100\mu\text{A}$，重复上述 1）~ 7）步骤进行测量，并比较两组测量结果。

5. 注意事项

1）仪器连接线的芯线较细，所以要注意使用，不可用力过猛。

2）除加热线没有极性区别，其余连接线都有极性区别，连接时注意不要接反。

3）加热装置温升不应超过 120℃，长期过热使用，将造成接线老化，甚至脱焊，造成故障。

4）仪器应存放于温度为 0 ~ 40℃，相对湿度 30% ~ 85% 的环境中，避免与有腐蚀性的有害物质接触，并防止碰撞、摔倒。

6. 数据记录及处理

自列表格，按要求处理数据。

7. 思考题

1）测 $V_{F(0)}$ 或 $V_F(T_R)$ 的目的何在？为什么实验要求测 $\Delta V - T$ 曲线而不是 $V_F - T$ 曲线。

2）测 $\Delta V - T$ 为何按 ΔV 的变化读取 T，而不是按自变量 T 读取 ΔV。

3）在测量 PN 结正向压降和温度的变化关系时，温度高时 $\Delta V - T$ 线性好，还是温度低好？

4）测量时，为什么温度必须控制在 $T = -50 \sim 150$℃ 范围内？

第3章 综合性实验

3.1 组装迈克尔逊干涉仪测量空气折射率

1. 实验目的
1) 学习一种测量空气折射率的方法。
2) 进一步了解光的干涉现象及其形成条件。
3) 学习调整光路的方法。
2. 实验仪器（图3-1）

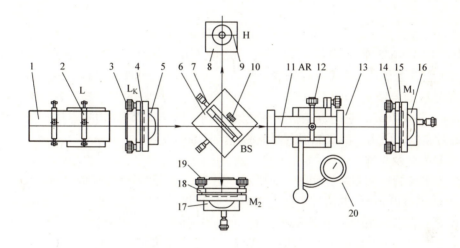

图3-1 自组迈克尔逊干涉仪测量空气折射率的实物示意图
1—激光器 2—二维调整架（SZ-07） 3—扩束镜（$f=15mm$） 4—升降调整座（SZ-03）
5—三维平移底座（SZ-01） 6—分束镜（50%） 7—通用底座（SZ-04） 8—白屏（SZ-13）
9—二维调整架（SZ-07） 10—空气室 11—光源二维调节架 12—二维平移底座（SZ-02）
13—二维调整架（SZ-07） 14—平面反射镜（SZ-18） 15—二维平移底座（SZ-02）
16—二维平移底座（SZ-02） 17—平面反射镜 18—二维调整架（SZ-07）
19—升降调整座（SZ-03） 20—精密电子气压计

3. 实验原理

迈克尔逊干涉仪光路示意图如图3-2所示。其中，BS为平板玻璃，称为分束镜，它的一个表面镀有半反射金属膜，使光在金属膜处的反射光束与透射光束的光强基本相等。

M_1、M_2为互相垂直的平面反射镜，M_1、M_2镜面与分束镜BS均成45°角；M_1可以移动，M_2固定。M_1'表示M_1对BS金属膜的虚像。

从光源S发出的一束光，在分束镜BS的半反射面上被分成反射光束2和透射光束1。光束1从BS透射出后投向M_1镜，反射回来再穿过BS；光束2投向M_2镜，经M_2镜反射回来再通过 BS 膜面上反射。于是，反射光束 1 与透射光束 2 在空间相遇，发生干涉。

由图 3-2 可知，迈克尔逊干涉仪中，当光束垂直入射至 M_1、M_2 镜时，两束光的光程差 δ 为

$$\delta = 2(n_1 L_1 - n_2 L_2) \qquad (3-1)$$

式中，n_1 和 n_2 分别是路程 L_1、L_2 上介质的折射率。

设单色光在真空中的波长为 λ，当

$$\delta = K\lambda \ (K = 0, 1, 2, 3, \cdots) \qquad (3-2)$$

时干涉相长，相应地在接收屏中心的总光强为极大。由式 (3-1) 知，两束相干光的光程差不但与几何路程有关，还与路程上介质的折射率有关。

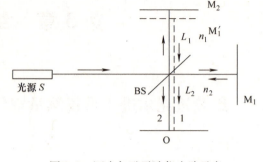

图 3-2 迈克尔逊干涉仪光路示意

当 L_1 支路上介质折射率改变 Δn_1 时，因光程的相应改变而引起的干涉条纹的变化数为 N。由式 (3-1) 和式 (3-2) 可知

$$|\Delta n_1| = \frac{N\lambda}{2L_1} \qquad (3-3)$$

例如，取 $\lambda = 633.0$ nm 和 $L_1 = 100$ mm，若条纹变化 $N = 10$，则可以测得 $\Delta n = 0.0003$。可见，测出接收屏上某一处干涉条纹的变化数 N，就能测出光路中折射率的微小变化。

正常状态（$t = 15$℃，$p = 1.01325 \times 10^5$ Pa）下，空气对在真空中波长为 633.0nm 的光的折射率 $n = 1.00027652$，它与真空折射率之差为 $(n-1) = 2.765 \times 10^{-4}$。用一般方法不易测出这个折射率差，而用干涉法能很方便地测量，且准确度高。

4. 实验内容及步骤

(1) 实验装置　实验装置如图 3-3 所示。用 He-Ne 激光作为光源（He-Ne 激光的真空波长为 $\lambda = 633.0$nm），并附加小孔光阑 H 及扩束镜 T。扩束镜 T 可以使激光束扩束。小孔光阑 H 是为调节光束使之垂直入射在 M_1、M_2 镜上时用的。另外，为了测量空气折射率，在一支光路中加入一个玻璃气室，其长度为 L。气压表用来测量气室内气压。在 O 处用毛玻璃作为接收屏，在它上面可看到干涉条纹。

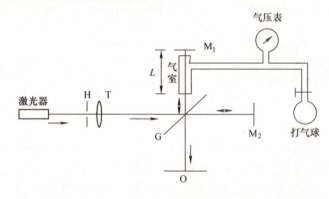

图 3-3 测量空气折射率实验装置示

(2) 测量方法　调好光路后，先将气室抽成真空（气室内压强接近于零，折射率 $n =$

1)，然后再向气室内缓慢充气，此时，在接收屏上看到条纹移动。当气室内压强由 0 变到 1 个大气压时，折射率由 1 变到 n。若屏上某一点（通常观察屏的中心）条纹变化数为 N，则由式（3-3）可知

$$n = 1 + \frac{N\lambda}{2L} \tag{3-4}$$

但实际测量时，气室内压强难以抽到真空，因此利用式（3-4）对数据作近似处理所得结果的误差较大，应采用下面的方法才比较合理。

理论证明，在温度和湿度一定的条件下，当气压不太大时，气体折射率的变化量 Δn 与气压的变化量 Δp 成正比

$$\frac{n-1}{p} = \frac{\Delta n}{\Delta p} = 常数$$

所以

$$n = 1 + \left|\frac{\Delta n}{\Delta p}\right| p \tag{3-5}$$

将式（3-3）代入式（3-5），可得

$$n = 1 + \frac{N\lambda}{2L} \frac{p}{|\Delta p|} \tag{3-6}$$

式（3-6）给出了气压为 p 时的空气折射率 n。

可见，只要测出气室内压强由 p_1 变化到 p_2 时的条纹变化数 N，即可由式（3-6）计算压强为 p 时的空气折射率 n，气室内压强不必从 0 开始。

例如，取 $p = 760 \text{mmHg}$，改变气压 Δp 的大小，测定条纹变化数目 N，用式（3-6）就可以求出一个大气压下的空气折射率 n 的值。

(3) 实验步骤

1) 按实验装置示意图把仪器放好，打开激光光源。

2) 调节光路。光路调节的要求是：M_1、M_2 两镜相互垂直；经过扩束和准直后的光束应垂直入射到 M_1、M_2 的中心部分。

① 粗调。H 和 T 先不放入光路，调节激光管支架，目测使光束基本水平并且入射在 M_1、M_2 反射镜中心部分。若不能同时入射到 M_1、M_2 的中心，可稍微改变光束方向或光源位置。注意操作要小心，动作要轻缓，防止损坏仪器。

② 细调。放入 H，使激光束正好通过小孔 H。然后，在光源和干涉仪之间沿光束移动小孔 H。若移动后光束不再通过小孔而位于小孔上方或下方，说明光束未达到水平入射，应该缓慢调整激光管的仰俯倾角，最后使移动小孔时光束总是正好通过小孔为止。此时，在小孔屏上可以看到由 M_1、M_2 反射回来的两列小光斑。

③ 用小纸片挡住 M_2 镜，H 屏上留下由 M_1 镜反射回来的一列光斑，稍稍调节光束的方位，使该列光斑中最亮的一个正好进入小孔 H（其余较暗的光斑与调节无关，可不管它）。此时，光束已垂直入射到 M_1 镜上了。调节时应注意尽量使光束垂直入射在 M_1 镜的中心部分。

④ 用小纸片挡住 M_1 镜，看到由 M_2 镜反射回来的光斑，调节 M_2 镜后面的三个调节螺钉，使最亮的一个光斑正好进入小孔 H。此时，光束已垂直入射到 M_2 镜的中心部分了。记住此时光点在 M_2 镜上的位置。

⑤ 放入扩束镜,并调节扩束镜的方位,使经过扩束后的光斑中心仍处于原来它在 M_2 镜上的位置。

调节至此,通常即可在接收屏 O 上看到非定域干涉圆条纹。若仍未见条纹,则应按③、④、⑤步骤重新调节。

条纹出现后,进一步调节垂直和水平拉簧螺钉,使条纹变粗、变疏,以便于测量。

3) 测量。测量时,利用打气球向气室内打气,读出气压表指示值 p_1,然后再缓慢放气,相应地看到有条纹"吐出"或"吞进"(即前面所说条纹变化)。当"吐出"或"吞进" $N=30$ 个条纹时,记录气压表读数 p_2 值。然后重复前面的步骤,共取 6 组数据,求出移过 $N=30$ 个条纹所对应的气室内压强的变化值 p_2-p_1 的 6 次平均值 $|\overline{\Delta p}|$。

(4) 计算空气的折射率　气压为 p 时的空气的折射率为

$$n = 1 + \frac{N\lambda}{2L} \frac{p}{|\overline{\Delta p}|}$$

实验要求测量 p 为 1 个大气压强时空气的折射率。

5. 注意事项

1) 点燃激光管需要几千伏直流高压,调节时不要碰到激光管上的电极,以免触电。强光还会灼伤眼睛,注意不要让激光直接射入眼睛。

2) 严禁触摸光学仪器表面。

3) 防止小气室及气压表摔坏;打气时不要超过气压表量程。

4) 实验中必须保持安静,尽量避免身体触碰光学平台以及在实验台附近走动。

6. 数据记录及处理(表3-1)

室温 $t=15℃$;大气压 $p_0=760$ mmHg;$L=200$ mm;$\lambda=632.8$ nm;$N=30$。

表3-1　迈克尔逊干涉仪测量空气折射率

i	1	2	3	4	5	6
p_1/mmHg	280	280	280	280	280	280
p_2/mmHg						
(p_2-p_1)/mmHg						
平均值 $\overline{\Delta p}$/mmHg						
空气折射率 n						

7. 思考题

1) 本实验能否用白炽灯作为光源?

2) 在什么条件下产生等倾干涉条纹?在什么条件下产生等厚干涉条纹?

3) 试简述如何使干涉条纹的宽度变大?

4) 如何利用对气室抽空后充气的方法测量空气的折射率?

3.2　激光全息照相的基本技术

1. 实验目的

1) 了解全息照相的记录原理。

2）了解全息照相的主要特点。
3）掌握漫反射全息照片的摄制方法。

2. 实验仪器

He – Ne 激光器，透镜，分束镜，平面反射镜，全息实验抗振台，全息干板，待拍样品，暗室，显影、定影设备全套，电子定时器。

3. 实验原理

光波具有振幅和位相两种信息。普通照相底片上所记录的图像只反映了物体上各发光点的强弱变化，即只记录了物光的振幅信息，在照相纸上只显示出物体的二维平面图像，却丧失了物体的三维特征。全息照相则不同，它是借助于相干的参考光束 R 和物光束 O 相干涉的方法，在底片上记录了这两部分光束相互干涉形成的一系列的干涉图样（图 3-4）。干涉图样的微观细节与物体光束（物体）唯一地对应，不同的物光束（物体）将产生不同的干涉图样。

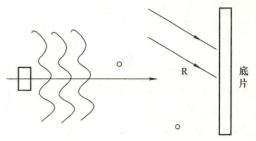

图 3-4 激光全息照相原理

全息底片上的光强是物光和参考光复数振幅的合振幅的平方：

$$I(x,y) = |O + R|^2$$
$$= A_o^2 + A_r^2 + A_r A_o e^{i(\omega_r - \omega_o)} + A_r A_o e^{i(\omega_r - \omega_o)}$$
$$= A_o^2 + A_r^2 + 2 A_r A_o \cos(\omega_r - \omega_o)$$

由此可见，干涉图样的形状不仅反映了物光束（信息光）的振幅（光强度），还反映了物光束与参考光束的相位关系，而其明暗对比程度（又称反差）显示了物光束的光强分布，所以这样的照相把物光的振幅和相位，即物光的全部信息都记录下来了，因而称为全息照相。

典型的全息照相光路如图 3-5 所示。由 He – Ne 激光器发出的激光束经分光板 2 分成两束，一束射向反射镜 3′，经反射，由扩束镜 4′扩束，照射到拍摄物体 5 上，经物体漫反射后照射在全息干板 6 上。这束光是由物体漫反射而来，故称为物光。另一束射向反射镜 3，经它反射，由 4 扩束后，直接照射干板 6，成为参考光。物光和参考光出自同一光源并且两束光的光程差在激光的相干长度以内，因而物光和参考光是相互干涉的，在全息干板 6 上形成较复杂的干涉图样（在一般情况下肉眼不能观察到这些图样）。曝光后的全息干板经显影、定影处理后即称为全息图，其上记录了物光和参考光相互叠加所形成的干涉图样，干涉条纹的对比度、走向以及疏密

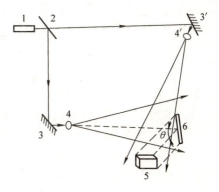

图 3-5 典型全息照相光路图
1—激光器 2—分光板 3、3′—全反镜
4、4′—扩束镜 5—被摄物体 6—全息干板

取决于物光和参考光的振幅和相位，因而全息干板上记录的干涉条纹包含了被摄物体的振幅信息和相位信息。在高倍显微镜下观察，全息图是一幅复杂的光栅结构图样。

原物的再现是基于全息图的衍射。用原来的参考光照明所得的全息图，经衍射后产生3个波束：其中一个波束直接透射（0级衍射光），不携带被摄物体的信息，强度有所衰减。另外两个波束，一束是发散的（+1级衍射光），形成原物的原始像（虚像）；一束是会聚的（-1级衍射光），形成原始像的共轭像（实像）。如图3-6所示为用参考光照明全息图的再现光路。

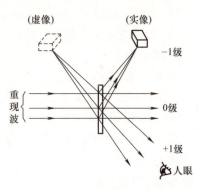

图3-6 用参考光照明全息图的再现光路

从上面的介绍看，全息图具有以下特点：

1）再现出被摄物的形像是完全逼真的三维立体形像。

2）具有分割的特点。全息图的任一部分都记录了全部光学信息，所以都能现出完整的被摄物形像，只是衍射光强度相应减弱。

3）全息干板可进行多次曝光记录。只需稍稍改变全息干板与参考光的入射方向的方位，这些不同景物的形像，可以无干扰地再现，而不发生重叠。再现时，只需适当转动全息图，就可逐个观察到不同的物像。

4）全息图的再现像亮度可调。再现时的入射光越强，再现像就越亮。

4. 实验内容及步骤

（1）制作全息图

1）按图3-5安排光学元件并调整好光路，同时须注意：

① 物光路与参考光路的光程差尽量小，不超过2cm（用软绳度量）。

② 参考光束与物光束在干板处相遇时，其夹角 θ 为 $30°\sim 60°$。

③ 用透镜（即扩束镜）将物光束扩展到一定程度，以保证被摄物全部受到光照。参考光束也应加以扩展，使放在全息干板处用来观察的小白屏有均匀光照。

④ 参考光束应强于物光束，在干板处的强度比约为2:1（可在2:1至5:1的范围）。

2）由激光器功率、物体的尺寸和表面反射率确定曝光时间，并把曝光定时器的时间旋钮置于相应的位置上（或在安全灯下直接观察时钟，约30s）。

3）关闭室内照明灯，在暗室条件下把全息干板夹在干板架上，注意乳胶面向着物体。

4）曝光期间，注意手不要触及抗振台，不能说话和走动，以保持室内空气的稳定。

5）将曝光后的全息干板取下并放入已稀释的D19显影液里，待干板有一定的黑度后取出；用清水冲洗一下（最好进停显液）再放入定影液内定影，5min后取出并用清水冲洗5min（最好定影后再作漂白处理）；最后取出干板，吹干后就得到一张全息图。

（2）观察全息图

1）将吹干后的全息图按原来的方向夹持在干板架上，挡掉物光束，适当调整观察方向即可看到原来物体所在位置出现逼真的物体三维虚像。

2）将全息图倒置、旋转、翻面，观察虚像的变化。

3）用直径约1cm的小孔遮住全息图的大部分，通过小孔再观察虚像，移动小孔，观察虚像的变化。

4）用没有扩束的激光束照射全息图的反面，在光屏上观察被摄物的实像。

5. 注意事项

1）所有光学仪器表面，严禁用手触摸。

2）绝对不能用眼睛直接朝向未扩散的激光束，以免造成视网膜永久性损伤。

6. 数据记录及处理

画出激光全息照相的光路图。

7. 思考题

1. 全息照片被打碎后，能否用其中任意一碎片重现整个物像？为什么？
2. 全息照相要具备什么条件？
3. 为什么要求光路中物光与参考光的光程要尽量相等？

3.3 单色仪的定标

1. 实验目的

1）了解光栅单色仪的构造原理和使用方法。

2）以汞灯的主要谱线为基准，对单色仪在可见光区进行定标。

3）掌握用单色仪测定滤光片光谱透射率的方法。

2. 实验仪器

WGD—300 型光栅单色仪（图 3-7）、溴钨灯（12V，50W）、直流稳压电源、汞灯硅光电池、灵敏电流计、低倍显微镜、滤光片、会聚透镜（两片）、毛玻璃。

3. 实验原理

单色仪是一种分光仪器，它通过色散元件的分光作用，把一束复色光分解成它的"单色"组成。单色仪根据采用色散元件的不同，可分为棱镜单色仪和光栅单色仪两大类。

图 3-7　WGD—300 型光栅单色仪

单色仪运用的光谱区很广，从紫外、可见、近红外一直到远红外。对于不同的光谱区域，一般需换用不同的棱镜或光栅。例如，应用石英棱镜作为色散元件，则主要应用紫外光谱区，并需用光电倍增管作为探测器；棱镜材料用 NaCl（氯化钠）、LiF（氟化锂）或 KBr（溴化钾）等，则可运用于广阔的红外光谱区，用真空热电偶等作为光探测器。

（1）WGD—300 型光栅单色仪光学原理图　WGD—300 型光栅单色仪光路采用低杂散光的 C–T 对称式光学系统。如图 3-8 所示。入射狭缝、出射狭缝均为直狭缝，光源发出的光束进入入射狭缝 S_1，S_1 位于反射式准光镜 M_3 的焦面上，通过 S_1 射入的光束经 F 滤光片滤光后，再经 M_3 反射成平行光束投向当前工作的平面光栅 G 上，衍射后的平行光束经物镜 M_4 成像在出射狭缝 S_2 上输出。WGD—300B 型多波段光栅单色仪整体光路元件基于同一块底板，可实现光路不变形；入射狭缝、出射狭缝在 0～2mm 连续可调；波长驱动结构采用正弦结构，用步进电动机带动丝杠轴向平移，推动光栅台绕旋转中心转动，从而实现波长扫描。系统以组合的形式安装了 3 块经过调试的光栅，光栅常数分别为 1200 l/mm、300 l/mm、66 l/mm，通过面板上的光栅转换键驱动光栅转换电动机调换当前工作光栅，可以实现从波长 200nm～15μm 的分段扫描。扫描过程中滤光片自动转换，光栅转换机构可以保证新转换的光栅定位准确，不需要再次校准光栅位置。单色仪经常是作为其他光谱仪或光谱装置中产生单色光的一个部件，可将不同波长的复合光按顺序分开。若配合相应的光源及接收系统，可形成相应的分光光度计。此仪器的波长精度高且稳定、可靠。

（2）单色仪光束的光谱宽度　若入射光从 S_1 射入，入射缝宽为 a，则狭缝 S_1 在出射缝 S_2 的光谱面上成像，其像宽为 $L_1=\dfrac{f_2}{f_1}a$。式中，f_1 为准直物镜 M_1 的焦距；f_2 为聚光物镜 M_1 的焦距。设光谱平面的线色散为 $\mathrm{d}l/\mathrm{d}\lambda$，则出射光的光谱宽度 $\Delta_1\lambda$ 为

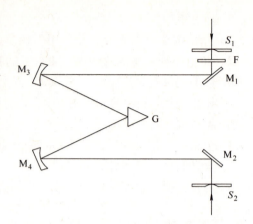

图 3-8　WGD—300 型光栅单色仪光学原理图
S_1—入射狭缝　S_2—出射狭缝
M_1、M_2—平面反射镜　M_3、M_4—球面反射镜
F—滤光片组　G—光栅组

$$\Delta_1\lambda=\frac{\mathrm{d}\lambda}{\mathrm{d}l}\frac{f_2}{f_1}a \tag{3-7}$$

因棱镜的线色散为

$$\frac{\mathrm{d}l}{\mathrm{d}\lambda}=\frac{2\sin\dfrac{A}{2}}{\sqrt{1-n^2\sin^2\dfrac{A}{2}}}\frac{\mathrm{d}n}{\mathrm{d}\lambda}f_1 \tag{3-8}$$

式中，A 是棱镜顶角；n 是棱镜材料的折射率。

所以

$$\Delta_1\lambda=\frac{\sqrt{1-n^2\sin^2\dfrac{A}{2}}}{2\sin\dfrac{A}{2}}\frac{\mathrm{d}\lambda}{\mathrm{d}n}\frac{a}{f_1}\frac{f_2}{f_1}$$

同样讨论，因出射缝宽度 a' 引起的光谱宽度 $\Delta_2\lambda$ 为

$$\Delta_2\lambda=\frac{\sqrt{1-n^2\sin^2\dfrac{A}{2}}}{2\sin\dfrac{A}{2}}\frac{\mathrm{d}\lambda}{\mathrm{d}n}\frac{a'}{f_2}\frac{f_2}{f_1}$$

因此，出射光光谱宽度 $\Delta\lambda$ 为

$$\Delta\lambda=\Delta_1\lambda+\Delta_2\lambda$$

$$=\frac{\sqrt{1-n^2\sin^2\dfrac{A}{2}}}{2\sin\dfrac{A}{2}}\frac{\mathrm{d}\lambda}{\mathrm{d}n}\left(\frac{a}{f_1}+\frac{a'}{f_2}\right)\frac{f_2}{f_1} \tag{3-9}$$

由式（3-9）可见，从单色仪输出的中心波长为 λ 的单色光，其出射的光谱宽度 $\Delta\lambda$ 与狭缝的角宽度之和成反比。以棱镜分光为例，当缝宽一定时，因紫光区具有较大的色散，因而紫光区较红光区的单色化程度要好。但由于实际的光学系统，总存在衍射效应，各种像

差。谱线弯曲和光谱散焦的影响,都将使出射光的光谱范围进一步增宽,即降低了输出光的单色化程度。

应该指出,对于多数单色仪,有 $f_1 = f_2$,故式(3-9)可简化为

$$\Delta\lambda = \frac{d\lambda}{dn}(a + a')/f \tag{3-10}$$

(3) **单色光输出强度** 在光源强度一定时,由单色仪输出的光谱宽度为 $\Delta\lambda$ 的单色光强度的大小与仪器光学元件的性质有关。例如,光学系统表面的反射、散射、光学元件的吸收以及光波的偏振态,都会使输出光的强度降低,使用时总希望单色仪的光谱透过率要高,其具体数值只能由实验确定。

显然,增大狭缝的宽度,可以增加出射光的强度,但同时出射光束的光谱宽度 $\Delta\lambda$ 也将增大。由于光谱宽度正比于狭缝的角宽度之和,而单色仪的出射光通量却正比于它们的乘积。当 $\Delta\lambda$ 值确定后,即 $a/f_1 + a'/f_2 =$ 常数时,可以证明单色仪出射最大光通量的条件为

$$\frac{a}{f_1} = \frac{a'}{f_2} \tag{3-11}$$

式(3-11)表明,当出射缝宽和入射缝宽的像有同样宽度时,出射光强度最大,如果 $f_1 = f_2$,则上式简化为 $a = a'$。

另外,若光谱宽度 $\Delta\lambda$ 增加 n 倍,则出射光通量将增加 n^2 倍。当 $\Delta\lambda$ 一定时,出射光通量与棱镜的色散有关。对于不同波长(见表3-2)的光输出,因色散不同,所以狭缝的宽度应随着改变,才能获得适当的输出光强度。

表3-2 汞灯主要光谱线波长

颜色	波长/nm	强度
紫色	Δ404.66	强
	Δ407.78	中
	410.81	弱
	433.92	弱
	434.75	中
	Δ435.84	强
蓝绿色	Δ491.60	强
	Δ496.03	中
绿色	535.41	弱
	536.51	弱
	Δ546.07	强
	567.59	弱
黄色	Δ576.96	强
	Δ579.07	强
	585.92	弱
	589.02	弱
橙色	Δ607.26	弱
	Δ612.33	弱
红色	Δ623.44	中
深红色	Δ671.62	中
	Δ690.72	中
	708.19	弱

4. 实验内容

单色仪能输出不同波长的单色光,是依赖于棱镜台的转动来实现的。棱镜台的位置是由鼓轮刻度标志的,而鼓轮刻度的每一数值都是和一定波长的单色光输出相对应。因此,必须制作单色仪的鼓轮读数和对应光波波长的关系曲线——定标曲线(又称色散曲线),一旦鼓轮读数确定,便可从定标曲线上查知输出单色光的中心波长。

单色仪出厂时,一般都附有定标曲线的数据或图表供查阅,但是经过长期使用或重新装调之后,其数据会发生改变,这就需要重新定标,以对原数据进行修正。单色仪定标曲线的定标是借助于波长已知线光谱光源来进行的,本实验用汞灯来作为已知线光谱的光源,在可见光区域(400~760nm)进行定标。在可见光波段,汞灯主要谱线的相对强度如图3-9所示。汞灯主要光谱线波长见表3-2。

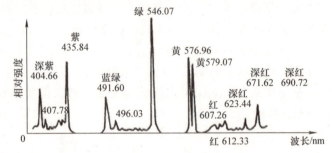

图 3-9 汞灯主要谱线的相对强度

(1) **入射光源调整** 将汞灯、凸透镜(短焦距)、WGD—1型光栅单色仪按顺序排列,使汞灯成像在单色仪的入射狭缝上,然后除去透镜,把入射狭缝开得大一些(约0.5mm),实验者从出射狭缝观察,左右、上下移动光源,使光源的像正好处于出射光瞳的中心,再把透镜放入光路中,使光源的像处于入射狭缝上,关小入射狭缝到0.02mm。

(2) **观测装置调整** 出射狭缝 S_2(缝宽约2mm为宜)前放一测微目镜(或读数显微镜),调节测微目镜,使看清叉丝。然后调节其物镜,看清出射狭缝 S_2 和狭缝中的光谱线,若谱线较粗,可调节入射狭缝 S_1 上端的调节螺钉,使狭缝宽度减小。边调边看,直到谱线清晰而又亮度足够(适当将谱线调细能提高谱线的分辨率)。实验中必须要调节到能分清汞灯光谱中的双黄线(波长分别为579.1nm和579.0nm)。

(3) **辨认汞灯谱线** 汞灯光源在可见光波段有几十条谱线,最易观察到的约有23条。若是初次接触单色仪所分解出的光谱,会碰到如下一些困难:①某些谱线看起来若隐若现,只有定下心来,仔细看,才能看清楚。例如,汞灯的红谱线有三条,其中第一条暗谱线(波长为725.00nm)看起来非常朦胧。②对于颜色的界定不明确,特别是从一种颜色向另一种颜色过渡色更难分辨。如橙色与红色,初次接触难于分清,只能边看、边学、边认识。③观察光谱线与各人眼睛的好坏有很大关系,好的视力,可多看出一些谱线,视力差一些,就只能少看出一些谱线。

(4) **测量** 在基本辨认和熟悉全部23条谱线颜色特征以后,调节观测装置,把测微目镜(或读数显微镜)的叉丝对准出射狭缝 S_2 中央,向一个方向缓慢转动鼓轮,从红到紫,读出每一条谱线(叉丝对准谱线中央)所对应的鼓轮读数,重复读两次,并将每次的读数填入表格。

根据汞灯的已知光谱(表3-2),对单色仪的读数鼓轮进行定标(定了标的单色仪对于未知波长的光谱,可以从鼓轮上直接读出单色光波的波长)。

5. 注意事项

1）要保持仪器内外的干燥，仪器内的干燥剂要经常调换，入射狭缝与出射狭缝外罩要盖好，盖上有玻璃的窗口，这样做的优点是可见光定标时，不必去除外罩，以保持仪器内干燥。

2）仪器搬动时，要先将杠杆 G 锁住，搬好后就松动，切忌在锁住 G 的情况下，去转动读数鼓轮，这样做轻者使 $T-\lambda$ 曲线平移，重者会使鼓轮卡死，使仪器损坏。

3）入射狭缝与出射狭缝是单色仪的重要部件，试验者开启和关闭狭缝，除保持一个方向读数外（消除螺距误差），转动时应轻巧，不能开得太宽，开到缝宽 3mm 时，有可能卡死而损坏仪器。实验结束后，应使缝的刀口分开，以免蒸汽凝成水珠，使刀口生锈。

6. 数据记录及处理

1）将用单色仪测出的各谱线的波长值，与表中的标准值进行比较，求出相对误差，试分析产生误差的原因。

2）画出波长的校正曲线。

3）从校正曲线得出钠光源在 590.0nm 附近的光谱波长值。

7. 思考题

1）光栅单色仪怎样将复合光分解为单色光？

2）对单色仪进行定标的目的是什么？

3）调节入射狭缝 S_1 和出射狭缝 S_2 时应注意什么？

3.4 照相技术

1. 实验目的

1）初步掌握照相基本知识，了解照相机、印相机及放大机的结构、工作原理及使用方法。

2）了解感光底片、相纸的基本知识。

3）掌握暗室冲洗技术。

2. 实验仪器

照相机、印相机、放大机、感光底片（胶卷）、印放相纸、显影药、定影药及其他设备等。

3. 实验原理

照相技术主要基于透镜成像和光化学原理。它的全过程一般包括拍摄、负片制作和正片制作三个部分。

（1）拍摄　拍摄过程的方框图如图 3-10 所示。

图 3-10　拍摄过程

1）成像原理。如图 3-11 所示，物体发出的光线经过镜头（如同一个会聚透镜）在底片上形成倒立、缩小的实像。

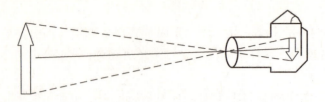

图 3-11 照相机的光路原理

成像清晰时,镜头焦距 f、物距 u 和像距 v 必须满足透镜公式 $\dfrac{1}{f} = \dfrac{1}{u} + \dfrac{1}{v}$。照相时,通常 $u \geq 2f$,所以底片上形成倒立、缩小的实像。

2)感光底片及其性能。小型相机所用的感光底片俗称胶卷,它主要是由卤化银和乳胶混合后涂在基片(如塑料薄膜)上构成的。

曝光时,在光量子 $h\nu$ 的作用下,底片上感光乳剂中卤化银的银离子被还原成银,如:

$$AgBr + h\nu \rightarrow Ag + Br$$

由于被还原的银原子数与光强成正比,因而曝光后在底片上银原子数的分布和像的明暗分布有对应关系,形成不能被人眼直接看到的潜影。

不同的底片其性能也有差异,通常是用感光度、反差、感色性这三个指标来表示底片的性能。

① 感光度:指底片对光的敏感程度。感光度越高,拍摄时所需的曝光量越少。我国、德国和美国分别用符号"GB""DIN"和"ASA"来表示感光度。GB21°和 GB24°胶卷,后者感光度高,即 GB24°比 GB21°的胶卷在光圈同样大小时所需的曝光时间短。每隔 3°,曝光量相差 1 倍。

② 反差:反差是用来表示底片(经拍摄、冲洗后)的图像黑白分明的程度。反差大表示黑白层次分明,反差小则黑白层次不显著。

形成了潜影的感光底片,经过显影而产生与景物光密度相对应的图像。底片上某点的光密度 D 与该点吸收的光能有关,也与显影处理有关(一般显影时间长,反差就大)。当显影条件相同时,光密度仅取决于吸收的光能。底片吸收的光能用曝光量 H 表示。底片光密度 D 与曝光量的对数 $\lg H$ 之间的关系如图 3-12 所示,称为乳胶感光特性曲线。景物越亮,光密度越大;反之,景物越暗,光密度越小,这样就在底片上形成了丰富的层次。要使层次丰富,则要求底片的光密度变化与景物亮度变化成线性比例。由图 3-12 可看出,只有 BC 段对应的曝光量和光密度成线性比例关系。因此,拍摄时应掌握好曝光量。

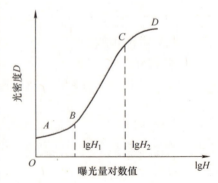

图 3-12 曝光量和光密度关系曲线

③ 感色性:感色性是底片对各种颜色光波的敏感程度和敏感范围。对于乳胶里加入有机染料的全色片,它对红光敏感而对蓝绿光反应迟钝。因此,全色片在显影、定影处理时可用极弱的绿灯做安全灯;相反,印相纸和放大纸对红光几乎无反应,为此,可用红灯作为它们显影时的安全灯。

3）照相机简介。图 3-13 给出了照相机的一些基本参数。

照相机一般由下列几个部分组成：

① 机身：镜头和底片之间的暗盒。

② 镜头：常由多片透镜组合而成，以消除像差，并得到较高的分辨率。镜头主要由焦距、相对孔径和视场角来表征。

③ 光圈：由一组金属薄片组成，通常安装在镜头的镜片之间。光圈有两个作用：一是用它可以连续调节通光孔径的大小，以控制到达感光片上的光照度的强弱，即控制进光量；二是调节景深。所谓景深，就是能在底片上同时成像清晰的物方空间的纵深范围。光圈小，景深大；反之，景深小。

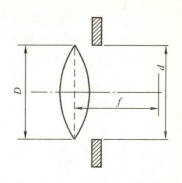

图 3-13 照相机的基本参数

如图 3-13 所示，用 d 表示光圈直径，当物距很大时，则底片上像面光照度 E 正比于光圈面积，即正比于 d^2；而反比于图像的面积，即反比于 f^2。所以像面光照度 E 与光圈直径及镜头焦距 f 的关系式为

$$E = k\left(\frac{d}{f}\right)^2$$

式中，k 是与被摄物体亮度有关的系数。d/f 称为物镜的相对孔径。一般照相机上都以相对孔径的倒数 $F = \dfrac{f}{d}$ 表示光圈的大小，称为光圈数。F 值的标度数值通常是 22、16、11、8、5.6、4、2.8、2 等。F 值越大，光圈孔径 d 越小，进光量就越少。相邻两 F 值相差 $\sqrt{2}$ 倍，故光圈数改变一档，曝光量近似变为原来的 2 倍或 1/2。

④ 快门：用控制曝光时间长短来控制曝光量的机构。快门开启时，光才能进入暗盒使底片曝光。快门打开时间的长短可预先通过速度盘来调节，速度盘上常标有 1、2、4、8、15、30、60、125、250、500 等数档，即表示快门打开时间为 1s、1/2s、1/4s、1/8s、1/15s、1/30s、1/60s、1/125s、1/250s、1/500s。相邻两档曝光时间差近似 1 倍。另外还有 B 门和 T 门，B 门表示按下按钮时快门打开，放开按钮快门关闭；T 门表示按下按钮时快门打开，再按一次，快门才关闭。

⑤ 取景对焦机构：用来选取拍摄景物及其范围，并帮助正确调节物体至镜头的距离，以使景物的像能清晰地成像在焦平面上。

（2）负片制作　负片的制作过程如图 3-14 所示。

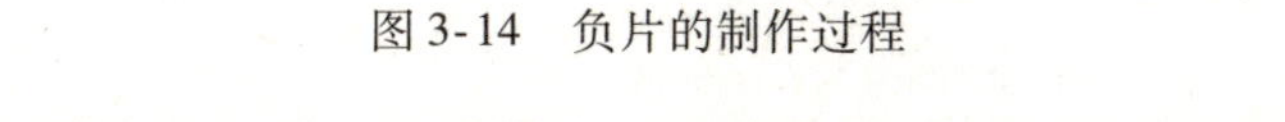

有潜影底片 →显影→ 显像 →停显、定影、水洗、晾干→ 负片

图 3-14 负片的制作过程

1）显影：底片经曝光后，其上形成潜影，显影就是通过化学反应使潜影扩大并显示出来。感光后的底片放到显影液中，受到光照而还原出来的银原子就是显影中心，光照强的地方还原出银的晶粒多，颜色较黑，而未受光照部分仍保持原乳胶的颜色。显影时必须掌握好温度和时间，才能得到黑白分明、层次丰富的显像。

2）定影：定影就是把未感光的乳胶中的卤化银，通过和定影液的化学作用而全部溶解掉，使显像固定下来。定影也要掌握好时间和温度，若定影不充分，则未感光的卤化银以后在光照下会起反应，破坏原有影像画面；若时间过长，则底片会变质。

（3）正片制作（印相和放大）　正片的制作过程如图 3-15 所示。

图 3-15　正片的制作过程

1）印相和放大　印相和放大都是将底片负像再重拍一次，即将底片乳胶面（药面）和印相纸（或放大纸）的乳胶面对贴（放大时离开相应距离），分别在印相箱和放大机上透过底片对印相纸（或放大纸）进行曝光。曝光之后，经过与负片制作相类似的工艺过程后便可得到和被拍摄物明暗相同的印相片（或大小不同的放大片），统称为正片（照片）。

2）印相机。印相机结构如图 3-16 所示。

3）放大机。放大机结构如图 3-17 所示。放底片的底片夹可拉出或推入；镜头上有光圈，可调节像光照度，以便控制曝光量。将放大机机身整体升降可调节像的大小，改变放大机镜头和底片距离，可使放大像清晰。

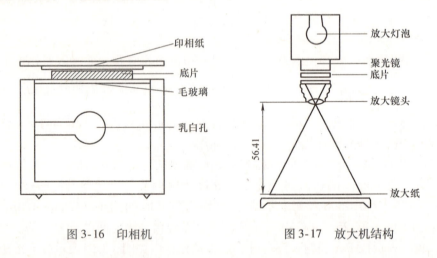

图 3-16　印相机　　　　图 3-17　放大机结构

4）照相纸。照相纸包括印相纸、放大纸和印放两用纸。它与胶卷不同，是在钡底纸（即在照相原纸上涂敷含有硫酸钡的明胶涂层，经干燥、压光或压花而成）上涂敷感光乳剂和保护层制成。它的感光速度很慢，只用银盐本身的感色性，用反射光观察药膜薄。在制作正片时，必须根据负片的反差情况正确选择相纸的种类。相纸按反差特性常分 4 种，黑白色调对比强烈叫作反差硬，黑白对比不强烈的叫作反差软。"1 号"纸属软性，"2 号"纸属中性，"3 号"纸属硬性，"4 号"纸属特硬性。

4. 实验内容

（1）拍摄

1）在教师指导下熟悉所用照相机的构造和性能；练习光圈和快门速度的选择以及取景和对焦，然后装入胶卷。

2）拍摄 2~3 张照片。详细记录和拍摄有关条件：照相机型号与参数、胶卷性能、气候条件（或光照情况）、拍摄物体、距离、光圈、快门速度等。

(2) 印相
1) 熟悉印相机的使用方法及冲洗设备。
2) 先做 2~3 个试样,以决定正确的曝光时间。根据负片反差特性合理选择相纸。
3) 详细记录印相条件:选用相纸型号、曝光时间、显影液种类、温度、显影时间、定影液种类、定影时间、水洗时间。

(3) 放大
1) 熟悉放大机和曝光定时器的使用。
2) 根据负片反差特性合理选择放大纸型号。在一小张放大纸上,对不同部分采用不同曝光时间,然后观察正常显影条件下的结果,以决定正确的曝光时间。
3) 在同一显影条件下,用曝光不足、曝光正常和曝光过度三种条件放大 3 张照片,对实验结果进行分析比较。
详细记录放大条件:原负片反差特性、选用放大纸型号、光圈、曝光时间、显影液种类和温度、显影时间、定影液种类和定影时间、水洗时间。

5. 注意事项
1) 照相机使用必须按照要求正确操作,不得触摸镜头和任意擦拭;不拍时,将镜头盖盖好。
2) 显影、定影时,要经常翻动相纸或大纸,不可数张长时间重叠,不然会影响显影、定影效果。
3) 水洗阶段也要充分,不能求快。
4) 暗室操作要细心谨慎,最后要做好清洁整理工作。

6. 数据记录及处理
以拍摄的照片作为实验数据。

7. 思考题
1) 印相纸和放大纸是否可通用?
2) 先用 GB21°胶卷,用光圈 8,快门速度 1/125s 拍摄,后改用 GB24°胶卷,光圈 16,在同样条件下拍摄,问快门速度应取多少?
3) 照好相片的关键是什么?印好相片的关键是什么?

3.5 偏振光实验

1. 实验目的
1) 观察光的偏振现象,加深对偏振光的了解。
2) 掌握产生和检验偏振光的原理和方法。

2. 实验仪器
SGP—1 型偏振光实验系统(图 3-18)、SGP—1 型偏振光实验系统软件、计算机。

3. 实验原理
光波的振动方向与光波的传播方向垂直。自然光的振动在垂直与其传播方向的平面内,取所有可能的方向,某一方向振动占优势的光叫部分偏振光,只在某一个固定方向振动的光线叫线偏振光或平面偏振光。将非偏振光(如自然光)变成线偏振光的方法称为起偏,用以起偏的装置或元件叫起偏器。

图 3-18　SGP—1 型偏振光实验系统

（1）平面偏振光的产生

1）非金属表面的反射和折射。光线斜射向非金属的光滑平面（如水、木头、玻璃等）时，反射光和折射光都会产生偏振现象，偏振的程度取决于光的入射角及反射物质的性质。当入射角是某一数值而反射光为线偏振光时，该入射角叫起偏角。起偏角的数值 α 与反射物质的折射率 n 的关系是

$$\tan\alpha = n \tag{3-12}$$

式（3-12）称为布儒斯特定律，如图 3-19 所示。根据此式，可以简单地利用玻璃起偏，也可以用于测定物质的折射率。从空气入射到介质，一般起偏角在 53°～58°之间。

非金属表面发射的线偏振光的振动方向总是垂直于入射面的；透射光是部分偏振光；使用多层玻璃组合成的玻璃堆，能得到很好的透射线偏振光，振动方向平行于入射面。

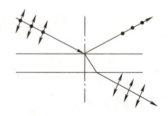

图 3-19　偏振片光路

2）偏振片。分子型号的偏振片是利用聚乙烯醇塑胶膜制成，它具有梳状长链形结构的分子，这些分子平行地排列在同一方向上。这种胶膜只允许垂直于分子排列方向的光振动通过，因而产生线偏振光，如图 3-20 所示。分子型偏振片的有效起偏范围几乎可达到 180°，用它可得到较宽的偏振光束，是常用的起偏元件。

鉴别光的偏振状态叫检偏，用于检偏的仪器或元件叫检偏器。偏振片也可作为检偏器使用。自然光、部分偏振光和线偏振光通过偏振片时，在垂直光线传播方向的平面内旋转偏振片时，可观察到不同的现象，如图 3-21 所示，图 3-21a 表示旋转 P，光强不变，为自然光；图 3-21b 表示旋转 P，无全暗位置，但光强变化，为部分偏振光；图 3-21c 表示旋转 P，可找到全暗位置，为线偏振光。

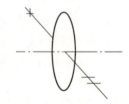

图 3-20　线偏振光

（2）圆偏振光和椭圆偏振光的产生　平面偏振光垂直入射晶片，如果光轴平行于晶片的表面，会产生比较特殊的双折射现象。这时，非常光 e 和寻常光 o 的传播方向是一致的，但速度不同，因而从晶片出射时会产生相位差

$$\delta = \frac{2\pi}{\lambda_0}(n_o - n_e)d \tag{3-13}$$

式中，λ_0 是单色光在真空中的波长；n_o 和 n_e 分别是晶体中 o 光和 e 光的折射率；d 是晶片厚度。

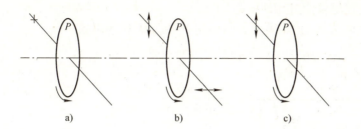

图 3-21 检偏器

1) 如果晶片的厚度使产生的相位差 $\lambda = \frac{1}{2}(2k+1)\pi (k = 0, 1, 2, \cdots)$，这样的晶片称为 1/4 波片。平面偏振光通过 1/4 波片后，透射光一般是椭圆偏振光；当 $\alpha = \pi/4$ 时，则为圆偏振光；当 $\alpha = 0$ 或 $\pi/2$ 时，椭圆偏振光退化为平面偏振光。由此可知，1/4 波片可将平面偏振光变成椭圆偏振光或圆偏振光；反之，它也可将椭圆偏振光或圆偏振光变成平面偏振光。

2) 如果晶片的厚度使产生的相差 $\delta = (2k+1)\pi(k = 0, 1, 2, \cdots)$，这样的晶片称为半波片。如果入射平面偏振光的振动面与半波片光轴的交角为 α，则通过半波片后的光仍为平面偏振光，但其振动面相对于入射光的振动面转过 2α 角。

3) 平面偏振光通过检偏器后光强的变化。强度为 I_0 的平面偏振光通过检偏器后的光强 I_θ 为

$$I_\theta = I_0 \cos^2 \theta \tag{3-14}$$

式中，θ 是平面偏振光偏振面和检偏器主截面的夹角。式（3-14）为马吕斯（Malus）定律，它表示改变角可以改变透过检偏器的光强。当起偏器和检偏器的取向使得通过的光量极大时，称它们为平行（此时 $\theta = 0°$）。当二者的取向使系统射出的光量极小时，称它们为正交（此时 $\theta = 90°$）。

4. 实验内容

（1）起偏 将激光束投射到屏上，在激光束中插入一偏振片，使偏振片在垂直于光束的平面内转动，观察透射光光强的变化。

（2）消光 在第一块偏振片和屏之间加入第二块偏振片，将第一块偏振片固定，在垂直于光束的平面内旋转第二块偏振片，观察现象。

（3）三块偏振片的实验 使两块偏振片处于消光位置，再在它们之间插入第三块偏振片，这时观察第三块偏振片在什么位置时光强最强，在什么位置时光强最弱。

（4）布儒斯特定律

1) 如图 3-22 所示，在旋转平台上垂直固定一平板玻璃，先使激光束平行于玻璃板，然后使平台转过 θ 角，形成反射和透射光束。

2) 使用检偏器检验反射光的偏振态，并确定检偏器上偏振片的偏振轴方向。

3) 测出起偏角 α，按式（3-12），计算出玻璃的折射率。

（5）圆偏振光和椭圆偏振光的产生

1) 按图 3-23 所示，调整偏振片 A 和 B 的位置使通过的光消失，然后插入一片 1/4 波

片 C_1（注意使光线尽量穿过元件中心）。

2）以光线为轴先转动 C_1 消光，然后使 B 转 360°观察现象。

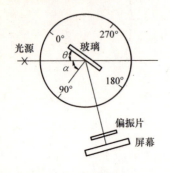

图 3-22 圆偏振光

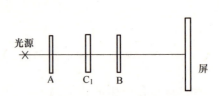

图 3-23 圆偏振光和椭圆偏振光的产生

3）再将 C_1 从消光位置转过 15°、30°、45°、60°、75°、90°，以光线为轴每次都将 B 转 360°观察并记录现象。

（6）圆偏振光、自然偏振光与椭圆偏振光和部分偏振光的区别　由偏振理论可知，一片偏振片一般能够区别开线偏振光和其他状态的光，但用一片偏振片是无法将圆偏振光与自然光，椭圆偏振光与部分偏振光区别开的，如果再提供一片 1/4 波片 C_2 加在检偏的偏振片前，就可鉴别出它们。

按上述步骤，再在实验装置上增加一片 1/4 波片 C_2，观察并记录现象。

5. 数据记录及处理（表 3-3、表 3-4）

表 3-3　半波片性质实验

半波片转动角度（°）	检偏器转动角度（°）
15	
30	
45	
60	
75	
90	

表 3-4　圆偏振光和椭圆偏振光的产生

1/4 波片转动的角度（°）	检偏器转动 360°观察到的现象	光的偏振性质
15		
30		
45		
60		
75		
90		

6. 思考题

1）两片 1/4 波片组合，能否做成半波片？

2）在确定起偏角时，找不到全消光的位置，根据实验条件分析原因。

3.6 单缝衍射光强分布及缝宽的测量

1. 实验目的

1）观察单缝的夫琅禾费衍射现象及其随单缝宽度变化的规律，加深对光的衍射理论的理解。

2）学习光强分布的光电测量方法。

3）利用衍射条纹测定单缝的宽度。

2. 实验仪器

SGS—1/2 型衍射光强自动记录系统（图 3-24）、SGS—1/2 型衍射光强自动记录系统软件、计算机。

图 3-24 SGS—1/2 型衍射光强自动记录系统

3. 实验原理

光的衍射现象是光的波动性的重要表现。根据光源及观察衍射图像的屏幕（衍射屏）到产生衍射的障碍物的距离不同，分为菲涅尔衍射和夫琅禾费衍射两种，前者是光源和衍射屏到衍射物的距离为有限远时的衍射，即所谓近场衍射；后者则为无限远时的衍射，即所谓远场衍射。

要实现夫琅禾费衍射，必须保证光源至单缝的距离和单缝到衍射屏的距离均为无限远（或相当于无限远），即要求照射到单缝上的入射光、衍射光都为平行光，屏应放到相当远处，在实验中只用两个透镜即可达到此要求。实验光路如图 3-25 所示。

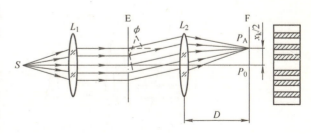

图 3-25 夫琅禾费单缝衍射光路图

与狭缝 E 垂直的衍射光束会聚于屏上 P_0 处，是中央明纹的中心，光强最大，设为 I_0，与光轴方向成 ϕ 角的衍射光束会聚于屏上 P_A 处，P_A 的光强由计算可得

$$I_A = I_0 \frac{\sin^2\beta}{\beta^2} \quad (\beta = \frac{\pi b \sin\phi}{\lambda})$$

式中，b 是狭缝的宽度，为单色光的波长。当 $\beta=0$ 时，光强最大，称为主极大，主极大的强度决定于光源的强度和缝的宽度。当 $\beta = K\pi$ 时，出现暗条纹。即

$$\sin\phi = K\frac{\lambda}{b} \quad (K = \pm 1,\ \pm 2,\ \pm 3,\ \cdots)$$

除了主极大之外，两相邻暗纹之间都有一个次极大，由数学计算可得，出现这些次极大的位置在 $\beta = \pm 1.43\pi$，$\pm 2.46\pi$，$\pm 3.47\pi$，…，这些次极大的相对光强 I/I_0 依次为 0.047，0.017，0.008，…。

夫琅禾费衍射的光强分布如图 3-26 所示。

用 He-Ne 激光器作光源，则由于激光束的方向性好，能量集中，且缝的宽度 b 一般很小，这样就可以不用透镜 L_1，若观察屏（接收器）距离狭缝也较远（即 D 远大于 b），则透镜 L_2 也可以不用，这样夫琅禾费单缝衍射装置就简化为图 3-27，这时

$$\sin\phi \approx \tan\phi = x/D$$

由上二式可得

$$b = K\lambda D/x$$

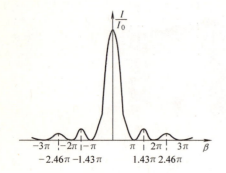

图 3-26　夫琅禾费衍射的光强分布

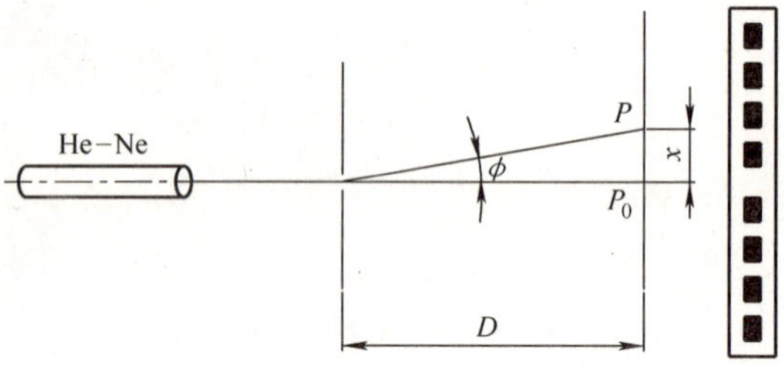

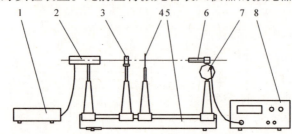

图 3-27　夫琅禾费单缝衍射的简化装置

4. 实验内容

（1）衍射、干涉等一维光强分布的测试

1) 按图 3-28 搭好实验装置。此前应将激光管装入仪器的激光器座上，并接好电源。

图 3-28　衍射、干涉等一维光强分布的测试光路图
1—激光电源　2—激光器　3—单缝或双缝等及二维调节架　4—小孔屏
5—导轨　6—光电探头　7—一维光强测量装置　8—WJF 型数字式检流计

2) 打开激光器，用小孔屏调整光路，使出射的激光束与导轨平行。

3) 打开检流计电源，预热及调零，并将测量线连接其输入孔与光电探头。

4) 调节二维调节架，选择所需的单缝、双缝、可调狭缝等，对准激光束中心，使之在小孔屏上形成良好的衍射光斑。

5) 移去小孔屏，调整一维光强测量装置，使光电探头中心与激光束高低一致，移动方

向与激光束垂直，起始位置适当。

6) 开始测量，转动手轮，使光电探头沿衍射图样展开方向（x 轴）单向平移，以等间隔的位移（如 0.5mm 或 1mm 等）对衍射图样的光强进行逐点测量，记录位置坐标 x 和对应的检流计（置适当量程）所指示的光电流值读数 I，要特别注意衍射光强的极大值和极小值所对应的坐标的测量；可在坐标纸上以横轴为测量装置的移动距离，纵轴为光电流值，将记录下来的数据绘制出来，就是单缝衍射光强分布图。

7) 绘制衍射光的相对强度 I/I_0 与位置坐标 x 的关系曲线。由于光的强度与检流计所指示的电流读数成正比，因此可用检流计的光电流的相对强度 i/i_0 代替衍射光的相对强度 I/I_0。

8) 将各次极大相对光强与理论值进行比较，分析产生误差的原因。

9) 由于激光衍射所产生的散斑效应，光电流值显示将在时示值的约 10% 范围内上下波动，属正常现象，实验中可根据判断选一中间值，由于一般相邻两个测量点（如间隔为 0.5mm 时）的光电流值相差一个数量级，故该波动一般不影响测量。

(2) 测量单缝宽度

1) 测量单缝到光屏的距离 D，用卷尺测取相应移动座间的距离即可。

2) 再从前一步骤中所得的分布曲线可得各级衍射暗条纹到明条纹中心的距离 x_k，求出同级距离 x_k 的平均值 $\bar{x}_k$，将其和 D 值代入公式，计算出单缝宽度，用不同级数的结果计算平均值。

5. 数据记录及处理。

6. 思考题

1) 缝宽的变化对衍射条纹有什么影响？

2) 硅光电池前的狭缝光阑的宽度对实验结果有什么影响？

3) 若在单缝到观察屏的空间区域内，充满着折射率为 n 的某种透明媒质，此时单缝衍射图样与不充媒质时有何区别？

4) 用白光光源做光源观察单缝的夫琅禾费衍射，衍射图样将如何？

3.7 简谐振动

1. 实验目的

1) 考察弹簧振子的振动振幅、质量与周期的关系。

2) 测定弹簧的劲度系数和有效质量。

3) 测定简谐振动的能量。

4) 学习用图解法和图示法处理数据。

2. 实验仪器

气源、气垫导轨、计时系统、弹簧。

3. 实验仪器简介

这里主要介绍气源、气垫导轨和计时系统。

(1) 气源　气源是由电动机带动风扇转动形成压缩空气的装置。压缩空气用导管通到气轨的进气口。

(2) 气垫导轨 各种型号气垫导轨的结构大致相同,如图 3-29 所示。本文以 J2125—B—1.5 型气垫导轨为例来说明气垫导轨的各部分功能。

1) 进气口:用波纹管与气源连接,将一定压强的气流输入导轨空腔。

2) 左端堵:图 3-29 左端的堵板,为进气口和弹射器的安装提供支持。

3) 弹射器:固定在导轨堵板上和滑行器上的弹簧碰圈,作发射使用,可使滑行器获得一个初速度。

4) 起始挡板:使滑行器重复地从导轨上同一位置开始运动。

5) 导轨:采用截面为三角形的空心铝合金管体制成。两个侧面上按一定规律分布着气孔。进入导轨的压缩空气从气孔中喷出,在滑行器内表面和导轨表面之间形成一层很薄的气垫,将滑行器浮起。滑行器在导轨表面运动过程中,只受到很小的空气黏滞阻力的影响,能量损失极小,所以滑行器的运动可近似地看作是无摩擦阻力的运动。

6) 标尺:固定在导轨上,用来指示光电门和滑行器的位置。

7) 滑行器:用铝合金制成,在滑行器上方的 T 形槽中可安装不同尺寸的挡光片,在滑行器两侧的 T 形槽中可加装不同质量的砝码。滑行器两端可以安装弹射器或搭扣。

8) 底座:用来固定导轨并防止导轨变形。

9) 光电门支架:为单侧上下双层结构,可安装在导轨的任意位置处。

10) 光电门:是计时器的传感元件,由聚光灯泡和光敏二极管构成。分别安装在光电门支架旁侧上下两层相对应的位置处,利用光敏二极管在光照和遮光两种状态下电阻的变化,获得信号电压,以此来控制计数器工作。

11) 支脚:采用三点结构。双脚端用来调节导轨的横向水平,单脚的端用来调节导轨纵向的水平。调节由调节螺钉来完成。

12) 垫脚:支脚下面的垫块。垫脚的平面一侧贴在桌面上,调节螺钉的尖端放在垫脚凹面的一侧内。

13) 右端堵:图 3-29 右端的堵板,为滑轮和弹射器的安装提供支持。

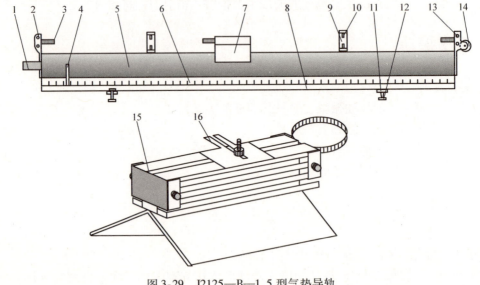

图 3-29 J2125—B—1.5 型气垫导轨

14）滑轮：使用前要调整轴尖，使滑轮转动灵活。

15）搭扣：固定在滑行器上的尼龙扣件，两个滑行器碰撞时可通过搭扣而粘贴在一起。

16）挡光片：为不同尺寸和形状的挡光器件。

（3）计时系统

1) MUJ—6B 电脑通用计数器和 J—MS—6 电脑通用计数器的工作原理。两种电脑通用计数器都采用 51 系列单片机作为中央处理器，并编入了相应的数据处理程序，具备多组实验数据记忆存储功能。从 P_1 和 P_2 两个光电门采集数据信号，经中央处理器处理后，在 LED 数码显示屏上显示出测量结果。计数器的两种面板图如图 3-30a 和图 3-30b 所示。

这两种计数器的功能相同，因此面板图上两种计数器只要是功能相同的部分都赋予了相同的编号。

2) 电脑通用计数器面板各部位作用

电磁铁开关指示灯：打开电磁铁键，指示灯亮。

电磁铁键：按动此键，可改变电磁铁的吸合（键上方发光管亮）与放开（键上方发光管灭）。

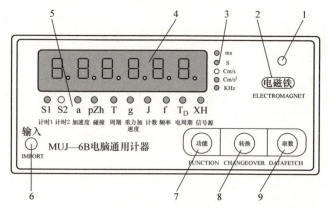

a）MUJ—6B 电脑通用计数器

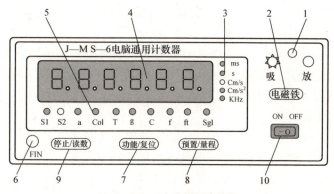

b）J—MS—6 电脑通用计数器

图 3-30 计数器的两种面板

1—电磁铁开关指示灯　2—电磁铁键　3—测量单位指示灯　4—显示屏　5—功能转换指示灯
6—测频输入口　7—功能键（功能/复位键）　8—转换（预置/量程键）　9—取数键（停止/读数键）　10—电源开关

测量单位指示灯：选择测量单位，相应指示灯亮。

显示屏：由 6 位 LED 数码显示管组成。

功能转换指示灯：选择测量功能，相应指示灯亮。

测频输入口：外界信号输入接口。

功能键（功能/复位键）：用于 10 种功能的选择和取消，显示数据复位。①功能复位：在按键之前，如果光电门遮过光，按下此键，则显示屏清"0"，功能复位。②功能选择：功能复位以后，按下此键仪器将选择新的功能。若按住此键不放，可循环选择功能，至所需的功能灯亮时，放开此键即可。

转换键（预置/量程键）：用于测量单位的转换，挡光片宽度的设定及简谐振动周期值的设定。①按下此键小于 1s 时，测量值在时间和速度之间转换。②按下此键大于 1s 时，可重新选择所需的挡光片宽度，机内有 1.0cm、3.0cm、5.0cm 和 10.0cm 4 种规格挡光片宽度供选择。确认到你选用的挡光片宽度放开此键即可。

取数键（停止/读数键）：按下此键可读出前几次实验中存入的：计时"S1"、计时"S2"、加速度"a"、碰撞"col"、周期"T"、和重力加速度"g"的实验值。当显示"E ×"，提示将显示存入的第×次实验值。在显示过程中，按下"功能/复位键"，会清除已存入的数据。

电源开关；MUJ—6B 电脑通用计数器的电源开关在后面板上。

3）计时系统。计时系统由固定在导轨上的两个光电门和随滑块运动的挡光片及电脑通用计数器组成。电脑通用计数器在本试验中所使用的功能键的作用：

计时"S1"：测量挡光片对 P_1 或对 P_2 的挡光时间，可连续测量也可以测量挡光片通过 P_1 或 P_2 的平均速度。

计时"S2"：测量挡光片对 P_1 或 P_2 两次挡光的时间间隔，也可以测量挡光片通过 P_1 或 P_2 的平均速度。

加速度"a"：测量挡光片通过 P_1 和 P_2 的平均速度及通过 P_1 和 P_2 的时间，或测量挡光片通过 P_1 和 P_2 的平均加速度。

周期"T"：测量简谐振动中若干个周期的时间或周期的个数。

设定周期数：按下转换键（预置/量程键）不放，确认到所需的周期数放开此键。每完成一个周期，显示屏上周期数会自动减 1，最后一次挡光完成，会显示累计时间值。

不设定周期数：在周期数显示为 0 时，每完成一个周期，显示周期数会增加 1，按下转换键（预置/量程键）即停止测量。显示最后一个周期约 1s 后，显示累计时间。按取数键（停止/读数键），可提取单个周期的时间值。

4）挡光片的工作原理

① 凸形挡光片如图 3-31 所示，当滑行器推动挡光片前沿 l_1 通过光电门时，计数器开始计时，当滑行器推动挡光片后沿 l_2 通过光电门时，挡光结束，计数器停止计时。

此类挡光片与计数器的"S1"功能配合使用。若选定的单位是时间，则屏上显示的是挡光片的挡光时间 Δt。设挡光片的宽度为 Δl，实验中一般选取 $\Delta l = 1.00$cm。若选定的单位是速度，则计数器还可以自动计算出滑行器经过光电门的平均速度 $v = \Delta l / \Delta t$，并显示出来。

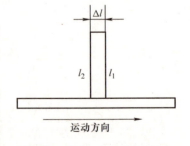

图 3-31 凸形挡光片

② 凹形挡光片如图 3-32 所示，当滑行器推动前挡光条的前沿 l_1 挡光时，计数器开始计时，当滑行器推动后挡光条的前沿 l_2 挡光时，计数器停止计时。

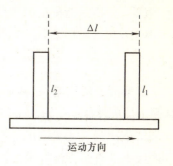

图 3-32 凹形挡光片

此类挡光片与计数器的"S1"功能配合使用。若选定的单位是时间，则屏上显示的是两次挡光的时间间隔 Δt。挡光片的前后挡光条同侧边沿之间的距离为 Δl，实验中有宽度为 1.00cm、3.00cm、5.00cm、10.00cm 的宽度的挡光片供选择。若选定的单位是速度，则计数器还可自动算出滑行器通过光电门的平均速度 $v = \Delta l / \Delta t$，并显示出来。

此类挡光片与计数器的"a"功能配合，可自动计算出滑行器通过两个光电门的平均加速度。原理为：计数器能自动算出滑行器经过两个光电门的平均速度 v_1 和 v_2，还可以记录滑行器通过两个光电门的时间 t，然后由公式 $\overline{a} = \dfrac{v_2 - v_1}{t}$ 自动算出滑行器通过两个光电门的平均加速度。

4. 实验原理

将两个劲度系数均为 k_1、自然长度均为 l_0 的弹簧，一端系住一个质量为 m_1、放置在气轨上的滑行器，另一端分别固定在气轨的两端，如图 3-33 所示，选取水平方向向右为正方向。当 m_1 处在平衡位置 O 点时，每个弹簧的伸长量均为 x_0，此时滑行器所受的合外力为零。

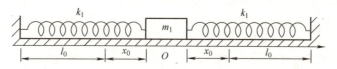

图 3-33 弹簧振子示意图

（1）弹簧振子的运动方程 当 m_1 从 O 点沿坐标轴向右位移 x 时，左边的弹簧被拉长，右边的弹簧被压缩。如果忽略阻力，则 m_1 受左边弹簧的弹性恢复力 $-k_1(x+x_0)$ 和右边弹簧弹性恢复力 $-k_1(x-x_0)$ 的作用，结果 m_1 受到的合力为

$$F = -k_1(x+x_0) - k_1(x-x_0) = -2k_1 x = -kx$$

式中，$k = 2k_1$，此式说明合力与相对于平衡位置的位移 x 的大小成正比、方向相反、并指向平衡位置，因此满足简谐振动的动力学特征。根据牛顿运动定律，得

$$-kx = ma \tag{3-15}$$

令

$$\omega^2 = \frac{k}{m} \tag{3-16}$$

可以证明式（3-15）的解为

$$x = A\cos(\omega t + \phi) \tag{3-17}$$

此式为简谐振动的运动方程，此式中 A 为振幅，ϕ 为振动的初相，A 和 ϕ 由系统的初始条件决定。ω 为圆频率，由系统本身的固有性质决定，m 为振动系统的有效质量，即

$$m = (m_1 + m_0) \tag{3-18}$$

式中，m_0 为弹簧的有效质量。

(2) 分析简谐振动的周期 T 与 m 的关系 测定 m_0 及 k 根据周期的定义 $T = 2\pi/\omega$，将式 (3-16)、式 (3-18) 代入，得

$$T^2 = 4\pi^2 \frac{m}{k} = \frac{4\pi^2}{k}(m_1 + m_0) = \frac{4\pi^2}{k}m_0 + \frac{4\pi^2}{k}m_1 \tag{3-19}$$

如果改变滑行器 m_1 的质量，即在滑行器上依次加 5 个质量均为 m' 的物体，使滑行器的质量 m_1 分别为 m_1、$m_1 + m'$、$m_1 + 2m'$、$m_1 + 3m'$、$m_1 + 4m'$ 和 $m_1 + 5m'$，测出与其对应的周期 T 依次为 T_1、T_2、T_3、T_4、T_5 和 T_6。如果 T 与 m_1 的关系确实满足式 (3-19)，则 $T^2 - m$ 图线为一直线，该直线的斜率 $a = 4\pi^2/k$，截距 $a = 4\pi^2 m_0/k$。利用图解法求出 a 和 b，那么弹簧的劲度系数 k 和有效质量 m_0 为

$$k = \frac{4\pi^2}{a} \text{ 和 } m_0 = \frac{bk}{4\pi^2} = \frac{b}{a} \tag{3-20}$$

(3) 简谐振动的能量 简谐振动的机械能 E 包括系统的振动动能 E_k 和弹性势能 E_p 两部分

$$E = E_k + E_p \tag{3-21}$$

其中振动动能 $E_k = \frac{1}{2}mv^2 = \frac{1}{2}(m_1 + m_0)v^2$，由式 (3-16)，可得滑行器在任意时刻的振动速度 $v = -\omega A \sin(\omega t + \phi)$，所以系统的振动动能为

$$E_k = \frac{1}{2}(m_1 + m_0)\omega^2 A^2 \sin^2(\omega t + \phi) \tag{3-22}$$

弹性势能是两个弹簧的弹性势能之和，即

$$E_P = \frac{1}{2}k_1(x + x_0)^2 + \frac{1}{2}k_1(x - x_0)^2 = \frac{1}{2}kx^2 + \frac{1}{2}kx_0^2$$

将式 (3-17) 带入上式，得

$$E_P = \frac{1}{2}k[A^2 \cos^2(\omega t + \phi) + x_0^2] \tag{3-23}$$

因为 $m\omega^2 = k$，将式 (3-22)、(3-23) 带入式 (3-21)，得

$$E = \frac{1}{2}kA^2 + \frac{1}{2}kx_0^2 \tag{3-24}$$

其中，k、A、x_0 都与时间无关，因此在简谐振动过程中的机械能是守恒的。在不同位置上系统的动能和势能各不相同，它们之间在相互转换。本实验通过测定相对平衡位置的不同位移 x_i 时的速度 v_i，求出相应的 E_{ki} 和 E_{pi}，从而验证简谐振动过程中机械能守恒。

5. 实验内容及步骤

(1) 测定振幅与周期的关系

1) 打开气源，调整导轨水平。打开电脑计数器，设置挡光片宽度值，选择计数器的测周期功能，选用凸形挡光片，移动一个光电门至导轨中间部位，使其靠近挡光片，但两者位置不能重合，避免使挡光片挡光。另一个光电门移到导轨的一端，也不能挡光。

2) 将滑行器拉离平衡位置 30.00cm，自然释放，使滑行器作简谐振动。若不设定周期数，在周期数显示为零时，每完成 1 个周期，显示周期数会加 1，当显示数为 10 时，按一下转换键（或预置键）即停止测量，约 1s 后，屏上将显示出 10 个周期的时间。

若设定了周期数，每完成一个周期，显示周期数会减 1，当挡光片完成最后一次挡光，

显示屏会自动显示出设定周期的累加时间值。将数据记入表3-5中。

3）依次将滑行器拉离平衡位置27.00cm、24.00cm、21.00cm、18.00cm、15.00cm，重复测量对应的周期，将数据记入表3-5中。计算周期的平均值，并分析实验结果。

（2）测定质量与周期的关系，并求k及m_0

1）将滑行器拉离平衡位置30.00cm，滑行器质量为m_1时振动10个周期的时间是t_1，并求出相应的周期T_1，填入表3-6中。

2）改变m_1的质量，依次在滑行器上加砝码m'、$2m'$、$3m'$、$4m'$、$5m'$，测出相应振动10个周期的时间t_2、t_3、t_4、t_5和t_6，并求出相应的周期T_2、T_3、T_4、T_5和T_6，填入表3-6中。

3）以T^2为纵坐标，m_1为横坐标，根据图示法规则作$T^2 - m_1$图线。利用图解法求出直线的斜率a和截距b，根据式（3-20）求出k和m_0。

（3）测量系统的机械能

1）将计时器功能调整为S1，设定挡光片宽度，选定速度单位。

2）首先将光电门置于接近平衡位置处，记下光电门的位置。振幅选定为30.00cm，让滑行器作简谐振动。读出挡光片3次经过光电门的速度，将数据记入表3-7中。

3）逐次将光电门沿坐标轴正方向移动，每次移动4.00cm，直到离开平衡位置12.00cm处。每次均以30.00cm的振幅起振，每一位置重复3次，将数据记入表格3-17中。求出每一位置处滑行器速度的平均值$\overline{v}_i$。

4）将x_i与v_i分别带入式（3-22）、（3-23），求出相应的E_{ki}和E_{pi}，计算$E_{ki} + E_{pi}$，分析与式（3-24）得到的E之间的相对误差。

6. 注意事项

把滑行器拉离平衡位置让其振动的时候，一定不能让滑行器经过光电门。只能把滑行器往偏离光电门的一边拉离。

7. 数据记录及处理

表3-5　振幅与周期的关系

振幅 A/cm	30.00	27.00	24.00	21.00	18.00	15.00
时间 t/s						
周期 $T = t/10$						

表3-6　质量与周期的关系

$m_1 = $ _____ kg　$m' = $ _____ kg　$A = $ _____ cm

滑行器质量/kg	$m_1 = $	$m_1 + m' = $	$m_1 + 2m' = $	$m_1 + 3m' = $	$m_1 + 4m' = $	$m_1 + 5m' = $
相应周期/s	$T_1 = $	$T_2 = $	$T_3 = $	$T_4 = $	$T_5 = $	$T_6 = $

表3-7　速度与位移的关系　$A = $ _____ cm

速度/(cm/s)	次数	$x_0 = 0$	$x_1 = 4$cm	$x_2 = 8$cm	$x_3 = 12$cm
v_i	1				
	2				
	3				
平均 v_i					

8. 思考题

1）根据从测量中得到的数据，试分析周期与振幅、周期与振动物体质量的关系。如果 T^2-m_1 图是一条直线，说明什么？能否说明这已完全验证了式（3-20）？

2）用物理天平称量弹簧的实际质量为 m，与测得的有效质量 m_0 相比较，会发觉它们不相等，试解释之。

3.8 介电常数的测量

电介质是指不导电的绝缘介质。当电介质被放入电场中时，无论其性质如何，都会由于电场的感应而获得一个宏观的电偶极矩，净电效应表现为在电介质表面上的不同侧面出现等量的正、负电荷的聚集。这样，感生电荷（束缚状态）就会在电介质内部建立起一个与外加电场方向相反的电场，使电介质内部的合电场较原来的外加电场小，即电介质的放入，使原来空间的电场减弱了。介电常数是用来描述电介质使电场减弱的程度，它等于真空电场强度与加入电介质后其内的合电场强度之比，而且此比值只由电介质本身的性质决定，与所加外电场无关。因此，介电常数是描述电介质性质的重要参量，电介质介电常数的测量对于深入了解某些物质结构的规律，发现物理性能优异的新型电介质材料都具有重要的意义。本实验仅对用电容桥测量固体电介质的介电常数进行初步的学习和讨论。

1. 实验目的

1）了解电容桥的使用，学习研究消除平板电介质的边缘效应。

2）测定电介质的介电常数。

3）学习应用外推法分析实验数据、得出实验结论。

2. 实验仪器

介电常数三电极系统、QS—18A 型万能电桥、游标卡尺、电介质薄板。

3. 实验原理

为了探索电介质对电场的影响，法拉第于 1837 年首先研究了电介质对平行板电容器电容的影响。法拉第通过实验发现：

1）当保持平行板电容器两极板电压不变时，加入电介质后，极板上所带电荷量将增加。

2）当保持平行板电容器极板上所带电荷量不变时，加入电介质后，两极板间电压会减小。

① 两个电容器极板上加有相同的电压，加有电介质的电容器极板上电荷较多。

② 两个电容器极板上有相同的电荷，加有电介质的电容器两极间的电压较低。

在上述两种情况下，根据电容器的电容公式 $C=q/V$，由实验测量可以证明，加入电介质后电容器的电容总是增大为原来的 ε_r 倍。而且，ε_r 与电容器本身无关，只由电介质决定。

设电容器在真空中的电容为 C_0，在空气中的电容为 C'_0，加入电介质后电容为 C，电介质的（相对）介电常数定义为

$$\varepsilon_r = \frac{C}{C_0} \tag{3-25}$$

由于 C_0 与 C'_0 仅差 0.05%，实验中可用 C'_0 近似地代替 C_0。

若电容器为圆形平行板电容器，d 为被测电介质圆板的厚度，D 为测量电极的直径，当 $d \ll D$ 时测得其电容为 C，则电介质的介电常数为

$$\varepsilon_r = 14.4 Cd/D^2 \tag{3-26}$$

其中，C 的单位取 pF，d 和 D 的单位取 cm。

如果实验中，$d \ll D$ 的条件得不到满足，则式（3-26）算出的 ε_r 会产生较大误差。引起这种误差的原因是电容器的边缘效应，引起边缘效应的原因又是由于电容器棱边处的曲率大于极板表面处的曲率。

由静电学知识可知，极板带电达到静电平衡时，极板棱边处的面电荷密度 σ_e 大于其表面上的面电荷密度 σ_s，而且极板表面附近的电场强度正比于其面电荷密度，所以电容器极板棱边附近处的电场强度大于其表面附近的电场强度。这种电场强度的分布不均匀性造成了电容器极板边缘处的电场分布相对于极板正对表面间的电场分量的畸变，形成电容器的边缘效应。平板电容器，d 越大，边缘附近电力线弯曲越严重，边缘效应越显著。

边缘效应可以用保护电极来消除。保护电极环绕在测量电极周围，当保护电极的电位与测量电极电位相等时，测量电极边缘处畸变分布的电力线被压回到电容器内部而变得与极板表面近似垂直，原畸变的电场被排斥到了保护电极的外棱边处，从而使得测量电极处的整个电场比较均匀，故可减小测量误差。当保护电极与测量电极之间的间隙越小时，理论误差也越小。

实验的测量装置共有三个电极，即高电位电极、测量电极和保护电极。用电极装置和万用电桥即可测量不同平板状固体材料和绝缘液体的介电常数。

4. 实验内容

1）测量介质板的厚度 d，并将其装入三电极系统。

2）测量三电极系统的测量电极的直径 D。

3）根据说明书连接好万用电桥与三电极系统的高电位电极和测量电极，测出其电容 C。

4）接上保护电极后，再测出其电容值 C'，比较 C 与 C'，了解边缘效应的影响。

5）依次换上不同厚度的同种电介质板，测量其电容值，计算其介电常数 ε_r。

6）在坐标纸上做出 $\varepsilon_r - d$ 曲线，用外推法找出 $d \to 0$ 时的 ε_r。

5. 注意事项

1）保护电极与测量电极不能直接用导线相连，或接在同一个电位接线柱上（即不能让两电极的电位完全相同）。否则，保护电极将失去作用。

2）被测电介质表面一般不十分平整，两个表面的平行度也不是很理想的，为了消除其对测量的影响，可以在被测介质表面镀金属膜或铺金属箔使之平整。

6. 数据记录及处理

1）真空介电常数 $\varepsilon_0 = 8.85 \times 10^{-12} C^2/(N \cdot m^2)$。

2）几种常见电介质的（相对）介电常数 ε_r（见表3-8）。

表3-8 几种常见电介质的（相对）介电常数

电介质	空气	水	云母	玻璃	纸	聚乙烯	聚四氟乙烯
ε_r	1.0005	78	3.7~7.5	5~10	3.5	2.3	2.0~2.2

3）自己绘制原始数据记录表格。

7. 思考题

1）实验装置中三个电极的作用是什么？有何特点？

2）为什么保护电极与测量电极不能直接相连？

3）外推法在物理实验中的应用有何意义？简述其应用条件和方法？

3.9 数字万用表的使用

数字万用表亦称数字多用表（DMM），其种类繁多，型号各异。本实验使用的这款数字万用表为VC890D型。VC890D型数字万用表可用来测量直流电压和交流电压、直流电流和交流电流、电阻、电容、二极管、晶体管、通断测试、温度等参数。此机型采用双积分A/D转换为核心，显示位数为3½位，显示方式采用LCD液晶显示。数字万用表的优点：高准确度和高分辨力；高输入阻抗；高测量速率；自动判别极性；全部测量实现数字直读；自动调零；抗过载能力强。缺点：不能显示测量动态过程；量程转换开关机械强度差；测电压、电流需不同表笔插孔，不方便。

1. 实验目的

1）理解数字万用表的基本工作原理

2）掌握数字万用表的使用方法

3）学会设计电路图，并按照电路图连接实验仪器

2. 实验仪器

VC890D 数字万用表一套，电阻、电容、二极管、晶体管各一个，低压交、直流电源，电阻箱，滑动变阻器，导线，开关。

3. 实验原理

VC890D 数字万用表如图 3-34 所示。数字万用表是由数字电压表配上相应的功能转换电路构成的，它可对交、直流电压、交、直流电流、电阻、电容等多种参数进行直接测量。数字电压表通常使用一块集成电路芯片，它将 A/D 转换器与能够直接驱动显示器的显示逻辑控制器集成在一起，在其周围配上相关的电阻器、电容器和显示器，组成数字万用表表头。它只测量直流电压，其他参数必须转换成和其自身大小成一定比例关系的直流电压后才能被测量。数字万用表的整体性能主要由这一数字表头的性能决定。数字电压表是数字万用表的核心，A/D 转换器是数字电压表的核心，不同的 A/D 转换器构成不同原理的数字万用表。功能转换电路是数字万用表实现多参数测量的必备电路。电压、电流的测量电路一般由无源的分压、分流电阻网络组成；交、直流转换电路与电阻、电容等电参数测量的转换电路，一般采用有源器件组成的网络来实现。功能选择可通过机械式开关的切换来实现，量程选择可通过转换开关切换，也可以通过自动量程切换电路来实现。数字万用表的基本功能是测量交直流电压、交直流电流以及测量电阻，其基本工作原理如图 3-35

图 3-34　VC890D 数字万用表

所示。

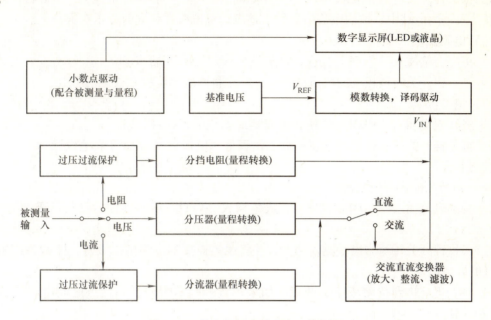

图 3-35 数字万用表的基本工作原理

4. 实验步骤

(1) 设计测量电路

1) 设计直流电压（或电流）测量电路。

2) 根据电路图连接实验仪器。

3) 设计交流电压（或电流）测量电路。

4) 根据电路图连接实验仪器。

(2) 直流电压测量

1) 将黑表笔插入"COM"插座，红表笔插入"V/Ω"插座。

2) 将量程开关转至相应的 DCV（Direct Current Voltage）量程上，然后将测试表笔跨接在被测电路上，红表笔所接的该点电压与极性显示在屏幕上。

(3) 交流电压测量

1) 将黑表笔插入"COM"插座，红表笔插入"V/Ω"插座。

2) 将量程开关转至相应的 ACV（Alternating Current Voltage）量程上，然后将测试表笔跨接在被测电路上，红表笔所接的该点电压与极性显示在屏幕上。

(4) 直流电流测量

1) 将黑表笔插入"COM"插座，红表笔插入"mA"插座中（最大为200mA），或红表笔插入"20A"插座中（最大为20A）。

2) 将量程开关转至相应的 DCA（Direct Current Ampere）量程上，然后将仪表的表笔串联接入被测电路中，被测电流值及红表笔点的电流极性将同时显示在屏幕上。

(5) 交流电流测量

1) 将黑表笔插入"COM"插座，红表笔插入"mA"插座中（最大为200mA），或红表笔插入"20A"插座中（最大为20A）。

2）将量程开关转至相应的 ACA（Alternating Current Ampere）量程上，然后将仪表的表笔串联接入被测电路中，被测电流值及红表笔点的电流极性将同时显示在屏幕上。

(6) 电阻测量

1）将黑表笔插入"COM"插座，红表笔插入"V/Ω"插座。

2）将量程开关转至相应的电阻量程上，然后将两表笔跨接在被测电阻上。

(7) 电容测量

1）将红表笔插入"COM"插座，黑表笔插入"mACx"插座。

2）将量程开关转至相应的电容量程上，表笔对应极性（注意红表笔极性为"＋"极）接入被测电容。

(8) 光敏二极管及通断测试

1）将黑表笔插入"COM"插座，红表笔插入"V/Ω"插座（注意红表笔极性为"＋"极）。

2）将量程开关转至二极管测量挡上，并将表笔连接到待测试二极管，读数为二极管正向压降的近似值。

3）将表笔连接到待测线路的两点，如果内置蜂鸣器发声，则两点之间电阻值低于约 (70 ± 20) Ω。

(9) 温度测量　测量温度时，将热电偶传感器的冷端（自由端）负极插入"mA"插座，正极插入"COM"插座中，热电偶的工作端（测温端）置于待测物上面或内部，可直接从屏幕上读取温度值，读数为摄氏度。

(10) 晶体管 hFE

1）将量程开关置于"hFE"挡。

2）将测试附件的"＋"极插入"COM"插座，"－"极插入"mA"插座。

3）决定所测晶体管为 NPN 型或 PNP 型，将发射极、基极、集电极分别插入测试附件上相应的插孔。

5. 注意事项

1）各量程测量时，禁止输入超过量程的极限值。

2）36V 以下的电压为安全电压，在测高于 36V 直流电压、25V 交流电压时，要检查表笔是否可靠接触、是否正确连接、是否绝缘良好等，以避免电击。

3）换功能和量程时，表笔应离开测试点。

4）选择正确的功能和量程，谨防误操作。

5）测量电阻时，请勿输入电压值等。

6. 数据记录及处理（表 3-9）

表 3-9　数字万用表的使用实验

测量	1	2	3	4	5	6	平均值
直流电压/V							
交流电压/V							
直流电流/A							
交流电流/A							

(续)

测量	1	2	3	4	5	6	平均值
电阻/Ω							
电容/pF							
二极管							
温度/℃							
晶体管							

3.10 仿真实验

大学物理仿真实验 V2.0 for Windows 是中国科学技术大学研发的一套模拟型的 CAI 软件，它也是目前国内唯一一套具有一定规模和水准的大学物理实验教学软件。该软件通过计算机把实验设备、教学内容、教师指导和学生的操作有机地融合为一体，形成了一部活的、可操作的物理实验教科书。通过仿真实验，学生对实验的物理思想和方法、仪器的结构及原理的理解，可以达到和实际实验相同的效果，实现了培养学生动手能力、实验技能、深化学生物理知识的目的，同时增强了学生对物理实验的兴趣，大大提高了物理实验教学水平，是物理实验教学改革的有力工具。

1. 系统需求

CPU：Intel Pentium 及其兼容芯片。

内存：512M 以上。

显卡：支持 640×480×64K 色。

声卡：Sound Blaster 及其兼容声卡。

鼠标：Microsoft 兼容鼠标。

光驱：符合 ISO9660 标准。

操作系统：Microsoft Windows XP 中文版及以上。

2. 仿真实验的安装

1) 启动 Windows 系统。

2) 保证 Windows 目录下有 150M 以上的剩余空间。

3) 将安装光盘放入光驱，运行光盘上的 SETUP.EXE 程序，按提示安装，当安装程序完成安装后重新启动 Windows 系统。

4) 安装后生成"大学物理仿真实验 V2.0"程序组，双击"大学物理仿真实验 V2.0"图标即可运行。

注意：系统运行时光盘必须留在光驱里。

3. 仿真实验的删除

在 Windows 系统的文件管理器（或 Windows 的"开始"菜单）里双击"删除大学物理仿真实验 v2.0"图标，按照提示操作即可删除本软件。

4. 大学物理仿真实验的基本操作方法

在仿真实验中几乎所有的操作都要使用鼠标。如果计算机安装了鼠标，启动 Windows

后,屏幕上就会出现鼠标指针光标。移动鼠标,屏幕上的指针光标随之移动。下面是仿真实验软件介绍中鼠标操作的名词约定。

单击:按下鼠标左键再放开。

双击:快速地连续按两次鼠标左键。

拖动:按下鼠标左键并移动。

右键单击:按下鼠标右键再放开。

(1) 系统的启动

在 Windows 系统的文件管理器(或 Windows 的"开始"菜单)里双击"大学物理仿真实验 v2.0"图标,启动仿真实验系统。首先弹出的是仿真实验主界面 a,如图 3-36 所示,过几秒后出现仿真实验主界面 b,如图 3-37 所示,单击"上一页""下一页"按钮可前后翻页。用鼠标单击各实验项目文字按钮(不是图标)即可进入相应的仿真实验平台。结束仿真实验后回到主界面,单击"退出"按钮即可退出本系统。如果某个仿真实验还在运行,则在主界面单击"退出"按钮无效,待关闭所有正在运行的仿真实验后,系统会自动退出。

图 3-36 仿真实验主界面 a

图 3-37 仿真实验主界面 b

(2) 仿真实验的操作方法

1) 概述。仿真实验平台采用窗口式的图形化界面,形象生动,使用方便。

由仿真系统主界面进入仿真实验平台后,首先显示该平台的主窗口——实验室场景,如图 3-38 所示,该窗口大小一般为全屏或 640×480 像素。实验室场景内一般都包括实验台、实验仪器和主菜单。用鼠标在实验室场景内移动,当鼠标指向某件仪器时,鼠标指针处会显示相应的提示信息(仪器名称或如何操作),如图 3-39 所示。有些仪器位置可以调节,可以按住鼠标左键进行拖动。

图 3-38 实验室场景(凯特摆实验)

主菜单一般为弹出式，隐藏在主窗口里。在实验室场景上单击右键即可显示，如图 3-40 所示。菜单项一般包括：实验背景知识、实验原理的演示，实验内容、实验步骤和仪器说明文档，开始实验或进行仪器调节，预习思考题和实验报告，退出实验等。

图 3-39　提示信息

图 3-40　主菜单

2）仿真实验操作。

① 开始实验。有些仿真实验启动后就处于"开始实验"状态，有些需要在主菜单上选择。

② 控制仪器调节窗口。调节仪器一般要在仪器调节窗口内进行。

打开窗口：双击主窗口上的仪器或从主菜单上选择，即可进入仪器调节窗口。

移动窗口：用鼠标拖动仪器调节窗口上端的细条。

关闭窗口：

方法（1）右键单击仪器调节窗口上端的细条，在弹出的菜单中选择"返回"或"关闭"。

方法（2）双击仪器调节窗口上端的细条。

方法（3）激活仪器调节窗口，按 Alt + F4 键。

③ 选择操作对象。激活对象（仪器图标、按钮、开关、旋钮等）所在窗口，当鼠标指向此对象时，系统会给出下列提示中的至少一种：

　a. 鼠标指针提示。鼠标指针光标由箭头变为其他形状（例如手形）。

　b. 光标跟随提示。鼠标指针光标旁边出现一个黄色的提示框，提示对象名称或如何操作。

　c. 状态条提示。状态条一般位于屏幕下方，提示对象名称或如何操作。

　d. 语音提示。朗读提示框或状态条内的文字说明。

　e. 颜色提示。对象的颜色变为高亮度（或发光），显得突出而醒目。

出现上述提示即表明选中该对象，可以用鼠标进行仿真操作。

④ 进行仿真操作

　a. 移动对象。如果选中的对象可以移动，就用鼠标拖动选中的对象。

　b. 按钮、开关、旋钮的操作。

按钮：选定按钮，单击鼠标即可，如图 3-41 所示。

开关：对于两挡开关，在选定的开关上单击鼠标切换其状态。多挡开关，在选定的开关上单击左键或右键切换其状态，如图 3-42、图 3-43 所示。

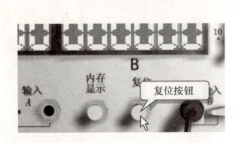

图 3-41 按钮

图 3-42 两挡开关

旋钮：选定旋钮，单击鼠标，旋钮反时针旋转；单击右键，旋钮顺时针旋转，如图 3-44 所示。

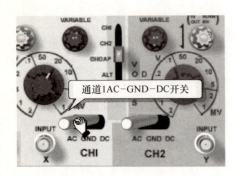

图 3-43 多挡开关

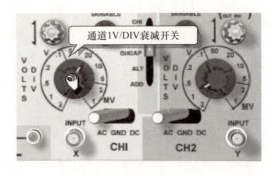

图 3-44 旋钮开关

3）连接电路。连接两个接线柱：选定一个接线柱，按住鼠标左键不放拖动，一根直导线即从接线柱引出。将导线末端拖至另一个接线柱释放鼠标，就完成了两个接线柱的连接，如图 3-45 所示。

删除两个接线柱的连线：将这两个接线柱重新连接一次（如果面板上有"拆线"按钮，则应先选择此按钮）。

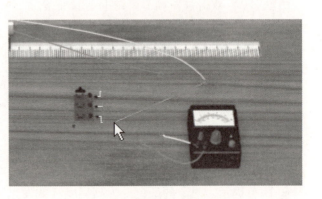

图 3-45 连线

4）Windows 标准控件的调节。仿真实验中也使用了一些 Windows 标准控件，调节方法请参阅有关 Windows 操作的书籍或 Windows 的联机帮助。

附：示波器的使用

1. 主窗口

在系统主界面上选择"示波器"并单击，即可进入示波器仿真实验平台，显示平台主窗口。

2. 主菜单

在主窗口上单击鼠标右键，弹出实验主菜单，如图 3-46 所示。

用鼠标左键单击菜单选项，即可进入相应的实验内容（若单击"退出"，则退出示波器实验）。

(1) 实验原理　用鼠标左键单击主菜单上的"示波器原理"，打开示波器原理窗口。在窗口中单击鼠标右键，弹出示波器触发方式选择菜单，如图 3-47 所示。

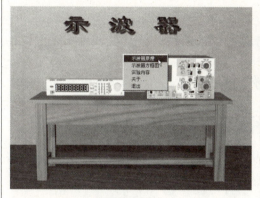 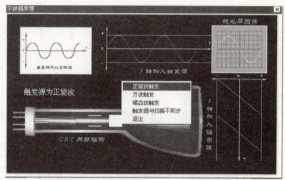

图 3-46　示波器实验主菜单　　　　　图 3-47　示波器触发方式选择菜单

分别选择不同的触发方式将显示示波器的成像原理，选择"退出"将返回示波器实验平台主窗口。

(2) 示波器方框图　选择主菜单的"示波器方框图"，弹出示波器方框图窗口，如图 3-48 所示。单击鼠标左键，将返回示波器实验平台主窗口。

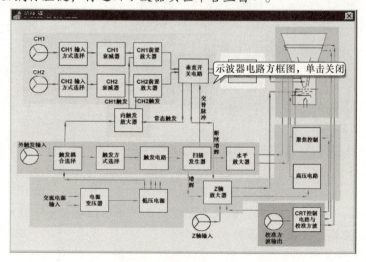

图 3-48　示波器方框图窗口

3. 实验内容

用鼠标左键单击主菜单中的"实验内容",将会弹出一个确认是否正式进行示波器实验的对话窗口,如图 3-49 所示。

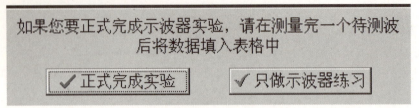

图 3-49 示波器实验内容对话框

用鼠标左键单击"正式完成实验"按钮,正式完成实验。实验中的待测信号为随机产生,信号真实值将在做完实验后自动传入实验报告。用鼠标左键单击"只做示波器练习"按钮,只做示波器练习,不记录数据。

在确认完是否正式完成示波器实验后,对话窗口消失,弹出一个示波器面板,如图 3-50 所示。

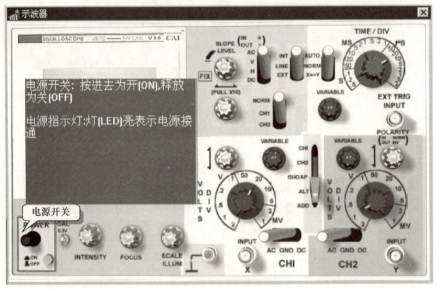

图 3-50 示波器面板

面板上的按钮、开关的作用和真实示波器的旋钮、开关的作用是相同的。对面板上的旋钮、开关功能不清楚时,可将鼠标移动到该按钮(或开关)的位置上,停留几秒钟不动,系统将会给出该旋钮(或开关)的名称,此时按下 F1 键时,会得到相应的功能解释,如图 3-50 所示(以上操作时,若没有出现提示,请稍微移动一下鼠标位置)。

(1) 校准示波器 校准示波器的步骤如下:

1) 调节示波器聚焦。在示波器使用前必须调节好聚焦。只有在校准示波器后,示波器才能用直接法准确测量信号。

2) 如图 3-51 所示，在通道 CH1 输入校准信号。用鼠标左键单击校准信号输入口，则在通道 CH1 的输入端出现红色插头，表明校准信号已经接入 CH1（同样当把垂直方式选择开关拨到 CH2 挡处便可把校准信号接入 CH2 通道，校准通道 CH2）。

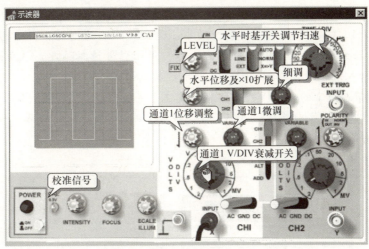

图 3-51　示波器校准

3) 分别调节通道 1 的 V/DIV 衰减开关，通道 1 的位移调整，同步（LEVEL）钮，水平位移及 ×10 扩展，水平时基开关调节扫速及细调开关，用来校准示波器。

(2) 直接法测量未知信号电压　可利用 CH1、CH2 中任意一路进行测量，现在以 CH1 为例说明测量过程（图 3-52）。

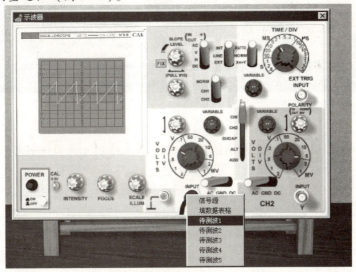

图 3-52　直接法测量未知信号电压

1) 将鼠标移到 CH1 的 INPUT 处单击，弹出信号选择菜单，从中选取一个待测信号。当 CH1 的输入端出现黑色插头时，表明已经接入信号。

2) 分别调节通道 1 的 V/DIV 衰减开关，通道 1 的位移调整，同步（LEVEL）旋钮，水平位移及×10扩展，水平时基旋钮调节扫速，根据V/DIV和波形在示波器的格子数算出待测波形的电压。

（3）测量未知信号频率

直接测量法：

1）利用CH1、CH2中任意一路进行测量，现在以CH1为例说明实验过程。

2）将鼠标移到CH1的INPUT处单击左键，弹出信号选择菜单，从中选取一个待测信号。CH1的输入端出现黑色插头时，表明已经接入信号。

3）分别调节通道1的V/DIV衰减开关，通道1的位移调整，同步（LEVEL）按钮，水平位移及×10扩展，水平时基按钮调节扫速，根据水平时基刻度和格数算出待测波的频率。

李萨如图测量法：

内部触发方式，如图3-53所示。

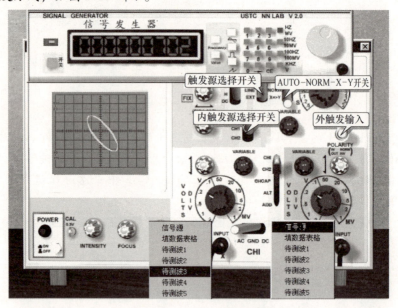

图3-53 李萨如图测量

1）在CH1或CH2通道加上待测波（以CH1加上待测波为例说明实验过程）。

2）在CH2输入端加上信号源，并选择一合适频率。

3）把内触发源方式选择开关扳到CH2挡处，用信号发生器输出信号作为触发源。

4）把Norm-Auto-X-Y开关扳到X→Y挡处。

5）分别调节通道1、2的V/DIV衰减开关，通道1、2的位移调整，同步（LEVEL）按钮，水平位移，通过改变信号发生器输出信号频率使示波器中出现的李萨如图为环形。

6）同理，在CH2加上待测波，在CH1加上信号源，同样可以完成测量。

外部触发方式方法和过程与内部触发方式大致一样，差别是：

1）触发源方式选择开关扳到EXT挡（外部触发方式）。

2）外部触发输入端口输入信号发生器信号，另外一路信号由CH1或CH2的输入端输入。调节信号发生器的输出信号频率，使示波器上出现李萨如图形。此时，根据李萨如图形和信号发生器的输出频率可以求出待测信号的频率。

（4）观测两个通道信号的组合　把垂直方式选择开关拨到 ADD 挡处，在屏幕上显示输入 CH1 和 CH2 的两路信号的叠加。

把垂直方式选择开关拨到 ALT 挡处，在屏幕上交替显示两路信号。

把垂直方式选择开关拨到 CHOP 挡处，在屏幕上同时显示两路信号。

信号发生器使用方法：

1) 用鼠标左键单击信号发生器面板，如图 3-54 所示的"电源开关"按钮，打开信号发生器电源。

图 3-54　信号发生器面板

2) 用鼠标左键单击"频率选择"按钮，开始输入信号频率。

3) 用鼠标左键单击"KHZ/V"按钮，选择读数的频率单位。

4) 用鼠标左键单击数字按钮，输入信号频率数值，此时显示窗口显示的是输出信号的频率数值。

5) 用鼠标左键单击"波幅选择"按钮，开始输入信号幅度。

6) 用鼠标左键单击"KHZ/V"按钮，选择读数的幅度单位。

7) 用鼠标左键单击数字按钮，输入信号幅度数值，此时显示窗口显示的是输出信号的幅度数值。

8) 用鼠标左键选中"细调"按钮，可微调输出信号的频率（或幅度）值。

9) 用鼠标左键单击"→"按钮，清除上个数值输入。

10) 用鼠标左键单击"CE"按钮，输出数值被清零。

3.11　密立根油滴实验

1. 实验目的

1) 测量基本电荷电量及验证电荷的不连续性。

2) 学习了解 CCD 图像传感器的原理与应用。

2. 实验仪器

MOD—5C 型密立根油滴仪（如图 3-55 所示，主要由油滴盒、CCD 电视显微镜、电源、监视器等组成）、喷雾器、实验油、视频线、电源线、气压表。

3. 实验原理

一个质量为 m，带电量为 q 的油滴处在二块平行极板之间，在平行极板未加电压时，油滴受重力作用而加速下降，由于空气阻力的作用，下降一段距离后，油滴将做匀速运动，速度为 V_g，这时重力与阻力平衡（空气浮力忽略不计），如图 3-56 所示。根据斯托克斯定律，

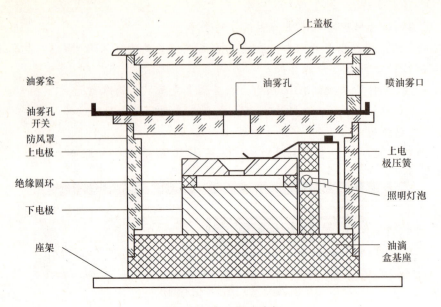

图 3-55 密立根油滴仪

黏滞阻力为

$$6\pi a\eta V_g = mg \quad (3\text{-}27)$$

式中，η 是空气的黏滞系数；a 是油滴的半径。

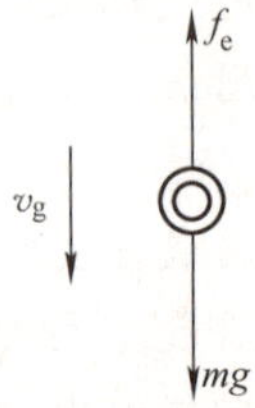

当在平行极板上加电压 V 时，油滴处在场强为 E 的静电场中，设电场力 qE 与重力相反，如图 3-57 所示，使油滴受电场力加速上升，由于空气阻力作用，上升一段距离后，油滴所受的空气阻力、重力与电场力达到平衡（空气浮力忽略不计），则油滴将以匀速上升，此时速度为 V_e，则有

图 3-56 油滴未加电场时受力图

$$6\pi a\eta V_e = qE - mg \quad (3\text{-}28)$$

又因为

$$E = V/d \quad (3\text{-}29)$$

由上述式（3-27）、式（3-28）、式（3-29）可解出

$$q = mg\frac{d}{V}\left(\frac{V_g + V_e}{V_g}\right) \quad (3\text{-}30)$$

为测定油滴所带电荷 q，除应测 V、d 的速度 V_e、V_g 外，还需知油滴质量 m，由于空气中悬浮和表面张力作用，可将油滴看作圆球，其质量为

$$m = (4/3)\pi a^3 \rho \quad (3\text{-}31)$$

式中，ρ 是油滴的密度。

由式（3.11-1）和（3.11-5），得油滴的半径

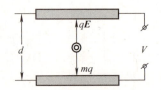

图 3-57 油滴加电场时受力图

$$a = \left(\frac{9\eta V_g}{2\rho q}\right)^{\frac{1}{2}} \quad (3\text{-}32)$$

考虑到油滴非常小，空气已不能看成连续媒质，空气的黏滞系数 η 应修正为

$$\eta' = \frac{\eta}{1+\dfrac{b}{pa}} \tag{3-33}$$

式中，b 是修正常数；p 是空气压强；a 为未经修正过的油滴半径，由于它在修正项中，不必计算得很精确，由式（3-32）计算就够了。

实验时取油滴匀速下降和匀速上升的距离相等，设都为 l，测出油滴匀速下降的时间 t_g，匀速上升的时间 t_e，则

$$V_\mathrm{g}=l/t_\mathrm{g} \qquad V_\mathrm{e}=l/t_\mathrm{e} \tag{3-34}$$

将式（3-31）、（3-32）、（3-33）、（3-34）代入式（3-30），可得

$$q=\frac{18\pi}{\sqrt{2\rho g}}\left(\frac{\eta l}{1+\dfrac{b}{pa}}\right)^{\frac{3}{2}}\frac{d}{V}\left(\frac{1}{t_\mathrm{e}}+\frac{1}{t_\mathrm{g}}\right)\left(\frac{1}{t_\mathrm{g}}\right)^{\frac{1}{2}}$$

令

$$K=\frac{18\pi}{\sqrt{2\rho g}}\left(\frac{\eta l}{1+\dfrac{b}{pa}}\right)^{\frac{3}{2}}d$$

得

$$q=K\left(\frac{1}{t_\mathrm{e}}+\frac{1}{t_\mathrm{g}}\right)\left(\frac{1}{t_\mathrm{g}}\right)^{\frac{1}{2}}/V \tag{3-35}$$

此式是动态（非平衡）法测油滴电荷的公式，下面导出静态（平衡）法测油滴电荷的公式。

调节平行极板间的电压，使油滴不动，$V_\mathrm{e}=0$，即 $t_\mathrm{e}\to\infty$，由式（3-35）可得

$$q=K\left(\frac{1}{t_\mathrm{g}}\right)^{\frac{3}{2}}\frac{1}{V}$$

或者

$$q=\frac{18\pi}{\sqrt{2\rho g}}\left(\frac{\eta l}{t\left(1+\dfrac{b}{pa}\right)}\right)^{\frac{3}{2}}\frac{d}{V} \tag{3-36}$$

上式即为静态法测油滴电荷的公式。

为了求电子电荷 e，对实验测得的各个电荷 q 求最大公约数，就是基本电荷 e 的值，也就是电子电荷 e，也可以测得同一油滴所带电荷的改变量 Δq_1（可以用紫外线或放射源照射油滴，使它所带电荷改变），这时 Δq_1 应近似为某一最小单位的整数倍，此最小单位即为基本电荷 e。

4. 实验内容

（1）仪器连接　将 MOD—5C 型密立根油滴仪面板上方最右边带有 Q9 插头的电缆线插至监视器背后插座上然后接上电源即可开始工作，注意，一定要插紧，保证接触良好，否则会图像紊乱或只有一些长条纹。

（2）仪器调整　调节仪器底座上的三只调平手轮，将水泡调平，由于底座空间较小，调手轮时应将手心向上，用中指夹住手轮调节较为方便。

照明光路不需调整。CCD 显微镜对焦也不需用调焦针插在平行电极孔中来调节，只需将显微镜筒前端和底座前端对齐，然后喷油后再稍微前后微调即可。在使用中，前后调焦范围不要过大，取前后调焦 1mm 内的油滴较好。

(3) 开机使用　打开监视器和油滴仪的电源，在监视器上先出现"CCD 微机密立根油滴仪"，5s 之后自动进入测试状态，显示出标准分划板刻度及电压值和时间值。开机后若想直接进入测试状态，按一下"计时/停"（K_3）。

若开机后屏幕上的字很乱或字重叠，先关掉油滴仪的电源，过一会再开机即可。

面板上 K_1 用来选择平行电极上极板的极性，实验中按下或不按均可，一般不常变动。使用最频繁的是平衡/升降按钮 K_2 和平衡调节电位器 W_1 及"计时/停"（K_3）。

监视器正面有一小盒盖，压一下小盒盒盖就可打开，内有 4 个调节旋钮。对比度一般置于较大（顺时针旋到底后稍退回一些），亮度不要太亮。若发现刻度线上下抖动，这是"帧抖"，微调左边起第二只旋钮即可解决。

(4) 仪器维护　喷雾器内的油不可装得太满，否则会喷出很多"油"而不是"油雾"，堵塞上电极的落油孔。每次实验完毕应及时揩擦上极板及油雾室内的积油。

喷油时喷雾器的喷头不要深入喷油孔内，防止大颗粒油滴堵塞落油孔。

MOD—5C 型油滴仪电源熔丝的规格是 0.75A。若如需打开机器检查，一定要拔下电源插头再进行。

(5) 测量练习　练习是顺利做好实验的重要一环，包括练习控制油滴运动，练习测量油滴运动时间和练习选择合适的油滴。

选择一颗合适的油滴十分重要，大而亮的油滴必然质量大，所带电荷也多，而匀速下降时间则很短，增大了测量误差，给数据处理带来困难。通常选择平衡电压为 200V 左右，匀速下落 1.5mm（6 格）的时间在 8～20s 左右的油滴较适宜。喷油后，平衡/升降按钮 K2 置"平衡"挡，调平衡调节电位器 W1 使极板电压为 200～300V，注意几颗缓慢运动较为清晰明亮的油滴。试按下"测量"按钮 K，此时极板间电压为 0V，观察各颗油滴下落大概的速度，从中选一颗作为测量对象。对于 10in 监视器，目视油滴直径在 0.5～1mm 左右的较适宜。过小的油滴观察困难，布朗运动明显，会引入较大的测量误差。

判断油滴是否平衡要有足够的耐性。将 K2 钮按下将油滴移至某条刻度线上，仔细调节平衡电压，这样反复操作几次，经一段时间观察油滴确定不再移动才认为是平衡了。

测准油滴上升或下降某段距离所需的时间，一是要统一油滴到达刻度线什么位置才认为油滴已踏线，二是眼睛要平视刻度线，不要高于或低于刻度线。反复练习几次，使测出的各次时间的离散性较小，并且对油滴的控制比较熟练。

(6) 正式测量　实验方法可选用平衡测量法（静态法）、动态测量法和同一油滴改变电荷法（第三种方法要用到汞灯，选做）。

1) 平衡法（静态法）测量。可将已调平衡的油滴用 K_2 控制移到"起跑"线上（一般取第 2 格上线），按 K_3（计时/停），让计时器停止计时（值未必要为 0），然后将 K_2 按向"测量"，油滴开始匀速下降的同时，计时器开始计时，到"终点"（一般取第 7 格下线）时迅速将 K_2 按向"平衡"，油滴立即静止，计时也立即停止，此时电压值和下落时间值显示在屏幕上，进行相应的数据处理即可。

2) 动态法测量。分别测出加电压时油滴上升的速度和不加电压时油滴下落的速度，代入相应公式，求出 e 值，此时最好将 K_2 与 K_3 的联动断开。油滴的运动距离一般取 1～

1.5mm。对某颗油滴重复 5~10 次测量,选择 10~20 颗油滴,求得电子电荷的平均值 e。在每次测量时都要检查和调整平衡电压,以减小偶然误差和因油滴挥发而使平衡电压发生变化。

3)同一油滴改变电荷法。在平衡法或动态法的基础上,用汞灯照射目标油滴(应选择颗粒较大的油滴),使之改变带电量,表现为原有的平衡电压已不能保持油滴的平衡,然后用平衡法或动态法重新测量。

5. 注意事项

1)用滴管从油瓶里吸取油,由灌油处滴入喷雾器里,不要太多,油的液面 3~5mm 高已足够,千万不可高于喷管上口。

2)喷雾器的喷雾出口比较脆弱,一般将其置于油滴仪的油雾杯圆孔外 1~2mm 即可,不必伸入油雾杯内喷油。

3)喷油时应尽量使喷雾器垂直,用力捏下皮球,使油成雾状喷出。

4)如果喷雾器里还有剩余的油,不用时请将喷雾器立置(例如放在杯子里),否则油会泄漏至实验台上。

5)每次实验结束后,应将喷雾器里剩余的油倒进瓶中,空捏几次皮球,以清空喷雾器。

6)MOD—5C 型油滴仪的计时器采用"计时/停"方式,即按一下开关,清 0 的同时立即开始计数,再按一下,停止计数,并保持数据,计时的最小显示为 0.01s,但内部计时精度为 1μs。

6. 数据记录及处理

(1)实验时跟踪一颗油滴进行测量(表 3-10)

表 3-10 跟踪一颗油滴的密立根油滴实验

天气:雨　　室温:$t = 30$℃

序号	V/V	t_g/s	$Q/\times 10^{-19}$C	n	$E/\times 10^{-19}$C	$A/\times 10^{-7}$m	$M/\times 10^{-15}$kg
1	419	20.9	3.14	2	1.57	8.70	2.69
2	420	20.3	3.27	2	1.64	—	—
3	411	20.7	3.25	2	1.62	—	—
4	409	21.0	3.18	2	1.59	—	—
5	408	20.8	3.25	2	1.63	—	—
6	414	20.9	3.18	2	1.59	8.70	2.69
7	407	21.4	3.12	2	1.56	—	—
8	407	22.2	3.16	2	1.58	—	—
9	400	21.7	3.10	2	1.55	—	—
10	391	21.5	3.22	2	1.61	—	—

(2) 实验时对不同油滴进行测量（表3-11）

表3-11 跟踪不同油滴的密立根实验

天气：雨　　　　室温：$t=28℃$

序号	V/V	t/s	$q/\times 10^{-19}$ C	n	$e/\times 10^{-19}$ C
1	233	23.7			
	219	24.7			
	223	23.8	4.77	3	1.59
	220	24.0			
	220	24.2			
2	191	11.2			
	192	11.2			
	189	11.2	18.4	12	1.53
	188	11.2			
	188	11.0			
3	335	37.1	1.59	1	1.59
	335	37.3			
	—	—	电荷丢失	电荷丢失	电荷丢失
4	285	17.0			
	283	17.2			
	284	17.2	6.37	4	1.59
	282	17.1			
	281	17.1			
5	263	15.7			
	263	15.7			
	264	15.7	7.80	5	1.56
	263	15.8			
	262	15.7			
$\bar{e}$	—	—	—	—	1.57

(3) 手动计算

平衡法依据公式为

$$q = \frac{18\pi}{\sqrt{2\rho g}} \left[\frac{\eta l}{t_g \left(1 + \frac{b}{pa}\right)} \right]^{\frac{3}{2}} \frac{d}{V}$$

式中，$a = \sqrt{\frac{9\eta l}{2\rho g t_g}}$，油的密度 $\rho = 981 \text{kg/m}^3$（20℃），重力加速度 $g = 9.79 \text{m/s}^2$，空气黏滞系数 $\eta = 1.83 \times 10^{-5}$ kg/ms，油滴匀速下降距离 $l = 1.5 \times 10^{-3}$ m，修正常数 $b = 6.17 \times 10^{-6}$（m·cmHg），大气压强 $p = 76.0$ cmHg，平行极板间距离 $d = 5.00 \times 10^{-3}$ m，时间 t_g 应为测量数次时间的平均值，实际大气压可由气压表读出。

计算出各油滴的电荷后,求它们的最大公约数,即为基本电荷 e 值,若求最大公约数有困难,可用作图法求 e 值。设实验得到 m 个油滴的带电量分别为 q_1、q_2、…、q_m,由于电荷的量子化特性,应有 $q_i = n_i e$,此为一直线方程,n 为自变量,q 为因变量,e 为斜率。因此 m 个油滴对应的数据在 n-q 坐标中将在同一条过圆点的直线上,若找到满足这一关系的直线,就可用斜率求得 e 值。

将 e 的实验值与公认值比较,求相对误差。(公认值 $e = 1.60 \times 10^{-19}$ C)

附:油的密度温度变化表

MOD—5 型 CCD 微机密立根油滴仪选用上海产中华牌 701 型钟表油,其密度随温度的变化见表 3-12。

表 3-12 上海产中华牌 701 型钟表油密度随温度的变化

T/℃	0	10	20	30	40
p/(kg/m³)	991	986	981	976	971

7. 思考题

1) 对实验结果造成影响的主要因素有哪些?
2) 如何判断油滴盒内平行极板是否水平? 不水平对实验结果有何影响?
3) CCD 成像系统观测油滴比直接从显微镜中观测有何优点?

第4章 设计性实验

4.1 自组显微镜与望远镜

1. 实验目的
1) 了解显微镜及望远镜的结构和工作原理。
2) 设计组装望远镜及显微镜。
3) 测量自组的望远镜及显微镜的放大率。
2. 实验仪器
(1) 望远镜（图4-1）

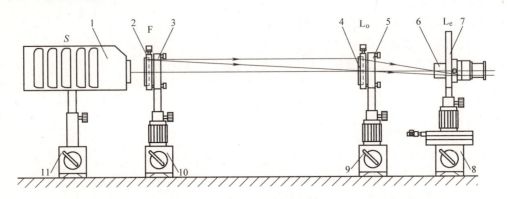

图4-1 望远镜

1—带有毛玻璃的白炽灯光源 S 2—毫米尺 F（$L=7mm$） 3—二维调整架（SZ—07） 4—物镜 L_o（$f_o=225mm$）
5—二维调整架（SZ—07） 6—测微目镜 L_e（去掉其物镜头的读数显微镜） 7—读数显微镜架（SZ—38）
8—二维底座（SZ—02） 9、10—一维底座（SZ—03） 11—通用底座（SZ—04）

(2) 显微镜（图4-2）
3. 实验原理
(1) 人眼的分辨能力和光学仪器的视觉放大率 人眼的分辨能力是描述人眼刚能区分非常靠近的两个物点的能力的物理量。人眼瞳孔的半径约为1mm，一般正常人的眼睛能分辨在明视距离（25cm）处相距为0.05~0.07mm的两点，这两点对人眼的所张的视角约为1′，称为分辨极限角。当微小物体或远处物体对人眼所张的视角小于此最小极限角时，人眼将无法分辨它们，需借助光学仪器（如放大镜、显微镜、望远镜等）来增大物体对人眼所张的视角。在用显微镜或望远镜作为助视仪器观察物体时，其作用都是将被观测物体对人眼的张角（视角）加以放大，这就是助视光学仪器的基本工作原理。在人眼前配置助视光学仪器，若同一目标，通过光学仪器和眼睛构成的光具组，在视网膜上成像长度为 l'；若把同一目的物放在助视仪器原来所成像平面上，而用肉眼直接观察，在视网膜上所成像的长度为

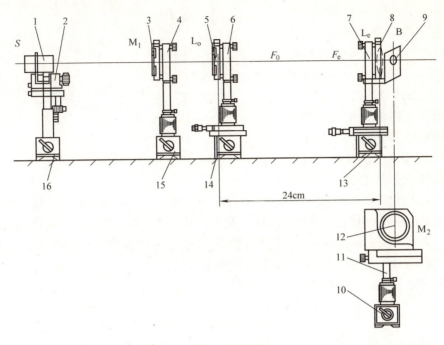

图 4-2 显微镜

1—小照明光源 S（GY—20，低亮度） 2—干版架（SZ—12） 3—微尺 M_1（1/10mm） 4—透镜架（SZ—08）
5—物镜 L_0（$f_0 = 45$mm） 6、7—二维架（SZ—07） 8—目镜 L_e（$f_e = 34$mm）
9—45°玻璃架（SZ—45） 10—升降调节座（SZ—03） 11—透镜架（SZ—08） 12—毫米尺 M_2（$l = 30$mm）
13—三维平移底座（SZ—01） 14—二维平移底座（SZ—02） 15—升降调节座（SZ—03） 16—通用底座（SZ—04）

l，则 l' 与 l 之比称为助视仪器的放大本领（视觉放大率），如图 4-3 所示。

在图 4-3 中，$\overline{AB}$ 表示在明视距离处的物，H、H' 为助视仪器的主点，θ_0 为直接观察时在明视距离处 $\overline{AB}$ 的视角，θ 为通过助视仪器所成像于明视距离处的视角，在人眼视网膜上的像长分别为 l 和 l'，则仪器的视觉放大率 M 表示为

$$M = \frac{l'}{l} = \frac{\tan\theta}{\tan\theta_0} \approx \frac{\theta}{\theta_0} \qquad (4\text{-}1)$$

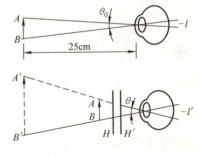

图 4-3 视觉放大率原理图

（2）望远镜及其视觉放大率 望远镜是帮助人眼观望远距离物体的仪器，也可作为测量和瞄准的工具。望远镜也是由物镜和目镜组成的，其中对着远处物体的一组叫作物镜，对着眼睛的叫作目镜，物镜焦距较长，目镜焦距较短。物镜用反射镜的，称为反射式望远镜；物镜用透镜的，称折射式望远镜。目镜是会聚透镜的，称为开普勒望远镜，目镜是发散透镜的，称为伽利略望远镜。

因被观测物体离物镜的距离远大于物镜的焦距（$u > 2f_0$），所以物体将在物镜的后焦面附近形成一个倒立的缩小实像。与原物体相比，实像靠近了眼睛很多，因而视角增大了。然后实像再经过目镜而被放大，由目镜所成的像，可以在明视距离到无限远之间的任何位置上。因此，望远镜的功能是对远处物体成视角放大的像。构建望远镜光路图如图 4-4 所示。

在图 4-4 中，F_e 为目镜的物方焦点，F'_0 为物镜的像方焦点，θ_0 为明视距离处物体对眼睛所张的视角，θ 为通过光学仪器观察时在明视距离处的成像对眼睛所张的视角。

远处物体发出的光束经物镜后被会聚于物镜的焦平面 F'_0 上，成一缩小倒立的实像 $-y'$，像的大小决定于物镜焦距及物体与物镜间的距

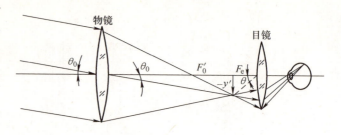

图 4-4 望远镜的基本光路图

离。当焦平面 F'_0 恰好与目镜的焦平面 F_e 重合在一起时，会在无限远处呈一放大的倒立的虚像，用眼睛通过目镜观察时，将会看到这一放大且可移动的倒立虚像。若物镜和目镜的像方焦距为正（两个都是会聚透镜），则为开普勒望远镜；若物镜的像方焦距为正（会聚透镜），目镜的像方焦距为负（发散透镜），则为伽利略望远镜。

望远镜的放大率由计算可得

$$M = \frac{\theta}{\theta_0} = \frac{y'/f'_e}{-y'/f'_0} = -\frac{f'_0}{f'_e} \tag{4-2}$$

可见，物镜的焦距 f'_0 越长、目镜的焦距 f'_e 越短，则望远镜的放大率越大。对开普勒望远镜（$f'_0 > 0$，$f'_e > 0$），放大率 M 为负值，系统成倒立的像；而对伽利略望远镜（$f'_0 > 0$，$f'_e < 0$），放大率 M 为正值，系统成正立的像。因此，在实际观察时，物体并不真正位于无穷远，像也不成在无穷远，但式（4-2）仍近似适用。

由于不同距离的物体成像在物镜焦平面附近不同的位置，而此成像又必须在目镜焦距的范围内，并且接近目镜的焦平面，因此观察不同距离的物体时，需要调整物镜和目镜之间的距离，即是改变镜筒的长度，这称为望远镜的调焦。

在光学实验中，经常用目测法来确定望远镜的视觉放大率。目测法指用一只眼睛观察物体，另一只眼睛通过望远镜观察物体的像，同时调节望远镜的目镜，使两者在同一个平面上且没有视差，此时望远镜的视觉放大率即为 $M = y_2/y_1$，其中 y_2 是在物体所处平面上被测物体的虚像的大小，y_1 是被测物体的大小，只要测出 y_2 和 y_1 的比值，即可得到望远镜的视觉放大率。

（3）显微镜及其视觉放大率

显微镜和望远镜的光学系统十分相似，都是由两个凸透镜共轴组成。其中，物镜的焦距很短，目镜的焦距较长。如图 4-5 所示，实物 PQ 经物镜 L_o 成倒立实像 P'Q' 于目镜 L_e 的物方焦点 F_e 的内侧，再经目镜 L_e 成放大的虚像 P"Q" 于人眼的明视距离处。

4. 实验内容

（1）组装望远镜

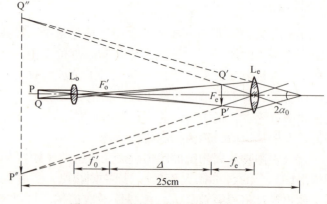

图 4-5 显微镜及其视觉放大率光路

1）按图 4-1 所示放好各元器件，调节同轴等高，固定目镜，移动物镜，向约 3m 远处的标尺调焦，使一只眼睛在目镜中间看到清晰的标尺像。

2）设定标尺红色指标间距 d_1 为 5cm，大致和组装的望远镜等高。睁开双眼，一只眼睛通过组装望远镜看标尺像，另一直眼睛直接注视标尺，经适应性练习，用视觉系统同时获得被望远镜放大的标尺像和直观的标尺如图 4-6 所示，把通过望远镜观察到的两个红色指标像投影到标尺实物上，记住上下红色指标像在实物标尺上的位置，走近标尺读出上下位置间隔 d_2。

3）求出望远镜的测量放大率 $\Gamma = \dfrac{d_2}{d_1}$，并与计算放大率 $M = \dfrac{f_0}{f_e}$ 作比较。

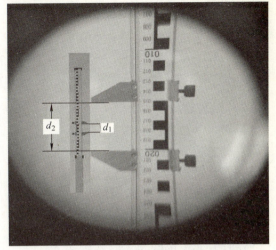

图 4-6 望远镜放大的标尺像和直观的标尺图

注：标尺放在有限距离 S 远处时，望远镜放大率 Γ' 可做如下修正：$\Gamma' = \Gamma \dfrac{S}{S+f_0}$ 当 $S > 100 f_0$ 时，修正量 $\dfrac{S}{S+f_0} \approx 1$。

（2）组装显微镜

1）参照图 4-2 布置各器件，调等高同轴。

2）将透镜 L_o 与 L_e 的间距定为 24cm（$\Delta = 24\text{cm} - f_0 - f_e$）。

3）沿米尺移动靠近光源的毛玻璃微尺 M_1，从显微镜系统中得到微尺放大像。

4）在 L_e 之后置一与光轴成 45°角的平玻璃板，距此玻璃板一定距离处放置一毫米尺 M_2（毫米尺到 45°角的平玻璃板的距离等于微尺 M_1 到 45°角的平玻璃板的距离），用白光源（图 4-2 中未画出）照亮毫米尺 M_2。

5）移动微尺 M_1，消除视差，读出未放大的 M_2 的 30 格所对应的 M_1 的格数 a。

6）显微镜的测量放大率 $M = \dfrac{30 \times 10}{a}$，显微镜的计算放大率 $M' = \dfrac{25\Delta}{f_o f_e}$。

5. 注意事项

1）根据通过凸透镜可以成虚像和实像的特性进行透镜的适当选择。

2）可选择多个透镜进行组合，并适当组合消除像差。

3）注意不要用手触摸透镜、反射镜等光学元件的光学表面。

4）在实验过程中，注意光学仪器要轻拿轻放。

6. 数据记录及处理

（1）组装望远镜

1）目镜位置读数：$L_e = $ _____ cm。

2）物镜位置读数：$L_o = $ _____ cm。

3）标尺与物镜距离：$S = $ _____ cm。

4）设定标尺卡口间距为 $d_1 = 5$cm 时，像卡口间距 $d_2 = $ _____ cm。

5) 设定标尺卡口间距为_____ cm。

6) 求出望远镜的测量放大率 $\Gamma = \dfrac{d_2}{d_1}$。

7) 计算望远镜放大率 Γ' 的修正值 $\Gamma' = \Gamma \dfrac{S}{S+f_0}$。

8) 把放大率测量值与计算放大率 $M = \dfrac{f_0}{f_e}$ 作比较，计算百分误差。

（2）组装显微镜

1) 微尺 M_1 位置 = _____ cm。

2) 凸透镜 L_o 位置 = _____ cm。

3) 凸透镜 L_e 位置 = _____ cm。

4) 毫米尺 M_2 与 L_e 的间距 = _____ cm。

5) M_2 的 30 格（30mm）对应的 M_1 的长度 a = _____ 格（0.1mm/格）。

6) 计算显微镜的测量放大率 $M = \dfrac{30 \times 10}{a}$，并与显微镜的计算放大率 $M' = \dfrac{25\Delta}{f'_o f'_e}$ 进行比较，计算百分误差。

7. 思考题

1) 可否将望远镜的目镜与物镜倒转，使望远镜变成显微镜？如果这样做会出现什么问题？

2) 将显微镜倒置使用，会出现什么现象？

3) 请问伽利略望远镜与开普勒望远镜在结构形式上有什么区别？

4) 在自准直法测焦距的实验中，当透镜从远处移近物屏时，为什么能在物屏上出现两次成像？哪一个才是透镜的自准像，如何判断它？

5) 对于在光学平台上搭建的望远镜（或显微镜），如何调节焦距以获得清晰的成像？

6) 用同一个望远镜观察不同距离的目标时，其视觉放大率是否不同？

4.2 电表的改装与校准

1. 实验目的

1) 了解磁电式电表的基本结构。

2) 掌握电表扩大量程的方法。

3) 掌握电表的校准方法。

2. 实验仪器

待改装的表头、毫安表与伏特表（作标准表用）、电阻箱、滑线变阻器、直流稳压电源等。

3. 实验原理

电流计（表头）一般只能测量很小的电流和电压，如果要用它来测量较大的电流或电压，就必须进行改装，扩大其量程。

（1）将电流计改装为安培表　电流计的指针偏转到满刻度时所需的电流 I_g 称为表头

量程。这个电流越小,表头灵敏度越高。表头线圈的电阻 R_g 称为表头内阻。表头能通过的电流很小,要将它改装成能测量大电流的电表,必须扩大它的量程,方法是在表头两端并联一分流电阻 R_S,如图4-7所示。这样就能使表头不能承受的那部分电流流经分流电阻 R_S,而表头的电流仍在原来许可的范围之内。

设表头改装后的量程为 I,由欧姆定律得

$$(I - I_g)R_S = I_g R_g$$

$$R_S = \frac{I_g R_g}{I - I_g} = \frac{R_g}{I/I_g - 1} \tag{4-3}$$

式中,I/I_g 是改装后电流表扩大量程的倍数,可用 n 表示。则有

$$R_S = \frac{R_g}{n-1}$$

可见,将表头的量程扩大 n 倍,只要在该表头上并联一个阻值为 $R_g/n-1$ 的分流电阻 R_S 即可。在电流计上并联不同阻值的分流电阻,便可制成多量程的安培表,如图4-8所示。

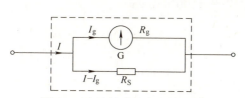

图4-7 电流计改为安培表原理

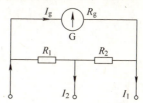

图4-8 电流计改为不同量程安培表原理

同理可得

$$\begin{cases}(I_1 - I_g)(R_1 + R_2) = I_g R_g \\ (I_2 - I_g)R_1 = I_g(R_g + R_2)\end{cases}$$

则

$$R_1 = \frac{I_g R_g I_1}{I_2(I_1 - I_g)}, \quad R_2 = \frac{I_g R_g (I_2 - I_1)}{I_2(I_1 - I_g)}$$

(2) 将电流计改装为伏特表　电流计本身能测量的电压 V_g 是很低的。为了能测量较高的电压,可在电流计上串联一个扩程电阻 R_p,如图4-9所示,这时电流计不能承受的那部分电压将降落在扩程电阻上,而电流计上仍降落原来的量值 V_g。

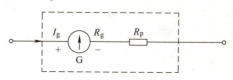

图4-9 电流计改装为伏特表原理

设电流计的量程为 I_g,内阻为 R_g,改装成伏特表的量程为 V,由欧姆定律得到

$$I_g(R_g + R_p) = V$$

$$R_p = \frac{V}{I_g} - R_g = \left(\frac{V}{V_g} - 1\right)R_g \tag{4-4}$$

式中,V/V_g 表示改装后电压表扩大量程的倍数,可用 m 表示。则有 $R_p = (m-1)R_g$。

可见,要将表头测量的电压扩大 m 倍时,只要在该表头上串联阻值为 $(m-1)R_g$ 扩程电阻 R_p 即可。在电流计上串联不同阻值的扩程电阻,便可制成多量程的电压表,如图4-10所示。同理可得

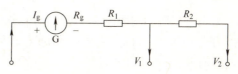

图4-10 电流计改装为不同量程伏特表原理

$$I_g(R_g + R_1) = V_1$$

$$R_1 = \frac{V_1}{R_g} - R_g$$

$$I_g(R_g + R_1 + R_2) = V_2$$

$$R_2 = \frac{V_2}{I_g} - R_g - R_1$$

（3）电表的校准　电表扩程后要经过校准方可使用。方法是将改装表与一个标准表进行比较，当两表通过相同的电流（或电压）时，若待校表的读数为 I_X，标准表的读数为 I_0，则该刻度的修正值为 $\Delta I_X = I_0 - I_X$。将该量程中的各个刻度都校准一遍，可得到一组 I_X、ΔI_X（或 V_X、ΔV_X）值，将相邻两点用直线连接，整个图形呈折线状，即得到 $I_X - \Delta I_X$（或 $V_X - \Delta V_X$）曲线，称为校准曲线，如图 4-11 所示，以后使用这个电表时，就可以根据校准曲线对各读数值进行校准，从而获得较高的准确度。根据电表改装的量程和测量值的最大绝对误差，可以计算改装表的最大相对误差，即

$$最大相对误差 = \frac{最大绝对误差}{量程} \times 100\% \leq a\%$$

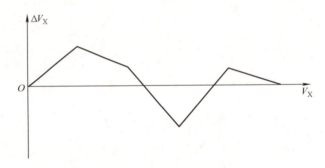

图 4-11　电表校准曲线

其中 $a = \pm 0.1$、± 0.2、± 0.5、± 1.0、± 1.5、± 2.5、± 5.0，是电表的等级，所以根据最大相对误差的大小就可以定出电表的等级。

例如，校准某电压表，其量程为 0～30V，若该表在 12V 处的误差最大，其值为 0.12V，试确定该表属于哪一级？

$$最大相对误差 = \frac{最大绝对误差}{量程} \times 100\% = \frac{0.12}{30} \times 100\% = 0.4\% < 0.5\%$$

因为 0.2 < 0.4 < 0.5，故该表的等级属于 0.5 级。

4. 实验内容

1）把 0-3V-15V 电压表（当作待改装的电流表）中的 3V 挡，改装成 0-45mA 的毫安表，并校准之。

① 原 3V 挡的内阻约为 1kΩ，所以这表头的量程为 $I_g = 3$mA 左右。根据已知的 I_g、R_g 代入公式算出 R_S。

② 按图 4-12 接线，图中 R_S 用电阻箱代替，

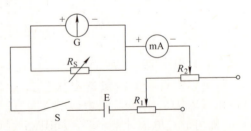

图 4-12　改装为毫安表实验操作图

电源用 4.5V，R_1、R_2 分别作为粗调、细调的滑线变阻器。

③ 合上 K，移动粗调滑线变阻器 R_1 使标准毫安表接近满度，再移动细调滑线变阻器 R_2 使之满度。检查被改装的电流表是否恰好满度。若不刚好满度就要略微改变 R_s，使其恰好满度。

④ 移动滑线变阻器 R_1、R_2，被改装电流表每退 6 小格，便记下标准毫安表示数。

⑤ 画校准曲线和定出改装后电表的等级。

2）把 0-3V-15V 电压表（当作待改装的电流表）中的 3V 挡，改装成 0-15V 的电压表，并校准之。

① 根据已知的 R_g 代入公式算出扩程电阻 R_p 的值。

② 按图 4-13 接线，图中 R_p 用电阻箱代替，电源用 18V，注意考虑滑线变阻器应选用图 4-10 中 R_1 还是 R_2。

③ 合上 S，移动滑线变阻器直到标准伏特表指示 15V 为止。检查被改装的电流表是否满度，否则要略微改变 R_p 使之恰好满度。

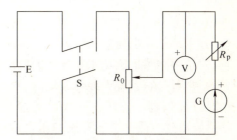

图 4-13　改装为电压表实验操作图

④ 移动滑线变阻器，被改装电表每退 6 小格，便记下标准伏特表示数。

⑤ 画校准曲线和定出改装后电表的等级。

5. 注意事项

1）试验中对电表进行校准时注意保护各仪器，避免因电流过大、电压过高而损坏仪器。

2）调节时应避免使电表指针超过量程，将滑动变阻器滑至初始位置，调节时应缓慢改变变阻器的阻值。

3）调节变阻箱时，应防止从"9"挡突变到"0"挡。

6. 数据记录及处理

（1）电流计改为电流表（表 4-1）

表 4-1　电流计改为电流表

待改装电表量程＿＿＿，内阻＿＿＿，扩大倍数＿＿＿，$R_{S理}$＿＿＿，$R_{S实}$＿＿＿。					
待改装电表格数	6.0	12.0	18.0	24.0	30.0
待改装电表示数 I_x/mA	9.0	18.0	27.0	36.0	45.0
标准表示数 I_0/mA					
$\Delta I = I_0 - I_x$/mA					

注：$R_{S理}$ 为计算值，$R_{S实}$ 为改变后的实际值，表 4-2 的 $R_{P理}$ 和 $R_{P实}$ 相同。

（2）电流计改为电压表（表 4-2）

表 4-2　电流计改为电压表

电压表扩大倍数＿＿＿，$R_{P理}$＿＿＿，$R_{P实}$＿＿＿					
改装电表格数	6.0	12.0	18.0	24.0	30.0
待改装电表示数 V_x/V	3.0	6.0	9.0	12.0	15.0
标准表示数 V_0/V					
$\Delta V = V_x - V_0$/V					

7. 思考题

1）假定表头内阻不知道，能否在改变电压的同时确定表头的内阻？

2）零点和满度校准好后，之间的各刻度仍然不准，试分析可能产生这一结果的原因。

3）在图 4-10 中用了两个滑线变阻器 R_1 和 R_2，为什么要用两个？这样做有什么好处？如 $R_1:R_2=10:1$，那么哪个电阻为粗调，哪个电阻为细调？试以实验证明之。

4.3 地磁场水平分量测量

1. 实验目的

1）了解正切电流计的原理。

2）学习测量地磁场水平分量的方法。

3）学习分析系统误差的方法。

2. 实验仪器

赫姆霍兹线圈一个、直流稳压电源一台、电阻箱一个、C31—mA 型毫安表一架、罗盘一个、换向开关、水准器等。

3. 实验原理

因地球带有巨大的磁性而在其周围形成了磁场，人们称之为地磁场。地磁的存在最简单地表现为对磁针所起的定向作用。测量地磁的方法典型有：本实验所介绍的地磁场水平分量测量及利用电子自旋共振法测地磁场的垂直分量。通常以地磁三要素（即磁偏角、磁倾角和地磁水平分量）来表征地磁场的方向和大小。地磁场的主要部分是一个磁偶极场。地磁的两极 N_m 和 S_m 接近于地球的地理两极 N 和 S，但它们并不完全重合，如图 4-14 所示。地磁轴 N_m、S_m 与地球的旋转轴 N、S 之间的夹角 θ 约为 11.5°。地磁场的强度和方向是随地点和时间变化的，一般为 10^{-5}T 量级。

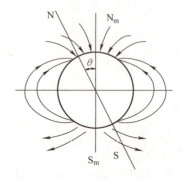

图 4-14 地磁两极与地理两极不重合

图 4-15 给出了地磁场 **B** 在直角坐标系中的取向图，o 点表示测量点，x 轴指向北，即为地理子午线（经线）的方向；y 轴指向东，即为地理纬线方向；xoy 代表地平面，z 轴垂直地平面向下。

图 4-15 中地磁场的 **B**、B_x、B_y、B_z、$B_{//}$、α、β 构成了地磁场的七要素。这里把 **B** 在地平面 xoy 的投影 $B_{//}$ 称为地磁场的水平分量，其所指的方向即子午线的方向（磁针北极所指的方向）；把 $B_{//}$ 与地理南北的夹角 β 称为磁偏角，即磁子午线与地理子午线的夹角；把 **B** 偏离地平面的角度称为磁倾角。

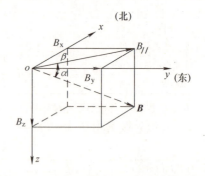

图 4-15 地磁场 **B** 在直角坐标系中的取向图

从图中可以看到，地磁的七要素不是独立的，实际上只存在3个独立要素。只要知道3个独立要素，其他剩余的4个就可计算出来。习惯上把磁偏角 β、磁倾角 α 和地磁的水平分量 $B_{//}$ 定为某一点地磁场的3个独立要素。

利用正切电流计原理可以测量地磁场的水平分量 $B_{//}$。正切电流计示意图如图 4-16a 所示，它由一个双线圈的赫姆霍兹线圈和一架罗盘组成。该赫姆霍兹线圈由一对线圈组成，两个线圈互相平行、绕线方向一致、相互串联，且共轴，两线圈的间距等于线圈半径。

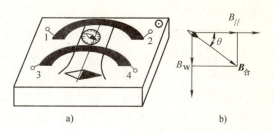

图 4-16 正切电流计示意图

这种赫姆霍兹线圈的特点是：在中心点附近较大范围内的磁场是相当均匀的，故由于空间场的不均匀性引起的误差是很小的。根据理论计算赫姆霍兹线圈公共轴线中点的磁场为

$$B_W = \frac{\mu_0 NI}{R} \frac{8}{5^{\frac{3}{2}}} = 0.716 \frac{\mu_0 NI}{R} \tag{4-5}$$

式中，N 为线圈的匝数，由实验室提供；$\overline{R}$ 为线圈的平均半径，由实验中测量得到；I 为流经线圈的电流强度；μ_0 为真空磁导率。

通电前，把罗盘放在两线圈的公共轴的中点，调节底盘高低使正切电流计处于水平面上，调节底盘方位使罗盘中磁针北极的方向即为 $B_{//}$ 的方向。现在按图 4-17 实验电路接通电源，则赫姆霍兹线圈将在公共轴方向产生磁场 B_W，由于 B_W 的附加作用，将使罗盘处的磁场按如图 4-16b 所示改变，磁针将指向 $\boldsymbol{B}_{合}$ 方向，

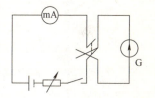

图 4-17 正切电流计电路图

从罗盘中就可读出 $\boldsymbol{B}_{合}$ 与 $B_{//}$ 的夹角 θ，由于 $\tan\theta = \frac{B_W}{B_{//}}$，所以

$$B_{//} = \frac{B_W}{\tan\theta} \tag{4-6}$$

把式（4-5）代入式（4-6），即得

$$B_{//} = 0.716 \frac{\mu_0 NI}{R\tan\theta} \tag{4-7}$$

也可把式（4-17）改写为

$$I = K\tan\theta \tag{4-8}$$

式中 $K = \frac{\overline{R}B_{//}}{0.716\mu_0 N}$。由于对同一测量地点和固定的正切电流计，$B_{//}$、$\overline{R}$ 和 N 均为不变值，所以 K 为常量。由于 I 与 $\tan\theta$ 成正比，故称之为正切电流计。根据式（4-7）和式（4-8），只要测出 θ 和 I，就能测出地磁的水平分量 $B_{//}$ 值。

4. 实验内容

1）按图 4-17 所示实验电路图连接线路，注意赫姆霍兹的两个线圈必须串联。

2）将罗盘置于赫姆霍兹线圈轴线中心，构成一台正切电流计。调节正切电流计的底座使之水平（让水准器的气泡调至正中间位置）。

3）旋转正切电流计使罗盘磁针与线圈平面平行，即让磁针的 N 极指向罗盘的"零"刻

度线。

4）选择合适的电源电压及电阻箱的阻值，接通电源，这时线圈产生的磁场将使磁针旋转，从罗盘上可读出旋转角 θ_1。为了消除罗盘磁针偏心误差，应通过换向开关使赫姆霍兹线圈的磁场反向，读出相应的旋转角 θ_2。同时又可以读出 θ_3 和 θ_4。最后偏转角为 $\theta = (\theta_1 + \theta_2 + \theta_3 + \theta_4)/4$，如图 4-18 所示。

5）在 0~8mA 范围内选取 I 值，以 1mA 为间隔，测得相应的一系列的偏转角 θ。将测得的电流 I 值与 θ 值作 $I-\tan\theta$ 图线，从中算出斜率 K 值及 $B_{//}$ 值。在处理实验数据时，也可采用最小二乘法求斜率 K 值。

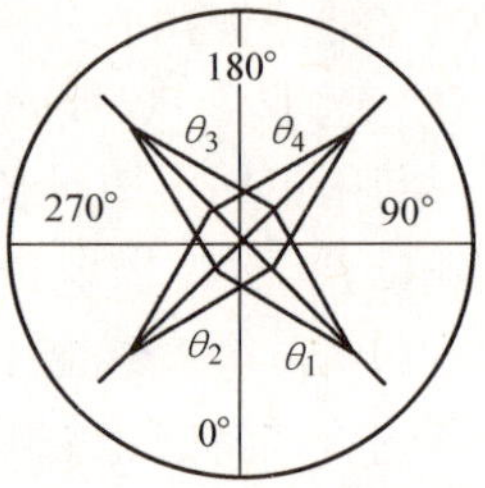

图 4-18 罗盘读数示意图

5. 注意事项

实验时将易产生磁场的仪器设备（如安培表、通电的线圈等）尽可能远离正切电流计，以免产生较大的误差。

6. 数据记录及处理（表 4-3）

表 4-3 地磁场水平分量测量

$I = 50\text{mA}$　　线圈半径 $R = 105\text{mm}$

线圈匝数		10	20	30	50	100
罗盘偏转角（°）	正					
	反					
线圈磁场/(A/m)						
大地磁场/(A/m)						

$N = 30$ 匝

电流/mA		20	40	60	80	100
罗盘偏转角（°）	正					
	反					
平均角度（°）						
$\tan\theta$						

7. 思考题

1) 地球磁场有哪些地磁要素？这些要素之间有何关系？
2) 如何利用正切电流计测量地磁的水平分量 $B_{//}$？
3) 如何正确地调节正切电流计？为什么？
4) 为什么要通过换向开关改变电流的方向？
5) 试分析实验的误差？估计误差的大小，说明减小和消除误差大小的方法。
6) 试评价利用正切电流计测量地磁水平分量的优缺点。
7) 试设计一个利用冲击电流计测量地磁场的水平分量和垂直分量的实验。

4.4 普朗克常量的测定

1. 实验目的

1) 通过实验深刻理解爱因斯坦的光电效应理论，了解光电效应的基本规律。
2) 掌握用光电管进行光电效应研究的方法。
3) 测量光电管的伏安特性曲线，验证饱和光电流和入射光通量成正比。
4) 测定普朗克常量。

2. 实验仪器

本实验采用 LB—PH3A 型光电效应（普朗克常量）实验仪。实验仪由汞灯及电源、滤色片、光阑、光电管、测试仪（含光电管和微电流放大器）构成，实验仪结构如图 4-19 所示，测试仪的调节面板如图 4-20 所示。

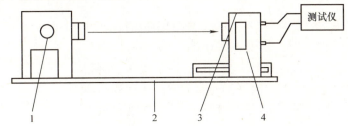

图 4-19　PE–Ⅱ型光电效应（普朗克常量）实验仪结构
1—汞灯　2—刻度尺　3—滤色片与光阑　4—光电管

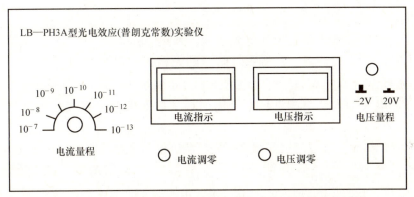

图 4-20　LB—PH3A 型光电效应（普朗克常量）实验仪面板

3. 实验原理

根据近代物理知识,光电效应的基本规律是真空式光电管的伏安特性和光照特性。如图 4-21 所示为研究光电效应实验规律和测量普朗克常量 h 的实验原理图,图中 A、K 组成抽成真空的光电管,A 为阳极,K 为阴极。当一定频率 ν 的光射到金属材料做成的阴极 K 上时,就有光电子逸出金属。若在 A、K 两端加上电压 U_{AK} 后,光电子将由 K 定向地运动到 A,在回路中形成光电流 I。

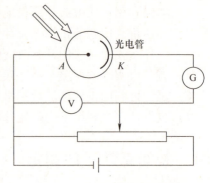

图 4-21 光电效应实验原理

1905 年,爱因斯坦提出了光量子理论,按照光量子理论和能量守恒定律,他得出了著名的光电效应方程

$$\frac{1}{2}mv^2 = h\nu - W \tag{4-9}$$

即金属中的自由电子,从入射光中吸收一个光子的能量 $h\nu$,克服了电子从金属表面逸出时所需的逸出功 W 后,逸出金属表面,具有初动能 $\frac{1}{2}mv^2$。由式(4-9)可知,要能够产生光电效应,需 $\frac{1}{2}mv^2 > 0$,即 $h\nu - W > 0$,$\nu > \frac{W}{h}$,而 $\frac{W}{h}$ 就是截止频率 ν_0。

由 $eU_0 = \frac{1}{2}mv^2 = h\nu - W$,可得

$$U_0 = \frac{h}{e}\nu - \frac{W}{e} = \frac{h}{e}\nu - \frac{h}{e}\nu_0 \tag{4-10}$$

即:以不同频率 ν 的光照射同一只光电管的阴极时,所测得的 $U_0 - \nu$ 关系为线性关系,如图 4-22 所示。实验时,测出不同频率 ν 的光入射时的遏止电压 U_0,作 $U_0 - \nu$ 曲线,可得一直线。从直线斜率 h/e 中可求出普朗克常量 h;从直线与横坐标轴的交点可求出阴极金属的截止频率 ν_0;从直线与纵坐标轴的交点 $\left(-\frac{W}{e}\right)$,可求出阴极金属的逸出电势功 W。式(4-10)中 e 为电子电量。

4. 实验内容

(1)准备工作 将测试仪及汞灯电源接通,预热 20min。

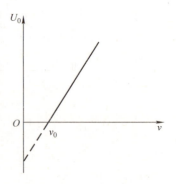

图 4-22 $U_0 - \nu$ 关系曲线

把汞灯及光电管暗箱遮光盖盖上,将汞灯暗箱的光输出口对准光电管暗箱的光输入口,调整汞灯光电管于汞灯距离约 30cm 处并保持不变。用专用连接线将光电管暗箱电压输入端与测试仪电压输出端(后面板上)连接起来(红-红,黑-黑)。

仪器在充分预热后,进行测试前调零:先将测试仪与光电管断开,在无光电流输入的情况下,将"电流量程"选择开关置于 10^{-13} 挡,旋转"电流调零"旋钮使电流指示为"0000"。

用高频匹配电缆将光电管暗箱电流输出端 K 与测试仪微电流输入端(后面板上)连接

起来。

(2) 测量光电管的伏安特性曲线 光电管暗箱的光输入口装 435.8nm 滤光片和 2mm 光阑，先将电压选择按键置于 -2V 挡，将"电流量程"选择开关置于 10^{-13} 挡，缓慢调节电压旋钮，令电压输出值缓慢由 -2V 增加到 0V，在 -2V 到 0V 之间每隔 0.2V 记一个电流值，再将电压选择按键置于 +20V 挡，将"电流量程"选择开关置于 10^{-11} 挡，在 0V 到 20V 之间每隔 2V 记一个电流值。将对应的电压、电流值记录在表 4-4 中。利用表 4-4 中的数据在坐标纸上作伏安特性曲线。

(3) 验证饱和电流与入射光通量成正比 确定汞灯与光电管之间的距离 L（记录其数值），将电压选择按键置于 +20V 挡，将"电流量程"选择开关置于 10^{-11} 挡，在光电管两端的电压 U_{AK} 为 20V 时（这时认为光电管中的电流已达到最大值，即为饱和电流 I_m），依次换上 365.0nm、404.7nm、435.8nm、546.1nm、578.0nm 的滤色片，改变光阑孔径（分别为 2mm、4mm、8mm），记录对应的饱和光电流 I_m 于表 4-5 中。

由于照到光电管上的光强与光阑面积成正比，用表 4-5 的数据验证光电管的饱和电流与入射光通量成正比。

(4) 普朗克常量的测定 测出不同频率 ν 的光入射时的遏止电压 U_0，作出 U_0-ν 关系曲线，从直线斜率 $k = \dfrac{h}{e}$ 求出普朗克常量 h。

理论上，测出在不同频率的光照射下阴极电流为零时对应的 U_{AK}，其绝对值即为该频率的遏止电压。然而实际上由于光电管的阳极反向电流、暗电流、本底电流及极间接触电位差的影响，实测电流并非阴极电流，实测电流为零时对应的 U_{AK} 也并非遏止电压。当分别用不同频率的入射光照射光电管时，实际测得光电效应的伏安特性曲线如图 4-23 所示。实测光电流曲线上的每一个点的电流为正向光电流、反向光电流、本底电流和暗电流的代数和，致使光电流的遏止电压点也从 U_0 下移到 U_0' 点。它不是光电流

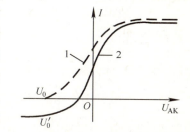

图 4-23 光电效应的伏安特性曲线
1—理想曲线 2—实测曲线

为零的点，而是光电效应的伏安特性曲线中直线部分抬头和曲线部分相接处的点，称为"抬头点"。"抬头点"所对应的电压相当于遏止电压 U_0。据此，确定遏止电压可采取以下三种方法：

1) 拐点法：以"抬头点"所对应的电压为遏止电压 U_0。

2) 交点法（零电流法）：以实测曲线与 U 轴交点（光电流为零）对应的电压 U_{AK} 为遏止电压 U_0。

3) 补偿法：此法可以补偿暗电流和杂散光产生的电流对测量结果的影响。

本实验仪器采用了新型结构的光电管，光电管的阳极反向电流、暗电流、本底电流水平很低，因此本实验采用交点法（零电流法）或补偿法。

① 交点法（零电流法）测量步骤：将电压选择按键置于 -2V 挡，将"电流量程"选择开关置于 10^{-13} 挡，将测试仪电流输入电缆断开，调零后重新接上；调到直径 4mm 的光栅及 365.0nm 的滤色片。从低到高调节电压，测量光电流为零时该波长的光所对应的 U_0，并将数据取绝对值记录在表 4-6 中。依次换上 404.7nm、435.8nm、546.1nm、578.0nm 的滤色

片，重复以上测量步骤。

② 补偿法测量步骤：将电压选择按键置于 -2V 挡，将"电流量程"选择开关置于 10^{-13} 挡，将测试仪电流输入电缆断开，调零后重新接上；调到直径 4mm 的光栅及 365.0nm 的滤色片。从低到高调节电压 U_{AK}，使电流为零后，保持 U_{AK} 不变，遮挡汞灯光源，此时测得的电流 I_1 为电压接近遏止电压时的暗电流和杂散光产生的电流。重新让汞灯照射光电管，调节电压 U_{AK} 使电流至 I_1，将此时对应的电压 U_{AK} 作为遏止电压 U_0，并将数据取绝对值记录在表 4-6 中。依次换上 404.7nm、435.8nm、546.1nm、578.0nm 的滤色片，重复以上测量步骤。

做出 $U_0 - \nu$ 直线，求出直线的斜率 k，利用 $k = \dfrac{h}{e}$，求出普朗克常量 h 及与 h 的公认值 h_0 比较，求出相对误差 $E_r = \dfrac{|h - h_0|}{h_0}$。

（公认值：$e = 1.602 \times 10^{-19}$C，$h_0 = 6.626 \times 10^{-34}$J·s）

5. 注意事项

1）实验前请先将汞灯打开，预热 20min。

2）将光电效应测试仪打开，断开"光电流输入"与"光电流输出"两端口，调节"电流调零"旋钮，使"电流指示"表显示为"0000"后，再连接所有连线。

3）电流量程倍率请置于 10^{-13} 挡。

4）在进行测量时，各表头数值请在完全稳定后记录，以减小人为读数误差。

5）光电管应保持清洁，避免用手触摸，而且应放置在遮光罩内，不用时禁止用光照射。

6）在光电管不使用的时候，要断掉施加在光电管阳极与阴极间的电压，保护光电管，防止意外的光线照射。

6. 数据记录及处理

表 4-4 测量光电管的伏安特性曲线　滤光片 $\lambda = 435.8$nm，光阑 $\phi = 2$mm

U/V	-2	-1.8	-1.6	-1.4	-1.2	-1.0	-0.8
$I/\times 10^{-11}$A							
U/V	-0.6	-0.4	-0.2	0	2	4	8
$I/\times 10^{-11}$A							
U/V	10	12	14	16	18	20	
$I/\times 10^{-11}$A							

表 4-5 验证饱和光电流与入射光通量成正比 $U_{AK} = 20$V

饱和光电流	光阑孔径	$\phi = 2$mm	$\phi = 4$mm	$\phi = 8$mm
	$I_{m(365.0)}/\times 10^{-11}$A			
	$I_{m(404.7)}/\times 10^{-11}$A			
	$I_{m(435.8)}/\times 10^{-11}$A			
	$I_{m(546.1)}/\times 10^{-11}$A			
	$I_{m(578.0)}/\times 10^{-11}$A			

表 4-6　普朗克常量的测定　光阑孔径 ϕ = 4mm

波长/nm	365.0	404.7	435.8	546.1	578.0
频率/10^{14}Hz	8.214	7.408	6.879	5.490	5.196
遏止电压 U_0/V					

7. 思考题

1）写出爱因斯坦方程，并说明它的物理意义。
2）实测光电管的伏安特性曲线与理想曲线有何不同？"抬头点"的确切含义是什么？
3）当加在光电管两极间的电压为零时，光电流却不为零，这是为什么？
4）实验结果的准确度和误差主要取决于哪几个方面？

4.5　温差电偶定标实验

1. 实验目的
1）加深对温差电现象的理解。
2）了解热电偶测温的基本原理和方法。
3）了解热电偶定标基本方法。

2. 实验仪器
铜－康铜热电偶、YJ—RZ—4A 数字智能化热学综合实验仪、保温杯、数字万用表等。

3. 实验原理

（1）温差电效应　在物理测量中，经常将非电学量如温度、时间、长度等转换为电学量进行测量，这种方法叫做非电量的电测法。其优点是不仅使测量方便、迅速，而且可提高测量精密度。温差电偶是利用温差电效应制作的测温元件，在温度测量与控制中有广泛的应用。本实验是研究一给定温差电偶的温差电动势与温度的关系。

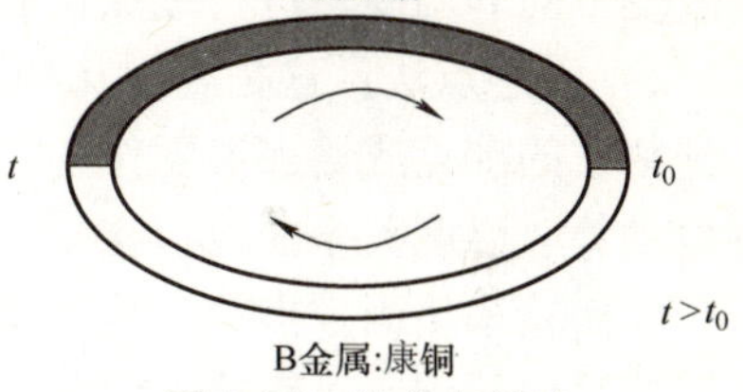

如果用 A、B 两种不同的金属构成一闭合电路，并使两接点处于不同温度，如图 4-24 所示，则电路中将产生温差电动势，并且有温差电流流过，这种现象称为温差电效应。

图 4-24　温差电效应

（2）热电偶　两种不同金属串接在一起，其两端可以和仪器相连进行测温（图 4-25）的元件称为温差电偶，也叫热电偶。温差电偶的温差电动势与二接头温度之间的关系比较复杂，但是在较小温差范围内可以近似认为温差电动势 E_t 与温度差 $(t-t_0)$ 成正比，即

$$E_t = c(t-t_0) \tag{4-11}$$

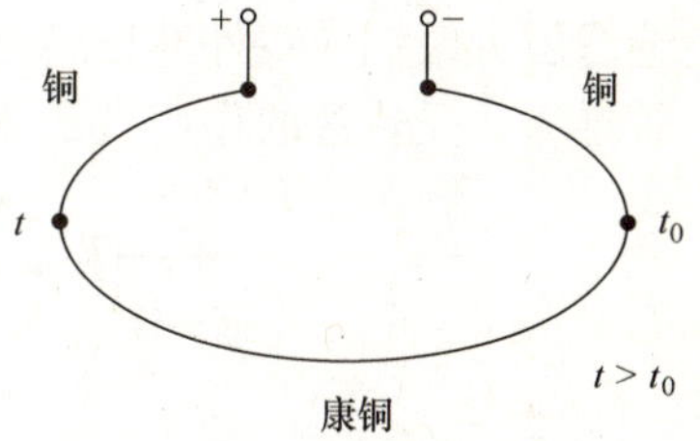

式中，t 是热端的温度；t_0 是冷端的温度；c 是温差系数（或称温差电偶常量），单位为 μV/℃，它表示二接点的温度相差 1℃时所产生的电动势，其大小取决于组成温差电偶材料的性质，即

图 4-25　热电偶示意图

$$c = (k/e)\ln(n_{0A}/n_{0B}) \tag{4-12}$$

式中，k 是玻耳兹曼常量；e 是电子电量；n_{0A} 和 n_{0B} 是两种金属单位体积内的自由电子数目。

如图 4-26 所示，温差电偶与测量仪器有两种连接方式：图 4-26a 所示为金属 B 的两端分别和金属 A 焊接，测量仪器 M 插入 A 线中间（或者插入 B 线之间）；图 4-26b 所示为 A、B 的一端焊接，另一端和测量仪器连接。

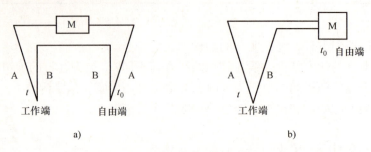

图 4-26　温差电偶与测量仪器的连接

在使用温差电偶时，总要将温差电偶接入电势差计或数字电压表，这样除了构成温差电偶的两种金属外，必将有第三种金属接入温差电偶电路中，理论上可以证明，在 A、B 两种金属之间插入任何一种金属 C，只要维持它和 A、B 的连接点在同一个温度，这个闭合电路中的温差电动势总是和只由 A、B 两种金属组成的温差电偶中的温差电动势一样。

温差电偶的测温范围可以从 4.2K（-268.95℃）的深低温直至 2800℃ 的高温。必须注意，不同的温差电偶所能测量的温度范围各不相同。

（3）热电偶的定标　热电偶定标的方法有以下两种：

1）比较法：即用被校热电偶与一标准组分的热电偶去测同一温度，测得一组数据，其中被校热电偶测得的热电势即由标准热电偶所测的热电势所校准，在被校热电偶的使用范围内改变不同的温度，进行逐点校准，就可得到被校热电偶的一条校准曲线。

2）固定点法：这是利用几种合适的纯物质在一定气压下（一般是标准大气压），将这些纯物质的沸点或熔点温度作为已知温度，测出热电偶在这些温度下对应的电动势，从而得到电动势 - 温度关系曲线，这就是所求的校准曲线。

本实验采用固定点法，且连接方法参照图 4-26a 所示对热电偶进行定标。

实验中的铜 - 康铜热电偶分为了 "热电偶热端" 和 "热点偶冷端" 两部分，它们都是由受热管和两股材料分别为铜和康铜的导线组成，如图 4-27 所示，其中，铜导线外部是红色绝缘层，康铜导线外部是黑色绝缘层，且两股导线在受热管中焊接在一起，但和外部的受热管绝缘，受热管的作用只是让其内部的两导线焊接端良好受热。

图 4-27　热电偶定标实验操作图

连接热电偶时，将 "热电偶热端" 和 "热电偶冷端" 的 "红" 接 "红"，"黑" 接 "黑"，以保证形成热电偶，为了测出电压，可将数字万用表接在它们的 "红" 与 "红" 之间，或 "黑" 与 "黑" 之间，把冷端浸入冰水共存的保温杯中，热端插入加热盘的恒温腔中，如图 4-28 所示为其中一种连接方法。

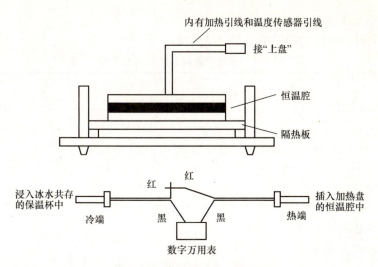

图 4-28 热电偶定标实验连接方法

定标时，加热盘可恒温在 50~120℃ 之间。用数字万用表测定出对应点的温差电动势。以电动势 ε 为纵轴，以热端温度 t 为横轴，标出以上各点，连成直线，如图 4-29 所示，即为热电偶的定标曲线。有了定标曲线，就可以利用该热电偶测温度了。这时，仍将冷端保持在原来的温度（$t_0 = 0℃$），将热端插入待测物中，测出此时的温差电动势，再由 $\varepsilon - t$ 图线，查出待测温度。

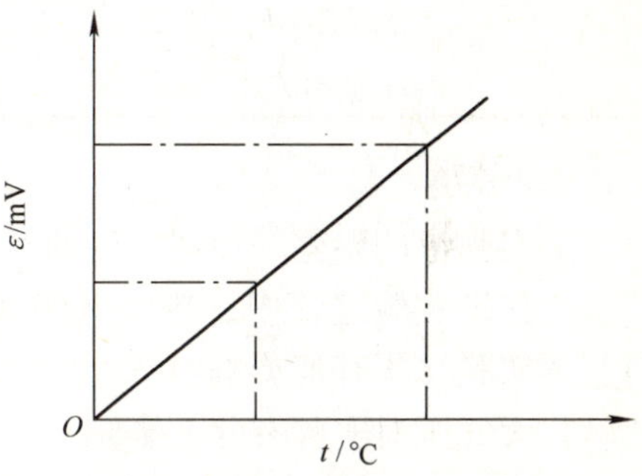

4. 实验内容与步骤

图 4-29 热电偶的定标曲线

(1) 测温差电动势　连接好实验装置，将"热电偶热端"置于恒温腔中，将"热电偶冷端"置于保温杯的冰水混合物中，将"温度选择"开关置于"设定温度"，调节"设定温度初选"和"设定温度细选"，选择加热盘所需的温度（如 50℃），按下"加热开关"开始加热，待加热盘温度稳定时，温度可能达不到设定值，可适当调节"设定温度细选"使其温度达到所需的温度（如 50.0℃），这时给其设定的温度要高于所需的温度，读出数字万用表中此时的温差电动势。

(2) 热电偶定标　如步骤 1，调节加热盘的温度，使其每次递增 10℃（如依次达到 60℃、70℃、80℃、90℃、100℃），热电偶冷端不变，测量不同温度下的温差电动势，做出热电偶的 $\varepsilon - t$ 定标曲线。

(3) 利用热电偶测温验证 $\varepsilon - t$ 定标曲线　使恒温腔的温度达到某一值（如 75℃），将冷端置于保温杯中，热端插入恒温腔中，测出此时的温差电动势，由 $\varepsilon - t$ 定标曲线查出对应的温度值，与恒温腔的实际温度值进行比较，分析误差。

5. 注意事项

1）加热罐通电升温时，为使整个装置升温均匀，应不断上下搅拌加热罐中的搅拌器。

2）为减小测量误差，数字电压表应尽可能调到灵敏度最高的挡位。

3）为便于作图，每次温差的测量点宜取在 5°或 10°的整数倍位置。

6. 数据记录及处理

（1）测量出对应温度的温差电动势（表4-7）。

表4-7 测量对应温度的温差电动势

$t/℃$	ε/mV
$t_0 =$	$\varepsilon_0 =$
$t_1 = t_0 + 10℃ =$	$\varepsilon_1 =$
$t_2 = t_0 + 20℃ =$	$\varepsilon_2 =$
$t_3 = t_0 + 30℃ =$	$\varepsilon_3 =$
$t_4 = t_0 + 30℃ =$	$\varepsilon_4 =$
$t_5 = t_0 + 50℃ =$	$\varepsilon_5 =$

（2）作出热电偶的 $\varepsilon - t$ 定标曲线。

（3）验证 $\varepsilon - t$ 定标曲线（表4-8）。

表4-8 验证热电偶定标曲线

恒温腔的实际温度/℃	
测出的温差电动势/mV	
由曲线查出的对应温度/℃	

7. 思考题

1）实验中的误差是如何产生的？

2）如果实验过程中，热电偶的冷端不在冰水混合物中，而是暴露在空气中（即室温下），对实验结果有何影响？

3）大气压对实验有什么影响？

4.6 物质旋光现象的观察和分析

1. 实验目的

1）观察光的偏振现象和偏振光通过旋光物质后的旋光现象。

2）了解旋光仪的结构原理，学习测定旋光性溶液的旋光率和浓度的方法。

3）进一步熟悉用图解法处理数据。

2. 实验仪器

旋光仪一台、量糖计一只、已知浓度的糖溶液、待测浓度的糖溶液。旋光仪的光学系统如图4-30所示。

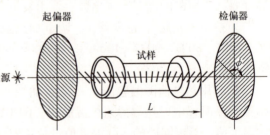

图4-30 旋光仪的光学系统

3. 实验原理

（1）偏振光的基本概念 根据麦克斯韦的电磁场理论，光是一种电磁波。光的传播就是电场强度 E 和磁场强度 H 以横波的形式传播的过程。而 E 与 H 互相垂直，也都垂直于光的传播方向，因此光波是一种横波。由于引起视觉和光化学反应的是 E，所以 E 矢量又称为光矢量，把 E 的振动称为光振动，E 与光波传播方向之间组成的平面叫振动面。

光在传播过程中，光振动始终在某一确定方向的光称为线偏振光，简称偏振光，如图 4-31a 所示，普通光源发射的光是由大量原子或分子辐射而产生，单个原子或分子辐射的光是偏振的，但由于热运动和辐射的随机性，大量原子或分子所发射的光的光矢量出现在各个方向的概率是相同的，没有哪个方向的光振动占优势，这种光源发射的光不显现偏振的性质，称为自然光，如图 4-31b 所示。还有一种光线，光矢量在某个特定方向上出现的概率比较大，也就是光振动在某一方向上较强，这样的光称为部分偏振光，如图 4-31c 所示。

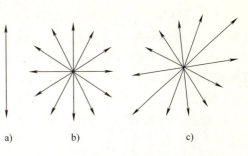

图 4-31 光线从纸面内垂直射出时，偏振光、自然光和部分偏振光光振动分布
a) 偏振光 b) 自然光 c) 部分偏振光

(2) 旋光现象　偏振光通过某些晶体或某些物质的溶液以后，偏振光的振动面将旋转一定的角度，这种现象称为旋光现象。如图 4-32 所示，角 α 称为旋光角，它与偏振光通过溶液的长度 L 和溶液中旋光性物质的浓度 C 成正比，即

$$\alpha = \alpha_m LC \tag{4-13}$$

式中，α_m 称为该物质的旋光率。如果 L 的单位用 dm，浓度 C 定义为在 $1cm^3$ 溶液内溶质的克数，单位用 g/cm^3，那么旋光率 α_m 的单位为 $(°)cm^3/(dm \cdot g)$。

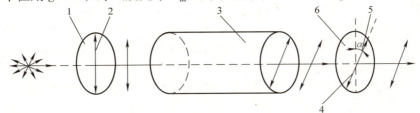

图 4-32 旋光现象示意
1—起偏器　2—起偏器偏振化方向　3—旋光物质　4—检偏器偏振化方向　5—旋光角　6—检偏器

实验表明，同一旋光物质对不同波长的光有不同的旋光率。因此，通常采用钠黄光（589.3nm）来测定旋光率。旋光率还与旋光物质的温度有关，如对于蔗糖水溶液，在室温条件下温度每升高（或降低）1℃，其旋光率约减小（或增加）$0.024°cm^3/(dm \cdot g)$。因此对于所测的旋光率，必须说明测量时的温度。旋光率还有正负，这是因为迎着射来的光线看去，如果旋光现象使振动面向右（顺时针方向）旋转，这种溶液称为右旋溶液，如葡萄糖、麦芽糖、蔗糖的水溶液，它们的旋光率用正值表示。反之，如果振动面向左（逆时针方向）旋转，这种溶液称为左旋溶液，如转化糖、果糖的水溶液，它们的旋光率用负值表示。严格来讲旋光率还与溶液浓度有关，在要求不高的情况下，此项影响可以忽略。

若已知待测旋光性溶液的浓度 C 和液柱的长度 L，测出旋光角 α，就可以由式（4-13）算出旋光率 α_m，也可以在液柱长 L 不变的条件下，依次改变浓度 C，测出相应的旋光角，然后画出 α 与 C 的关系图线（称为旋光曲线），它基本是条直线，直线的斜率为 $\alpha_m L$，由直线的斜率也可求出旋光率 α_m。反之，在已知某种溶液的旋光曲线时，只要测量出溶液的旋光角，就可以从旋光曲线上查出对应的浓度。

(3) **仪器原理** 当偏振光通过某些透明物质时，光矢量 E 的振动面会绕着光前进的方向旋转，这种现象称为"物质的旋光性"。具有旋光性的物质叫作旋光物质（如某些果汁、糖溶液、石油及一些有机化合物的溶液）。当观察者迎着光线看时，振动面沿着顺时针方向旋转的物质称为"右旋"（或正旋）物质；振动面沿着逆时针方向旋转的物质称为"左旋"（或负旋）物质。

实验的仪器原理如图 4-33 所示。光线从光源 1 投射到聚光镜 2、滤色镜 3、起偏镜 4 后变成平面直线偏振光，再经半波片 5 分解成寻常光与非常光后，视场中出现了三分视界，旋光物质盛入试管 6 放入镜筒测定，由于溶液具有旋光性，故把平面偏振光旋转了一个角度，通过检偏镜 7 起分析作用，从目镜 9 中观察，就能看到中间亮（或暗），左右暗（或亮）的照度不等三分视场，如图 4-34a、b 所示，转动分度盘手轮 12 带动度盘 11，检偏镜 7 觅得视场照度（暗视场）相一致，如图 4-34c 所示时为止，然后从放大镜中读出分度盘旋转的角度，如图 4-35 所示。

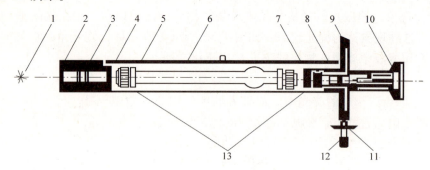

图 4-33 旋光仪的结构

1—光源 2—聚光镜 3—滤色镜 4—起偏镜 5—石英光阑（半波片） 6—试管 7—检偏镜
8—物镜 9—目镜 10—放大镜 11—分度盘 12—分度盘手轮 13—保护片

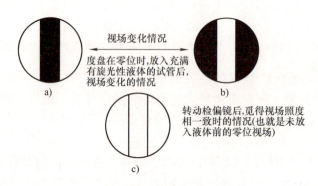

图 4-34 两分视场和三分视场

旋光仪的外形如图 4-33 所示，为便于操作，将光系统倾斜 20°安装在基座上，如图 4-34 所示。

(4) **仪器描述**

1) 反光镜使自然光向仪器内集中照射，毛玻璃使亮度均匀，透镜使照射光变为平行光，滤波片使平行光变为单色平行光，通过起偏镜的光就变成单色偏振光。

2) 石英片制成的光阑（也叫半玻片），有两分视场和三分视场两种，如图 4-34 所示。

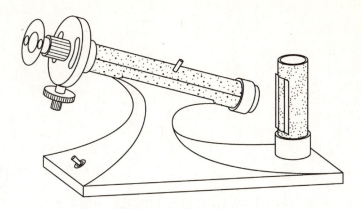

图 4-35 旋光仪的外形

3）石英本身也是旋光物质，当偏振光束经过石英光阑前，光束中两部分光矢量振动面方向是一致的，即两部分的光矢量 E_1 与 E_2 平行；经过石英光阑后，光束中经过石英片的那部分光线的光矢量 E_2 的振动面旋转了一个角度，但光束中经过空气的那部分光线的光矢量 E_1 的振动面不旋转，即 E_1 的方向保持不变，如图 4-36 所示。

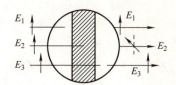

图 4-36 两分视场和三分视场原理

4）光束经过石英光阑后，光束中两部分光线的光矢量 E_1 与 E_2 已不再同向，所以它们的振动面已不再同向，但是当光束进入旋光性溶液后，在同一种旋光性溶液中，E_1 和 E_2 的振动面都要发生旋转，同时转过了相同的旋光角 α。

α 的大小通过检偏镜转动的刻度数测得，检偏镜及分度盘和望远镜牢固连接，同时转动。目镜可伸缩调焦，使像清晰。

4. 实验内容

(1) 调试仪器

1）旋光仪接于 220V 交流电源，启动电源开关 3~5min 后，光源发光正常，可开始工作。

2）调焦，使视场中能清楚地看到三分视场（或两分视场）。因为旋光仪中放入溶液之前，经过石英光阑后的偏振光束中已包含两种不同方向的光矢量 E_1 和 E_2，它们在检偏镜（偏转化方向）AA' 上的投影不相等（照度不同），所以视场中呈现明暗不等的三分视场（或两分视场）。只要把检偏镜（偏振化方向）由 AA' 转到 E_1 与 E_2 夹角的角平分线方向 CC' 位置，这时 E_1 及 E_2 在检镜片上的投影就相等，望远镜中就可看到一照度均匀的视场，叫零视场（或标准相）；当然检偏镜也可从 AA'，转到角平分线 CC' 的垂直线 BB' 方向，E_1 与 E_2 在 BB' 上的投影也相等，望远镜中也能观察到照度均匀的视场，也是零视场（标准相）。如图 4-37 所示，实验证明：检偏镜在 CC' 位置时的标准相，视场亮度较强，人眼不能久看；检偏镜在 BB' 位置时的标准相，视场亮度较弱，人眼能够久看，且对视场亮度变化很敏感。所以在测量时，一般采用"弱标准相"的位置。

(2) 测量步骤 偏振光通过溶液后，振动面的转角如图 4-38 所示。

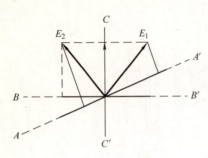 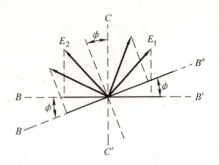

图 4-37 视场亮度　　　　　　图 4-38 振动面的转角

1) 放入溶液前，先调整检偏片到 BB' 位置（观察视场中第一次呈现"弱标准相"时即为 BB' 位置）记下这时分度盘上初读数 α_0。

2) 把浓度为 C_1 的糖溶液玻璃管放入旋光仪的镜筒槽中，由于偏振光经过溶液后，E_1 及 E_2 都转过了相同的角度，破坏了视场中原来的弱标准相。这时，再次旋转检偏镜，从原来的 BB' 位置转到 BB'' 位置时，第二次又出现原来的"弱标准相"，记下这时分度盘上的读数为末读数 α_1，则偏振光通过浓度为 C_1 的溶液后，由式（4-12）得振动面转过的角度

$$\alpha_m = \frac{\alpha_1 - \alpha_0}{C_1 L} \tag{4-14}$$

3) 重复步骤 2)，两次测得振动面相应的转角分别为 α_{m2} 及 α_{m3}，得糖溶液旋光系数的平均值 $\overline{\alpha}_m = \frac{\alpha_{m1} + \alpha_{m2} + \alpha_{m3}}{3}$。

4) 换上待测浓度 C 的糖溶液，找出两次对应的"弱"标准相，测出对应的旋光角，将步骤 3) 中求得的旋光系数作为已知，由式（4-12）求待测溶液的浓度。

5) 由量糖计直接读出浓度 C，分析比较上述三种方法测出的 C 值，哪一种更为精确。

5. 注意事项

1) 盛液管要洗净，凡更换不同浓度的溶液时，先用蒸馏水洗净、甩干。

2) 溶液必须装满试管，不能留有气泡，万一有气泡，必须赶到气泡井里，放置时有井一端向上。

3) 仪器接通电源后，连续工作时间不宜超过 4h，若使用时间较长应关熄 15min 以后再继续使用。

4) 读数盘上的读数为正时是右旋（正旋）物质，读数为负时是左旋（负旋）物质。如果分度盘上游标读数窗的读数值 $A = B$，且分度盘转到任意位置都是如此，表明仪器没有偏心差，读数时亦可采用双游标读数法：$\alpha = (A + B)/2$。

6. 数据记录及处理（表 4-9）

表 4-9 糖溶液旋光系数

溶液浓度（%）	溶液长度 L/dm	零视场（标准相）		旋光角 α（°）	旋光系数 $\alpha_m/[(°)/dm]$	
		初读数 α_0（°）	末读数 α_1（°）	$\alpha_1 - \alpha_0$	各次	平均
C						

待测溶液的浓度 $\overline{C} = \dfrac{\overline{\alpha}}{\alpha_m L}$。

7. 思考题

1）通过观察，实验中所使用的糖溶液是左旋物质还是右旋物质？
2）说明用半荫法测定旋光角比只用起偏镜和检偏镜测旋光角更准确？
3）同一种物质的旋光系数与波长有光，在实验中若使用白光光源，能看到消光现象吗？

4.7 劈尖干涉法测微小直径

1. 实验目的
1）通过实验加深对等厚干涉现象的理解。
2）掌握用劈尖干涉法测微小直径的方法。
3）通过实验熟悉测量显微镜的使用方法。

2. 实验仪器

测量显微镜、钠光灯、劈尖装置和待测细丝。

3. 实验原理

当一束单色光入射到透明薄膜上时，通过薄膜上下表面依次反射而产生两束相干光。如果这两束反射光相遇时的光程差仅取决于薄膜厚度，则同一级干涉条纹对应的薄膜厚度相等，这就是所谓的等厚干涉。本实验研究劈尖所产生的等厚干涉。

（1）等厚干涉　如图4-39所示，玻璃板A和玻璃板B二者叠放起来，中间加有一层空气（即形成了空气劈尖）。设光线1垂直入射到厚度为 d 的空气薄膜上。入射光线在A板下表面和B板上表面分别产生反射光线2和2′，二者在A板上方相遇，由于两束光线都是由光线1分出来的（分振幅法），故频率相同、相位差恒定（与该处空气厚度 d 有关）、振动方向相同，因而会产生干涉。现在考虑光线2和2′的光程差与空气薄膜厚度的关系。显然光线2′比光线2多传播了一段距离 $2d$。此外，由于反射光线2′是由光疏媒质（玻璃）向光疏媒质（空气）反射，会产生半波损失。故总的光程差还应加上半个波长 $\lambda/2$，即 $\Delta = 2d + \lambda/2$。

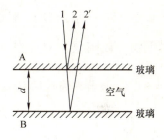

图4-39　等厚干涉的形成

根据干涉条件，当光程差为波长的整数倍时相互加强，出现亮纹；为半波长的奇数倍时互相减弱，出现暗纹。

因此有

$$\Delta = 2d + \dfrac{\lambda}{2} = \begin{cases} 2K\dfrac{\lambda}{2} & K=1,2,3,\cdots \text{亮纹} \\ (2K+1)\dfrac{\lambda}{2} & K=1,2,3,\cdots \text{暗纹} \end{cases}$$

光程差 Δ 取决于产生反射光的薄膜厚度。同一条干涉条纹所对应的空气厚度相同，故称为等厚干涉。

(2) 劈尖干涉　在劈尖架上两个光学平玻璃板中间的一端插入一薄片（或细丝），则在两玻璃板间形成一空气劈尖。当一束平行单色光垂直照射时，则被劈尖薄膜上下两表面反射的两束光进行相干叠加，形成干涉条纹。其光程差为

$$\Delta = 2d + \frac{\lambda}{2} \quad (d \text{ 为空气隙的厚度})$$

产生的干涉条纹是一簇与两玻璃板交接线平行且间隔相等的平行条纹，如图 4-40b 所示。同样根据牛顿环的明暗纹条件有

$$\Delta = 2d + \frac{\lambda}{2} = (2m+1)\frac{\lambda}{2}, \quad m = 1,2,3,\cdots \text{ 时，为干涉暗纹。}$$

$$\Delta = 2d + \frac{\lambda}{2} = 2m\frac{\lambda}{2}, \quad m = 1,2,3,\cdots \text{ 时，为干涉明纹。}$$

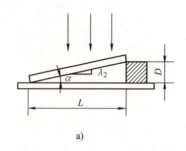
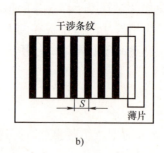

图 4-40　劈尖干涉

显然，同一明纹或同一暗纹都对应相同厚度的空气层，因而是等厚干涉。同样易得，两相邻明纹（或暗纹）对应空气层厚度差都等于 $\frac{\lambda}{2}$；则第 m 级暗纹对应的空气层厚度为：$D_m = m\frac{\lambda}{2}$，假若夹薄片后劈尖正好呈现 N 级暗纹，则薄层厚度为

$$D = N\frac{\lambda}{2} \tag{4-15}$$

用 α 表示劈尖形空气间隙的夹角，s 表示相邻两暗纹间的距离，L 表示劈间的长度，则有

$$\alpha \approx \tan\alpha = \frac{\lambda}{2s} = \frac{D}{L}$$

则薄片厚度为

$$D = \frac{L}{s}\frac{\lambda}{2} \tag{4-16}$$

由式 (4-16) 可见，如果求出空气劈尖上总的暗条纹数，或测出劈尖的 L 和相邻暗纹间的距离 s，都可以由已知光源的波长 λ 测定薄片厚度（或细丝直径）D。

4. 实验内容

用劈尖干涉法测微小直径

1) 将被测细丝（或薄片）夹在两块平玻璃之间，然后置于显微镜载物台上。用显微镜观察、描绘劈尖干涉的图像。改变细丝在平玻璃板间的位置，观察干涉条纹的变化。

2）由式（4-15）可见，当波长已知时，在显微镜中数出干涉条纹数 m，即可得相应的薄片厚度。一般说 m 值较大，为避免记数 m 出现差错，可先测出某长度 L_X 间的干涉条纹数 X，得出单位长度内的干涉条纹数 $n = X/L_X$。若细丝与劈尖棱边的距离为 L，则共出现的干涉条纹数 $m = nL$。代入式（4-16）可得到薄片的厚度 $D = nL\lambda/2$。

5. 注意事项

1）根据衍射原理，所选择的测量对象的直径不可过大。

2）选择细锐的暗条纹进行测量。

3）用读数显微镜测量时，要尽量避免螺纹间隙空程差的影响。

6. 数据记录及处理（表4-10）

表 4-10 劈尖干涉法测微小直径

X	10	20	30	40	50	60	70	80	90	100
L_X 读数/mm										
L 读数/mm										
D 厚度/mm										

7. 思考题

1）何谓等厚干涉？如何应用光的等厚干涉测量平凸透镜的曲率半径和细金属丝直径？

2）在使用读数显微镜时，怎样判断是否消除了视差？使用时最主要的注意事项是什么？

3）如何用劈尖干涉检验光学平面的表面质量？

4.8 磁滞回线和磁化曲线的测量

1. 实验目的

1）掌握磁滞、磁滞回线和磁化曲线的概念，加深对铁磁材料的主要物理量：矫顽力、剩磁和磁导率的理解。

2）学会用示波法测绘基本磁化曲线和磁滞回线。

3）根据磁滞回线确定磁性材料的饱和磁感应强度 B_S、剩磁 B_r 和矫顽力 H_C 的数值。

4）研究不同频率下动态磁滞回线的区别，并确定某一频率下的磁感应强度 B_S、剩磁 B_r 和矫顽力 H_C 数值。

5）改变不同的磁性材料，比较磁滞回线形状的变化。

2. 实验仪器

环状铁氧体（红色胶带作绝缘层）、环状硅钢带样品（黑色胶带作绝缘层）、FB310型动态磁滞回线实验仪、示波器。

3. 实验原理

（1）磁化曲线　如果在由电流产生的磁场中放入铁磁物质，则磁场将明显增强，此时铁磁物质中的磁感应强度比单纯由电流产生的磁感应强度增大百倍，甚至在千倍以上。铁磁物质内部的磁场强度 H 与磁感应强度 B 有如下的关系

$$B = \mu H$$

对于铁磁物质而言，磁导率 μ 并非常数，而是随 H 的变化而改变的物理量，即 $\mu = f(H)$，为非线性函数。所以如图 4-41 所示，B 与 H 也是非线性关系。

铁磁材料的磁化过程为：其未被磁化时的状态称为去磁状态，这时若在铁磁材料上加一个由小到大的磁化场，则铁磁材料内部的磁场强度 H 与磁感应强度 B 也随之变大，其 B – H 变化曲线如图 4-41 所示。但当 H 增加到一定值（H_S）后，B 几乎不再随 H 的增加而增加，说明磁化已达饱和，从未磁化到饱和磁化的这段磁化曲线称为材料的起始磁化曲线。如图 4-41 中的 OS 段曲线所示。

（2）磁滞回线 当铁磁材料的磁化达到饱和之后，如果将磁化场减少，则铁磁材料内部的 B 和 H 也随之减少，但其减少的过程并不沿着磁化时的 Os 段退回。从图 4-42 可知当磁化场撤消，$H = 0$ 时，磁感应强度仍然保持一定数值 $B = B_r$，称为剩磁（剩余磁感应强度）。

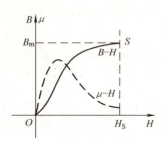

图 4-41 起始磁化曲线与 μ – H 曲线

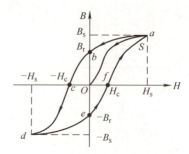

图 4-42 起始磁化曲线与磁滞回线

若要使被磁化的铁磁材料的磁感应强度 B 减少到 0，必须加上一个反向磁场并逐步增大。当铁磁材料内部反向磁场强度增加到 $H = H_c$ 时（图 4-42 上的 c 点），磁感应强度 B 才是 0，达到退磁。图 4-42 中的 bc 段曲线为退磁曲线，H_c 为矫顽磁力。如图 4-42 所示，当 H 按 $O \rightarrow H_s \rightarrow O \rightarrow -H_c \rightarrow -H_s \rightarrow O \rightarrow H_c \rightarrow H_s$ 的顺序变化时，B 相应沿 $O \rightarrow B_s \rightarrow B_r \rightarrow O \rightarrow -B_s \rightarrow -B_r \rightarrow O \rightarrow B_s$ 顺序变化。图中的 Oa 段曲线称起始磁化曲线，所形成的封闭曲线 $abcdefa$ 称为磁滞回线。bc 曲线段称为退磁曲线。由图 4-42 可知：

1）当 $H = 0$ 时，$B \neq 0$，这说明铁磁材料还残留一定值的磁感应强度 B_r，通常称 B_r 为铁磁物质的剩余磁感应强度（剩磁）。

2）若要使铁磁物质完全退磁，即 $B = 0$，必须加一个反方向磁场 H_c。这个反向磁场强度 H_c，称为该铁磁材料的矫顽磁力。

3）B 的变化始终落后于 H 的变化，这种现象称为磁滞现象。

4）H 上升与下降到同一数值时，铁磁材料内的 B 值并不相同，退磁化过程与铁磁材料过去的磁化经历有关。

5）当从初始状态 $H = 0$，$B = 0$ 开始周期性地改变磁场强度的幅值时，在磁场由弱到强地单调增加过程中，可以得到面积由大到小的一簇磁滞回线，如图 4-43 所示。其中最大面积的磁滞回线称为极限磁滞回线。

6）由于铁磁材料磁化过程具有不可逆性及具有剩磁的特点，在测定磁化曲线和磁滞回线时，首先必须将铁磁材料预先退磁，以保证外加磁场 $H = 0$，$B = 0$；其次，磁化电流在实验过程中只允许单调增加或减少，不能时增时减。在理论上，要消除剩磁 B_r，只需通一反向磁化电流，使外加磁场正好等于铁磁材料的矫顽磁力即可。实际上，矫顽磁力的大小通常并不知道，因而无法确定退磁电流的大小。从磁滞回线得到启示，如果使铁磁材料磁化达到磁饱和，然后不断改变磁化电流的方向，与此同时逐渐减少磁化电流，直到零，则该材料的磁化过程中就是一连串逐渐缩小而最终趋于原点的环状曲线，如图4-44所示。当H减小到零时，B亦同时降为零，达到完全退磁。

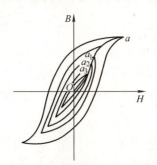

图4-43　铁磁性材料的基本磁化曲线

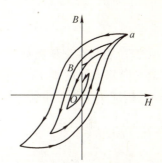

图4-44　完全退磁

实验表明，经过多次反复磁化后，$B-H$的量值关系形成一个稳定的闭合的"磁滞回线"。通常以这条曲线来表示该材料的磁化性质。这种反复磁化的过程称为"磁锻炼"。本实验使用交变电流，所以每个状态都是经过充分的"磁锻炼"，随时可以获得磁滞回线。

把图4-43中原点O和各个磁滞回线的顶点a_1，a_2，$\cdots$，a_n所连成的曲线，称为铁磁性材料的基本磁化曲线。不同的铁磁材料其基本磁化曲线是不相同的。为了使样品的磁特性可以重复出现，也就是指所测得的基本磁化曲线都是由原始状态（$H=0$，$B=0$）开始，在测量前必须进行退磁，以消除样品中的剩余磁性。

在测量基本磁化曲线时，每个磁化状态都要经过充分的"磁锻炼"。否则，得到的$B-H$曲线即为此前介绍的起始磁化曲线，两者不可混淆。

（3）示波器显示$B-H$曲线的原理线路　示波器测量$B-H$曲线的实验线路如图4-45所示。本实验研究的铁磁物质是一个环状试样（图4-46）。在式样上绕有励磁线圈N_1匝和测量线圈N_2匝。若在线圈N_1中通过磁化电流I_1时，此电流在式样内产生磁场，根据安培环路定律$HL=N_1L_1$，磁场强度的大小为

$$H = \frac{N_1 L_1}{L} \tag{4-17}$$

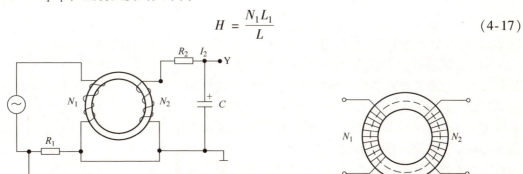

图4-45　示波器测量$B-H$曲线的实验电路　　图4-46　铁磁物质环状试样

其中L为环状式样的平均磁路长度（在图4-46中用虚线表示）。设磁环内直径为D_1，外

直径为 D_2，则 $L = \pi \dfrac{LR_2}{N_1}$。

由图 4-46 可知示波器 X 轴偏转板输入电压为

$$U_X = I_1 R_1 \tag{4-18}$$

由式（4-17）和式（4-18）得

$$U_X = \dfrac{LR_2}{N_1} H \tag{4-19}$$

式（4-19）表明在交变磁场下，任一时刻电子束在 X 轴的偏转正比于磁场强度 H。

为了测量磁感应强度 B，在次级线圈 N_2 上串联一个电阻 R_2 与电容 C 构成一个回路，同时 R_2 与 C 又构成一个积分电路。取电容 C 两端电压 U_C 至示波器 Y 轴输入，若适当选择 R_2 和 C 使 $R_2 \gg \dfrac{1}{\omega C}$，则

$$I_2 = \dfrac{E_2}{\left[R_2^2 + \left(\dfrac{1}{\omega C}\right)^2\right]^{\frac{1}{2}}} \approx \dfrac{E_2}{R_2}$$

式中，ω 是电源的角频率；E_2 是次级线圈的感应电动势。

因交变的磁场 H 的样品中产生交变的磁感应强度 B，则

$$E_2 = N_2 \dfrac{dQ}{dt} = N_2 S \dfrac{dB}{dt}$$

式中 $S = \dfrac{(D_1 + D_2)}{2} h$ 为环试样的截面积，设磁环厚度为 h，则

$$U_Y = U_C = \dfrac{Q}{C} = \dfrac{1}{C} \int I_2 dt = \dfrac{1}{CR_2} \int E_2 dt$$

$$= \dfrac{N_2 S}{CR_2} \int dB = \dfrac{N_2 S}{CR_2} B \tag{4-20}$$

上式表明接在示波器 Y 轴输入的 U_Y 正比于 B。

$R_2 C$ 电路在电子技术中称为积分电路，表示输出的电压 U_C 是感应电动势 E_2 对时间的积分。为了如实地绘出磁滞回线，要求

1) $R_2 \gg \dfrac{1}{2\pi f C}$。

2) 在满足上述条件下，U_C 振幅很小，不能直接绘出大小适合需要的磁滞回线。

为此，需将 U_C 经过示波器 Y 轴放大器增幅后输至 Y 轴偏转板上。这就要求在实验磁场的频率范围内，放大器的放大系数必须稳定，不会带来较大的相位畸变。事实上示波器难以完全达到这个要求，因此在实验时经常会出现如图 4-47 所示的畸变。观测时将 X 轴输入选择"AC"，Y 轴输入选择"DC"挡，并选择合适的 R_1 和 R_2 的阻值可得到最佳磁滞回线图形，避免出现这种畸变。这样，在磁化电流变化的一个周期内，电子束的径迹描出一条完整的磁滞回线。适当调节示波器 X 轴和 Y 轴增益，再由小到大调节信号发生器的输出

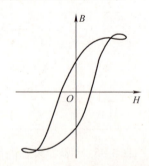

图 4-47　示波器显示的磁滞回路

电压,即能在屏上观察到由小到大扩展的磁滞回线图形。逐次记录其正顶点的坐标,并在坐标纸上把它连成光滑的曲线,就得到样品的基本磁化曲线。

(4) 示波器的定标 从前面说明中可知从示波器上可以显示出待测材料的动态磁滞回线,但为了定量研究磁化曲线和磁滞回线,必须对示波器进行定标,即还须确定示波器的 X 轴的每格代表多少 H 值(A/m),Y 轴每格实际代表多少 B(T)。

一般示波器都有已知的 X 轴和 Y 轴的灵敏度,可根据示波器的使用方法,结合实验使用的仪器就可以对 X 轴和 Y 轴分别进行定标,从而测量出 H 值和 B 值的大小。

设 X 轴灵敏度为 S_X(V/格),Y 轴的灵敏度为 S_Y(V/格)(上述 S_X 和 S_Y 均可从示波器的面板上直接读出),则

$$U_X = S_X X, \quad U_Y = S_Y Y$$

式中 X、Y 分别为测量时记录的坐标值(单位:格,注意,指一大格)。

由于本实验使用的 R_1、R_2 和 C 都是阻抗值已知的标准元件,误差很小,其中的 R_1、R_2 为无感交流电阻,C 的介质损耗非常小。所以综合上述分析,本实验定量计算公式为

$$H = \frac{N_1 S_X}{L R_1} X \tag{4-21}$$

$$B = \frac{R_2 C S_Y}{N_2 S} Y \tag{4-22}$$

式中各量的单位:R_1、R_2 单位是 Ω;L 单位是 m;S 单位是 m^2;C 单位是 F;S_X、S_Y 单位是 V/格;X、Y 单位是格;H 的单位是 A/m;B 的单位是 T。

4. 实验内容

(1) 显示和观察 2 种样品在 25Hz、50Hz、100Hz、150Hz 交流信号下的磁滞回线图形

1) 按图 4-48 所示线路接线。

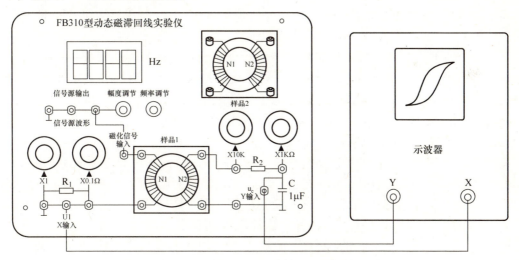

图 4-48 FB310 型动态磁滞回线实验仪和示波器

① 逆时针调节幅度调节旋钮转到底,使信号输出最小。
② 调示波器显示工作方式为 $X-Y$ 方式,即图示仪方式。
③ 示波器 X 输入为 AC 方式,测量采样电阻 R_1 的电压。

④ 示波器 Y 输入为 DC 方式，测量积分电容的电压。

⑤ 插上环状硅钢带样品（黑色胶带作绝缘层），实验样品于实验仪样品架。

⑥ 接通示波器和 FB310 型动态磁滞回线实验仪电源，适当调节示波器辉度，以免荧光屏中心受损。预热 10min 后开始测量。

2）示波器光点调至显示屏中心，调节实验仪频率调节旋钮，频率显示窗显示 25.00Hz。

3）单调增加磁化电流，即缓慢顺时针调节幅度调节旋钮，使示波器显示的磁滞回线上 B 值增加缓慢，达到饱和。改变示波器上 X、Y 输入增益段开关并锁定增益电位器（一般为顺时针转到底），调节 R_1、R_2 的大小，使示波器显示出典型美观的磁滞回线图形。

4）单调减小磁化电流，即缓慢逆时针调节幅度调节旋钮，直到示波器最后显示为一点，位于显示屏的中心，即 X 轴线和 Y 轴线的交点，若不在中间，可适当调节示波器的 X 和 Y 位移旋钮，把显示图形移到显示屏的中心。

5）单调增加磁化电流，即缓慢顺时针调节幅度调节旋钮，使示波器显示的磁滞回线上 B 值缓慢增加，达到饱和，改变示波器上 X、Y 输入增益波段开关和 R_1、R_2 的值，示波器显示典型美观的磁滞回线图形。磁化电流在水平方向上的读数为（-5.00，+5.00）格。

6）逆时针调节（幅度调节旋钮转到底），使信号输出最小，调节实验仪频率调节旋钮，频率显示窗分别显示 50.00Hz、100Hz、150Hz，重复上述 3）~5）的操作步骤，比较磁滞回线形状的变化。表明磁滞回线形状与信号频率有关，频率越高磁滞回线包围面积越大，用于信号传输时磁滞损耗也大。

7）换环状铁氧体（红色胶带作绝缘层）实验样品，重复上述 2）~6）步骤，观察 50.00Hz 时的磁滞回线。

（2）测磁化曲线和动态磁滞回线，实验样品为环状硅钢带（黑色胶带作绝缘层）

1）在实验仪样品架上插好实验样品，逆时针调节幅度调节旋钮到底，使信号输出最小。将示波器光点调至显示屏中心，调节实验仪频率调节旋钮，频率显示窗显示 50.00Hz。

2）退磁。

① 单调增加磁化电流，顺时针缓慢调节信号幅度旋钮，使示波器显示的磁滞回线上 B 值增加变得缓慢，达到饱和。改变示波器上 X、Y 输入增益和 R_1、R_2 的值，示波器显示典型美观的磁滞回线图形。磁化电流在水平方向上的读数为（-5.00，+5.00）格，此后，保持示波器上 X、Y 输入增益波段开关和 R_1、R_2 值固定不变并锁定增益电位器（一般为顺时针转到底），以便进行 H、B 的标定。

② 单调减小磁化电流，即缓慢逆时针调节幅度调节旋钮，直到示波器最后显示为一点，位于显示屏的中心，即 X 和 Y 轴线的交点，若不在中间，可调节示波器的 X 和 Y 位移旋钮。实验中可用示波器 X、Y 输入的接地开关检查示波器的中心是否对准屏幕 X、Y 坐标的交点。

3）磁化曲线（即测量大小不同的各个磁滞回线的顶点的连线）。单调增加磁化电流，即缓慢顺时针调节幅度调节旋钮，磁化电流在 X 方向读数为 0、0.20、0.40、0.60、0.80、1.00、2.00、3.00、4.00、5.00，单位为格，记录磁滞回线顶点在 Y 方向上读数，单位为格，磁化电流在 X 方向上的读数为（-5.00，+5.00）格时，示波器显示典型的磁滞回线图形。此后，保持示波器上 X、Y 输入增益波段开关和 R_1、R_2 值固定不变并锁定增益电位器（一般为顺时针转到底），以便进行 H、B 的标定。

4）动态磁滞回线。在磁化电流 X 方向上的读数为（-5.00，+5.00）格时，记录示波器显示的磁滞回线在 X 坐标为 5.0、4.0、3.0、2.0、1.0、0、-1.0、-2.0、-3.0、-4.0、-5.0 格时相对应的 Y 坐标和在 Y 坐标为 4.0、3.0、2.0、1.0、0、-1.0、-2.0、-3.0、-4.0 格时相对应的 X 坐标，显然 Y 最大值对应着饱和磁感应强度 B_S。

$X=0$，Y 读数对应剩磁 B_r。$Y=0$，X 读数对应矫顽力 H_c。

5）改变磁化信号的频率，重新进行上述实验。

（3）作磁化曲线 由前所述 H、B 的计算公式有

$$H = \frac{N_1 S_X}{LR_1}X$$

$$B = \frac{R_2 C S_Y}{N_2 S}Y$$

上述公式中，根据硅钢带铁芯实验样品和实验装置参数，计算 H 和 B，并作图。

5. 注意事项

1）实验前先熟悉实验的原理和仪器的构成。

2）使用仪器前先将信号源输出幅度调节旋钮逆时针转到底（多圈电位器），使输出信号为最小。

3）调节频率调节旋钮，因为频率较低时，负载阻抗较小，在信号源输出相同电压下负载电流较大，会引起采样电阻发热。

6. 数据记录与处理

（1）磁化曲线（表 4-11）

表 4-11 测量磁化曲线

序号	1	2	3	4	5	6	7	8	9	10	11	12
X/格												
Y/格												

（2）动态磁滞回线（表 4-12）

表 4-12 测量动态磁滞回线

X/格	Y/格	X/格	Y/格

7. 思考题

1）铁磁材料的磁化行为有什么特点？

2）在实验过程中如何测量基本磁化曲线、磁滞回线？

3）何谓"磁锻炼"？为什么要进行磁锻炼？

4）为什么一定要对样品退磁？如何退磁？

5）如何估计磁化电流变化的时间对测量结果的影响？

6）如何从 $B-H$ 曲线获得 $\mu-H$（$B=\mu H$）曲线？

7）设计一个测量磁滞回线的实验，包括步骤、方法、实验中存在的主要困难及解决的办法。

4.9 阻尼与受迫振动特性研究

1. 实验目的
1）研究波尔共振仪中弹性摆轮受迫振动的幅频特性和相频特性。
2）研究不同阻尼力矩对受迫振动的影响，观察共振现象。
3）学习用频闪法测定运动物体的相位差。
4）利用计算机软件处理数据和学习误差的分析。

2. 实验仪器
本实验装置如图 4-49 所示。

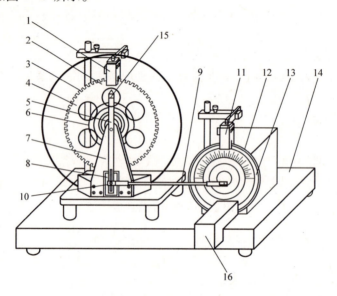

图 4-49　波尔振动仪

1—光电门 H　2—长凹槽 D　3—短凹槽 C　4—铜质摆轮 A　5—摇杆 M　6—蜗卷弹簧 B　7—支承架
8—阻尼线圈 K　9—连杆 E　10—摇杆调节螺钉　11—光电门 I　12—角度盘 G　13—有机玻璃转盘 F
14—底座　15—弹簧夹持螺钉 L　16—闪光灯

3. 实验原理

本实验采用摆轮在弹性力矩作用下自由摆动，在电磁阻尼力矩作用下作受迫振动来研究受迫振动特性，可直观地显示机械振动中的一些物理现象。

当摆轮受到周期性强迫外力矩 $M = M_0\cos\omega t$ 的作用，并在有空气阻尼和电磁阻尼的媒质中运动时（阻尼力矩为 $-b\dfrac{d\theta}{dt}$），其运动方程为

$$J\frac{d^2\theta}{dt^2} = -k\theta - b\frac{d\theta}{dt} + M_0\cos\omega t \tag{4-23}$$

式中，J 是摆轮的转动惯量；$-k\theta$ 是弹性力矩；M_0 是强迫力矩的幅值；ω 是强迫力的圆频率。

令

$$\omega_0^2 = \frac{k}{J},\ 2\beta = \frac{b}{J},\ m = \frac{M_0}{J}$$

则式（4-23）变为

$$\frac{d^2\theta}{dt^2} + 2\beta\frac{d\theta}{dt} + \omega_0^2\theta = m\cos\omega t \tag{4-24}$$

当只有 $m\cos\omega t = 0$ 时，式（4-24）即为阻尼振动方程。

当 $\beta = 0$，$m\cos\omega t = 0$ 即在无阻尼情况时式（4-24）变为简谐振动方程，ω_0 即为系统的固有频率。

一般情况下方程（4-24）的通解为

$$\theta = \theta_1 e^{-\beta t}\cos(\omega_f t + \alpha) + \theta_2\cos(\omega t + \varphi_0) \tag{4-25}$$

由式（4-25）可见，受迫振动可分成两部分：

第一部分，$\theta_1 e^{-\beta t}\cos(\omega_f t + \alpha)$ 表示阻尼振动，经过一定时间后衰减消失。

第二部分，说明强迫力矩对摆轮做功，向振动体传送能量，最后达到一个稳定的振动状态。

振幅

$$\theta_2 = \frac{m}{\sqrt{(\omega_0^2 - \omega^2)^2 + 4\beta^2\omega^2}} \tag{4-26}$$

它与强迫力矩之间的相位差 ϕ 为

$$\phi = \arctan\frac{2\beta\omega}{\omega_0^2 - \omega^2} \tag{4-27}$$

由式（4-26）和式（4-27）可看出，振幅 θ_2 与相位差 ϕ 的数值取决于强迫力矩 m、频率 ω、系统的固有频率 ω_0 和阻尼系数 β 四个因素，而与振动起始状态无关。

由 $\frac{\partial}{\partial\omega}[(\omega_0^2 - \omega^2)^2 + 4\beta^2\omega^2] = 0$ 极值条件可得出，当强迫力的圆频率 $\omega = \sqrt{\omega_0^2 - 2\beta^2}$ 时，产生共振，θ_2 有极大值。若共振时圆频率和振幅分别用 ω_r、θ_r 表示，则

$$\omega_r = \sqrt{\omega_0^2 - 2\beta^2} \tag{4-28}$$

$$\theta_r = \frac{m}{2\beta\sqrt{\omega_0^2 - 2\beta^2}} \tag{4-29}$$

式（4-28）、式（4-29）表明，阻尼系数 β 越小，共振时圆频率越接近于系统固有频率，振幅 θ_r 也越大。图 4-50 和图 4-51 表示出在不同 β 时受迫振动的幅频特性和相频特性。

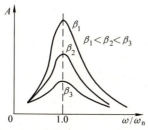

图 4-50 受迫振动的幅频特性和相频特性（一）

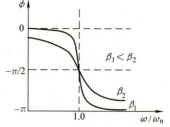

图 4-51 受迫振动的幅频特性和相频特性（二）

4. 实验内容

（1）测定阻尼系数 β　如前所述，阻尼振动是在策动力为零的状况下进行的。进行本实验内容时，必须切断电动机电源，角度盘指针放在 0°位置。

将面板上阻尼选择开关旋至"2"的位置，此位置选定后，在实验过程中不能任意改

变。手拨动摆轮，θ_0 选取 $130° \sim 150°$，从振幅显示窗读出摆轮作阻尼振动时的振幅随周期变化的数值 θ_1，θ_2，$\cdots$，θ_n。

这里由于没有策动力的作用，根据式（4-25）有 $\theta = \theta_1 e^{-\beta t} \cos(\omega_f t + \alpha)$，相应的 $\theta_1 = \theta_0 e^{-\beta T}$，$\theta_2 = \theta_0 e^{-2\beta T}$，$\cdots$，$\theta_n = \theta_0 e^{-n\beta T}$，利用 $\ln \dfrac{\theta_i}{\theta_j} = \ln \dfrac{\theta_0 e^{-\beta(iT)}}{\theta_0 e^{-\beta(jT)}} = (i-j)\beta T$，可求出 β 值，式中 θ_i、θ_j 分别为第 i、第 j 次振动的振幅。T 为阻尼振动周期的平均值。可以连续测出每个振幅对应的振动周期值，然后取平均值。可采用逐差法处理数据，求出 β 值。

（2）测定受迫振动的幅频特性与相频特性曲线

1）测出系统的固有频率。将阻尼开关旋至 0 位置，手拨动摆轮，选取 "$120° \sim 150°$" 之间，测出摆轮摆动的 10 个周期所需的时间，连续测 3 次，然后计算系统的固有频率 ω_0。

2）恢复阻尼开关到原位置。改变电动机转速，即改变策动力矩频率。当受迫振动稳定后，读取摆轮的振幅值（这时方程解的第一项趋于零，只有第二项存在），并利用闪光灯测定受迫振动位移与策动力相位差 ϕ（电动机转速的改变可依据 $\Delta\phi$ 控制在 $10°$ 左右而定）。

3）策动力矩的频率 ω 可从摆轮振动周期算出，也可以将周期选择开关拨向 "10" 处直接测定策动力矩的 10 个周期后算出，在达到稳定状态时，两者数值相同。前者为 4 位有效数字，后者为 5 位有效数字。

4）在共振点附近由于曲线变化较大，因此测量数据要相对密集些，此时电动机转速的微小变化会引起 $\Delta\phi$ 很大改变。电动机转速旋钮上的读数是一参考数值，建议在不同 ω 时都记下此值，以便实验中要重新测量数据时参考。

5）以 ω/ω_0 为横坐标，振幅 θ 为纵坐标，作幅频曲线。

6）以 ω/ω_0 为横坐标，相位差 ϕ 为纵坐标，作相频曲线。

这两条曲线全面反映了该振动系统的特点。

5. 注意事项

1）波尔共振仪各部分均是精密装配，不能随意乱动。控制箱功能与面板上旋钮、按键均较多，务必在弄清其功能后，按规则操作。在进行阻尼振动时，电动机电源必须切断。

2）阻尼选择开关位置一经选定，在整个实验过程中就不能任意改变。

6. 数据记录及处理

（1）测摆轮固有周期（T_0）与振幅的关系　阻尼开关位置："0" 挡。

（2）当阻尼开关的位置："1" 挡。

1）阻尼系数 β 的计算。

摆轮 10 次振动周期：$10T = $ ____16.030____ s，$\overline{T} = $ ____1.6030____ s。

摆轮作阻尼振动时，阻尼系数的测定（表 4-13）。

表 4-13　阻尼系数的测定

θ 序号	振幅 θ 值（°）	θ 序号	振幅 θ 值（°）	$\ln\theta_i/\theta_{i+5}$
θ_1		θ_6		
θ_2		θ_7		
θ_3		θ_8		
θ_4		θ_9		
θ_5		θ_{10}		

振动系统阻尼系数 β 的测量表达式：_____。

2）描绘受迫振动的幅频和相频特性曲线（表 4-14），阻尼开关位置 1 挡。

表 4-14 测定受迫振动的幅频特性与相频特性曲线

i	策动力相位 $10T$	弹簧的固有振动 T_0	振幅	相位差测得值	T_0/T	相位差计算值
1						
2						
3						
4						
5						
6						
7						
8						
9						
10						

7. 思考题

1）阻尼振动周期比无阻尼（或阻尼很小时）振动周期长，你能否利用此实验装置设法加以证明？

2）现有直径不同而质量相同的有机玻璃圆板，可安装在滑块上，圆板面和振动方向垂直，滑块在振动时在有机玻璃圆板的后面将产生空气的旋涡，这时有压差阻力作用在圆板上。研究加上圆板后，振动系统黏性阻尼常量 b 将如何变化？b 值和圆板面积大小有何关系？

3）分析讨论黏性阻力和磁阻尼力是否满足线性相加的关系。

4.10 音频信号光纤传输技术实验

1. 实验目的
1）了解光纤传输的基本原理及音频信号光纤传输系统的基本结构。
2）了解光纤传输系统中光电转换和电光转换模块的基本性能。
3）了解如何在音频信号光纤传输系统中获得较好信号传输质量。

2. 实验仪器
TK—FE 型光纤音频信号传输实验仪（图 4-52）、函数信号发生器、双踪示波器、收音机。

3. 实验原理
（1）系统的组成　图 4-53 给出了一个音频信号直接光强调制光纤传输系统的结构原理图，它主要包括由 LED 及其调制、驱动电路组成的光信号发送器、传输光纤和由光电转换、$I-V$ 变换及功放电路组成的光信号接收器三个部分。光源器件 LED 的发光中心波长必须在传输光纤呈现低损耗的 $0.85\mu m$、$1.3\mu m$ 或 $1.5\mu m$ 附近，本实验采用中心波长 $0.85\mu m$ 附近的 GaAs 半导体发光二极管作光源、峰值响应波长为 $0.8\sim0.9\mu m$ 的硅光二极管（SPD）作光电检测元件。为了避免或减少谐波失真，要求整个传输系统的频带宽度能够覆盖被传信号的频谱范围，对于语音信号，其频谱在 300～3400Hz 的范围内。由于光导纤维对光信号具有很宽的频带，故在音频范围内，整个系统的频带宽度主要决定于发送端调制放大电路和接收端功放电路的幅频特性。

此电路的工作原理如下：

音频信号经 IC_1 放大电路传到 LED 调制电路。W_2 调节发光管 LED 工作（偏置）电流，音频电流调制此工作电流，并经 LED 转换成音频调制的光信号，经光纤传至光电二极管 SPD 再复原成原

图 4-52 TK—FE 型光纤音频信号传输实验仪

始音频电流信号，经由 IC_2 构成的 $I-V$ 变换电路转换成电压信号，最后通过功率放大电路输出声音功率信号，推动扬声器发出声音。这样就完成了音频信号通过光纤的传输过程。

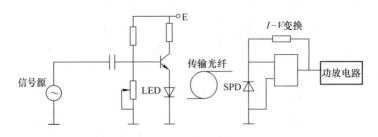

图 4-53 音频信号光纤传输实验系统原理图

（2）半导体发光二极管的驱动、调制电路　本实验采用半导体发光二极管 LED 作光源器件。音频信号光纤传输系统发送端 LED 的驱动和调制电路如图 4-54 所示，以 BG_1 为主构成的电路是 LED 的驱动电路，调节这一电路中的 W_2 可使 LED 的偏置电流在 0～20mA 的范围内变化。被传音频信号由 IC_1 为主构成的音频放大电路放大后经电容器 C_4 耦合到 BG_1 基极，对 LED 的工作电流进行调制，从而使 LED 发送出光强随音频信号变化的光信号，并经光导纤维把这一信号传至接收端。半导体发光二极管输出的光功率与其驱动电流的关系称 LED 的电光特性，如图 4-55 所示。为了使传输系统的发送端能够产生一个无非线性失真、而峰-峰值又最大的光信号，使用 LED 时应先给它一个适当的偏置电流，其值等于这一特性曲线线性部分中点对应的电流值，而调制电流的峰-峰值应尽可能大地处于这一电光特性的线性范围内。

（3）半导体光敏二极管的工作原理及特性　半导体光敏二极管 SPD 与普通的半导体二极管一样，都具有一个 PN 结。光敏二极管在外形结构方面有它自身的特点，这主要表现在光敏二极管的管壳上有一个能让光射入其光敏区的窗口。此外，与普通二极管不同，它经常工作在反向偏置电压状态如图 4-56a 所示或无偏压状态如图 4-56b 所示。

半导体光敏二极管 SPD 的反向伏安特性如图 4-57 所示。

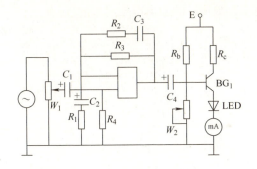

图 4-54 LED 的驱动和调制电路

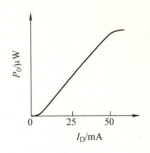

图 4-55 LED 的正向伏安特性

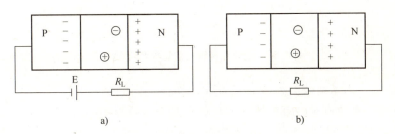

图 4-56 光敏二极管的结构及工作方式

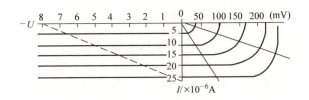

图 4-57 光敏二极管的伏安特性曲线

4. 实验内容

(1) LED—传输光纤组件光电特性的测定 如图 4-58 所示,测量前首先将两端带电流插头的电缆线一头插入光纤绕线盘上的电流插孔,另一端插入发送器前面板上的"LED"插孔,并将光电探头插入光纤绕线盘上引出传输光纤输出端的同轴插孔中,SPD 的两条出线接至仪器前面板光功率指示器的相应插孔内,在以后实验过程中注意保持光电探头的这一位置不变。测量时调节 W_2 使毫安表指示从零开始(此时光功率计的读数应为零,若不为零记下读数,并在以后的各次测量中以此为零点扣除),逐渐增加 LED 的驱动电流,每增加 2mA 读取一次光功率计示值,直到 20mA 为止。根据测量结果描绘 LED—传输光纤组件的电光特性曲线,并确定出其线性度较好的线段。

(2) 光敏二极管反向伏安特性曲线的测定 测定光敏二极管反向伏安特性的电路如图 4-58 所示。由 IC_1 为主构成的电路是一个电流-电压变换电路,它的作用是把流过光敏二极管的光电流 I 转换成由 IC_1 输出端的输出电压 V_0,它与光电流成正比。整个测试电路的工作原理依据如下:由于 IC_1 的反相输入端具有很大的输入阻抗,光敏二极管受光照时产生的光电流几乎全部流过 R_f 并在其上产生电压降 $V_{cb} = IR_f$。另外,又因 IC_1 具有很高的开环电压

增益，反相输入端具有与同相输入端相同的地电位，故 IC_1 的输出电压为

$$V_0 = IR_f \tag{4-30}$$

已知 R_f 后，就可根据上式由 V_0 计算出相应的光电流 I。

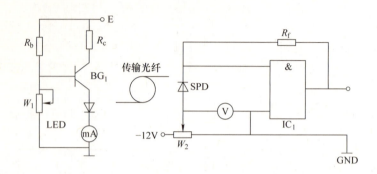

图 4-58　光敏二极管反向伏安特性的测定

在图 4-58 中，为了使被测光敏二极管能工作在不同的反向偏压状态下，设置了由 W_1 组成的分压电路。具体测量时首先把 SPD 的插头插至接收器前面板左侧 SPD 相应的插孔中，然后根据 LED 的电光特征曲线在 LED 工作电流从 0 ~ 20mA 的变化范围内查出输出光功率均分的 5 个工作点对应的驱动电流值，为以后论述方便起见，对应这 5 个电流值分别标以 I_1，I_2，I_3，I_4 和 I_5。测量 LED 工作电流为 I_1 ~ I_5 时所对应的 5 种光照情况下光敏二极管的反向伏安特性曲线。对于每条曲线，测量时，调节 W_1 使被测二极管的反偏电压逐渐增加，从 0V 开始，每增加 1V 用接收器前面板的数字毫伏表测量一次 IC_1 输出电压 V_0 值，根据这一电压值由式（4-30）即可算出相应的光电流 I。

（3）音频放大器频带特性　音频放大器的频带宽度保证了所传音频信号不失真、且有良好放大作用的频率范围。具体测试时，应将音频放大器的输入端与双踪示波器的一个通道和低频信号发生器相连，输出端和示波器的另一通道相连。将音频输入信号保持在 20Hz ~ 20kHz 之间，幅度保持 10mV 不变，改变频率 f 从 10 ~ 20kHz，测出对应的放大器输出信号峰 - 峰值 U_{out} 值。做出 U_{out} - $\lg f$ 曲线，求出带宽 Δf。

（4）语言信号的传输　实验整个音频信号光纤传输系统的音响效果。实验时把示波器和数字毫伏表接至接收器 $I - V$ 变换电路的输出端，适当调节发送器的 LED 偏置电流和调制输入信号幅度，使传输系统达到无非线性失真、光信号幅度为最大的最佳听觉效果。

5. 数据记录及处理

1）光纤传输系统静态电光/光电传输特性测定。打开仪器电源，连接光纤，分别观测面板上两个三位半数字表头分别显示发送光驱动强度和接收光强度。调节发送光驱动强度电位器，每隔 200 单位（相当于改变发光管驱动电流 2mA）分别记录发送光驱动强度数据与接收光强度数据，填写（表 4-15）并在方格纸上绘制静态电光/光电传输特性曲线。

表 4-15　测定光纤传输系统静态电光/光电传输特性

发送光强度/mA								
接收光强度/mA								

2)光纤传输系统频响的测定。作 $U_{\text{out}} - \lg f$ 关系曲线并要求给出具体数据即最低和最高截止频率。

3)LED 偏置电流与无失真最大信号调制幅度关系测定。作 LED 偏置电流与无失真最大信号调制幅度关系曲线并要求给出具体数据。

6. 思考题

1)利用 SPD、I-V 变换电路和数字毫伏表,设计一个光功率计。

2)如何测定如图 4-58 所示 SPD 第四象限的正向伏安特性曲线?

3)在 LED 偏置电流一定情况下,当调制信号幅度较小时,指示 LED 偏置电流的毫安表读数与调制信号幅度无关,当调制信号幅度增加到某一程度后,毫安表读数将随着调制信号的幅度而变化,为什么?

4)若传输光纤对于本实验所采用 LED 的中心波长的损耗系数 $\delta \leqslant 1\text{dB}$,根据实验数据估算本实验系统的传输距离还能延伸多远?

第 5 章 演示实验

5.1 静电除尘

1. 实验目的
1）演示起电现象，了解产生电荷的原理及其应用。
2）观察电容器（莱顿瓶）的电容量的变化情况。
2. 实验仪器
EXD—50 型维氏起电机（图 5-1），包括起电圆盘、放电球、莱顿瓶、感应电刷、带轮、集电梳、连接片，起电圆盘涂有许多片铝箔。
3. 实验原理
本次实验装置中沿圆柱筒的轴线为一根粗导线，作为除尘仪的正极；贴在玻璃筒内部的螺旋导线作为除尘仪的负极。给除尘仪的两极加上高压之后，在玻璃筒内就形成了轴对称的非均匀强电场，强电场使空气分子电离，离子在电场力的作用下向两极移动时，碰到烟尘微粒使微粒带电。因此，带电微粒会在电场力的作用下，分别向中

图 5-1 维氏起电机

轴导线和管壁移动；同时，具有电介质性质的烟尘在强电场中将产生极化成为电偶极子，电偶极子在非均匀电场中也要受力，因此烟尘纷纷向中轴导线移动，并在那里聚合成稍大的尘粒落下，变成炉渣的一部分。

收尘效率。悬浮于气体中的荷电粒子，其运动服从经典力学的牛顿定律。荷电粒子主要受到 4 种力的作用：重力、电力、黏滞力和惯性力。1922 年，Deutch 导出收尘效率公式

$$\eta = 1 - e^{-A\omega/Q}$$

式中，η 是效率；ω 是粉尘运动速度；A 是极板面积；Q 是烟气量。
4. 实验操作与现象
1）把起电机放电球调整到合适的位置，摇动圆盘把手，当两个起电盘快速旋转时，放电叉的球部分别聚集起不同电性的大量电荷而形成火花放电。注意观察放电现象。
2）将筒中心柱和外侧柱与起电机外的电极相接。
3）在玻璃筒下方的铁盒里点燃蚊香，可看到烟雾上升。可看到烟雾从玻璃筒内袅袅上升，自顶端逸出。施加电压后，玻璃筒顶端即刻减少冒烟量。这是因为玻璃筒内部形成的电场靠近轴芯处较强，空气分子在强电场中电离，形成正负离子，这些离子与烟粒相遇，使烟粒分别带上正、负电荷，它们在电场的作用下，沉积在玻璃筒壁和中心铜线上。（注意筒气孔与座孔对齐）

5. 注意事项

1) 仪器应在常温（15~25℃）下保存和实验，做实验时室内相对湿度小于40%，如果湿度过高，静电无法产生，实验无法进行。

2) 起电圆盘应放在干燥及清洁的地方。

3) 两电刷应互成90°夹角，各与横梁成45°。

4) 集电杆的电梳针尖不能触及起电圆盘，手不能接触放电球。

5.2 尖端放电

1. 实验目的

1) 演示起电现象，了解产生电荷的原理及其应用。

2) 观察电容器（莱顿瓶）的电容量的变化情况。

2. 实验仪器

EXD—50型维氏起电机、蜡烛架、针形导体。

3. 实验原理

当导体尖端的电荷特别密集，尖端附近的电场特别强时，就会发生尖端放电。在强电场作用下，物体表面曲率大的地方（如尖锐、细小物的顶端）等电位面密，电场强度剧增，致使它附近的空气被电离而产生气体放电，此现象称电晕放电。尖端放电为电晕放电的一种，专指尖端附近空气电离而产生气体放电的现象。

图5-2　EXD—50型维氏起电机

4. 实验操作与现象

把蜡烛按图5-2所示安放好后，调整指针让它与蜡烛头平齐。将起电机的一极接在针形导体上。点燃蜡烛，摇动起电机，使针形导体带电。由于导体尖端处电荷密度最大，所以附近场强最强。在强电场的作用下，使尖端附近的空气中残存的离子发生加速运动，这些被加速的离子与空气分子相碰撞时，使空气分子电离，从而产生大量新的离子。与尖端上电荷异号的离子受到吸引而趋向尖端，最后与尖端上电荷中和；与尖端上电荷同号的离子受到排斥而飞向远方形成"电风"，把附近的蜡烛火焰吹向一边，甚至吹灭。

5. 注意事项

1) 仪器应在常温（15~25℃）下保存和实验，做实验时室内相对湿度小于40%，如果湿度过高，静电无法产生，实验无法进行。

2) 起电圆盘应放在干燥及清洁的地方。

3) 两电刷应互成90°夹角，各与横梁成45°。

4) 集电杆的电梳针尖不能触及起电圆盘，手不能接触放电球。

5.3 静电跳球

1. 实验目的

1）演示起电现象，了解产生电荷的原理及其应用。

2）演示小金属球在两带电极板间上、下跳动的情形，说明电荷间的相互作用。

2. 实验仪器

维氏起电机 EXD—50 型、EXD—1 型静电跳球装置（图5-3）。

图5-3 静电跳球装置

3. 实验原理

将极板导线分别与静电起电机相连接。摇动发电机，使两极板分别带正、负电荷。这时小金属球也带有与下板同号的电荷。同号电荷相斥，异号电荷相吸，小球受下极板的排斥和上极板的吸引，跃向上极板，与之接触后，小球所带的电荷被中和反而带上与上极板相同的电荷，于是又被排向下极板。如此周而复始，可观察到球在容器内上下跳动。当两极板电荷被中和时，小球随之停止跳动。

4. 实验操作与现象

1）将极板导线分别与静电起电机相连接。

2）摇动起电机，使两极板分别带正、负电荷，这时小金属球在容器内上下跳动。

3）当两极板电荷被中和时，小球随之停止跳动。

4）将起电机的放电小球接触进行放电。

5. 注意事项

1）仪器应在常温（15~25℃）下保存和实验，做实验时室内相对湿度小于40%，如果湿度过高，静电无法产生，实验无法进行。

2）摇动起电机时应由慢到快，并且不宜过快。摇转停止时亦需慢慢进行，可松开手柄靠摩擦力使其自然减慢。

3）在摇动起电机时，起电机手柄均带电且高速摇动时电压高达数万伏，切不可用手或身体其他位置接触，不然会有火花放电，引起触电。

5.4 安培力演示

1. 实验目的

演示载流导线在磁场中的受力现象，以期加深对安培力的理解。

2. 实验仪器

EXD—41 型安培力演示仪（图5-4）。

3. 实验原理

载流导线在磁场中的受力称为安培力。载流线元 dl 在磁场中的受力为 $d\boldsymbol{F} = I d\boldsymbol{l} \times \boldsymbol{B}$，一段导线受到的安培力为 $\boldsymbol{F} = \int I d\boldsymbol{l} \times \boldsymbol{B}$。

本实验在磁场中用一段直导线作为载流导体，通电后用载流直导线的运动来演示导线受到的安培力。

4. 实验操作与现象

1）将马蹄形磁铁跨在导线上，使导线处于垂直磁力线的方向。

2）开启电源，按下换向开关使导线通过电流，观察导线运动（换向频率不要太快）。

3）改变换向开关方向即导线电流方向反向，观察导线运动方向反向。

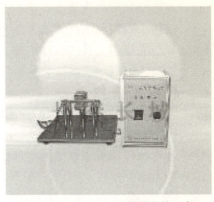

图 5-4　EXD—41 型安培力演示仪

5. 注意事项

1）低压大电流电源不宜长时间连续工作，防止输出端过热或烧毁电源。

2）换向开关设 I、O、II 挡位，暂时不用时应关断电源。

5.5　电磁炮

1. 实验目的

观察利用电磁力发射物体的现象，加深对电磁理论知识的理解。

2. 实验仪器

EXD—44 型电磁炮装置（图 5-5）。

众所周知，核弹等爆炸的破坏因素通常指冲击波、光辐射、贯穿辐射、放射性沾染及现代的新型电磁脉冲 5 种，对人、生物和环境具有很大的破坏性。其中，电磁脉冲对电子设备线路和电子元器件具有破坏和干扰的作用，使得电磁系列武器越来越走向前列。

电磁炮是一种利用电流磁场产生的作用力驱动炮弹加速运动的武器，它具有无声、无烟、可控的特点，所以引起现代军事科学家的兴趣和重视。

图 5-5　EXD—44 型电磁炮

3. 实验原理

根据通电线圈磁场的相互作用原理，加速线圈固定在炮管中，当它通入交变电流时，产生的交变磁场就会在线圈中产生感应电流，感应电流的磁场与加速线圈电流的磁场相互作用，使弹丸加速运动并发射出去。

4. 实验操作与现象

将炮弹放入炮管中，按下启动按钮，观察炮弹会以很高速度射出。

5. 注意事项

1）在手送弹体时，应以最大角度使弹体滑到发射部位，再摇动转轮顺时针升高角度，逆时针转动手轮时降低炮角度，然后按动发射手钮，完成一次操作。

2）在连续使用的次数上，应少于20次（线圈温升影响使用寿命）。
3）使用中炮口前方严禁站人或放置易碎物体。
4）使用完毕后，及时拔掉电源。

5.6 超导磁悬浮

1. 实验目的

1）利用超导体对永磁体的排斥作用，观察高温超导体磁悬浮现象。
2）利用超导体对永磁体的吸引作用，观察高温超导体磁倒挂现象。

2. 实验仪器

如图5-6所示是高温超导体磁悬浮装置，该装置由高温超导体A、闭合的永磁体椭圆形轨道B和支撑架C三部分组成。

其中高温超导体A是用熔融结构生长工艺制备，含有Ag的YbaCuO系高温超导体。它的形状为圆盘状，直径为18mm，厚度为6mm，其临界转变温度为90K（-183℃），将其镶嵌在密封轻质柱形盒内，或密封轻质小车内。磁性导轨B是用厚6mm，周长为1.73m椭圆形钢板作为磁轨垫，用20mm×10mm×10mm钕铁硼磁块按N极—S极—N极并行铺三排，形成椭圆形磁性导轨，两边的两排（N极）仅起保证超导体在运动中不偏离磁性导轨时的磁约束作用，支撑架C可翻转180°。

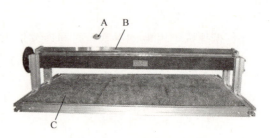

图5-6　EXD—CF型超导磁悬浮实验装置
A—高温超导体　B—闭合的永磁体椭圆形轨道
C—支撑架

3. 实验原理

（1）超导体的基本特性

1）零电阻效应。金属及其合金的电阻会随温度的降低而减小，超低温时，电阻实际上可以看作零，这种现象就是零电阻效应。

2）完全抗磁性。1933年，迈斯纳通过实验发现，当置于磁场中的导体通过冷却过渡到超导态时，原来进入此导体的磁力线会一下被完全排斥到超导体之外（图5-7），超导体内磁感应强度变为零，这表明超导体是完全抗磁体，这个现象称为迈斯纳效应。

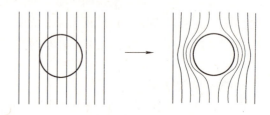

图5-7　迈斯纳通过实验

在普通的抗磁体内由于M与H方向相反，$B=\mu_0(H+M)$要减小一些，而超导体内的B完全减小到零。这表明好似是一个磁化率$X_m=-1(M=X_mH)$，$M=-H$的抗磁体，这样的抗磁体叫做完全抗磁体。但造成超导体完全抗磁性的原因和普通的抗磁体不同，其中的感应电流不是由束缚在原子中的电子轨道运动而形成的，而是其表面的超导电流。在增加外磁场过程中，在超导体的表面产生感应的超导电流，它产生的附加磁感应强度将体内的磁感应强度完全抵消。当外磁场达到稳定后，因为超导体具有零电阻效应，超导体内没有电能损耗，表面的超导电流一直维持下去，这就是超导体的完全抗磁性的来源。

（2）常规超导与高温超导　常规超导材料按其化学组成可分为三种：元素超导体、合金超导体和化合物超导体，实用超导材料主要是合金型和化合物型两大类。合金型主要是铌钛合金（NbTi，$T_c = 9.5K$），化合物超导材料主要有铌三锡（Nb_3Sn，$T_c = 18.3K$）、钒三镓（V_3Ga，$T_c = 16.5K$）和钒三硅（V_3Si，$T_c = 17.1K$）。这些常规超导材料的临界温度都很低，给应用带来了很大的困难。

（3）当将钇钡铜氧YBaCuO超导体移近永磁体表面时，磁通线从表面进入超导体内，在超导体内形成很大的磁通密度梯度，感应出高临界电流，从而对永磁体产生排斥，排斥力随相对距离的减小而逐渐增大，它可以克服超导体的重力使其悬浮在永磁体上方一定的高度上。反之，当钇钡铜氧YBaCuO超导体远离永磁体表面时，对永磁体产生吸引力，吸引力随着距离的增大而增大，可以克服超导体的重力使其倒挂在永磁体下方。

4. 实验操作与现象

（1）磁悬浮的观察

1）将超导体A放入液氮中浸泡3~5min。

2）用竹夹子把超导体A放在轨道上，用手压一下，使悬浮高度约10mm，再用手沿轨道水平方向轻推A，则A沿轨道作周期性水平运动，直到温度高于90K（-183℃）后失去超导性，A落在轨道上。

（2）磁倒挂的观察

1）将超导体A放入液氮中浸泡3~5min。

2）把磁轨道平面翻转180°，使磁面朝下固定。

3）把A用竹夹子由液氮中取出放到轨道下方，用手推到距离轨道约10mm处，并用手沿水平方向轻推A，则A可沿磁轨道下方转数圈。

5. 注意事项

1）样品放入液氮中，必须充分冷却，直至液氮中无气泡为止。

2）演示时，样品一定用竹夹子夹住，千万不要掉在地上，以免样品摔碎。

3）演示时，沿水平方向轻推样品，速度不能太大，否则样品将沿直线冲出轨道。

4）演示倒挂时，当样品运动一段时间后，由于温度升高，样品失去超导性而下落，这时应用手接住它，否则，样品将摔坏。

5）超导块最好保存在干燥箱内，防止受潮脱落。

5.7　角动量守恒

1. 实验目的

定性观察合外力矩为零的条件下，物体的角动量守恒。

2. 实验仪器

EXL—4A型角动量守恒组合仪（图5-8）。

3. 实验原理

绕固定轴转动的物体的角动量等于其转动惯量与角速度的乘积，而外力矩等于零时，角动量守恒，即 $J_w = T_0\omega_0$。当人收缩双臂时，转动惯量减小，因此角速度增加；当人伸展双臂时，转动惯量增大，角速度减小。

4. 实验操作与现象

（1）茹科夫斯基转椅　如图 5-9 所示，演示者坐在可绕竖直轴自由旋转的椅子上，手握哑铃，两臂平伸后使转椅转动起来，然后收缩双臂，可看到人和凳的转速显著加大，两臂再度平伸，转速复又减慢。

（2）茹科夫斯基轮　按图 5-10 所示沿同一水平轴对称挂好哑铃。

给车轮施加一个外力，使其旋转。同步改变两个哑铃的平衡位置，可以看到哑铃越靠近轮轴，车轮的转速越快，反之越慢。

图 5-8　EXL—4A 型角动量守恒组合仪

图 5-9　茹科夫斯基转椅

图 5-10　茹科夫斯基轮

5. 注意事项

1）不要用竖直轴上有螺纹的转椅，以免急速旋转后椅座脱落，发生危险。

2）车轮利用地面进行刹车，不要用手减速。

5.8　机械能守恒演示

1. 实验目的

演示小球的飞车现象，加深对机械能转化规律的理解。

2. 实验仪器

机械能守恒演示仪（图 5-11）。

3. 实验原理

轨道近似光滑，可忽略摩擦力。当小球从光滑轨道顶端下滚时，只有重力做功，机械能守恒。在整个轨道上，重力对小球做正功，重力势能减小，动能增加，增加的动能等于减少的重力势能。

图 5-11　机械能守恒演示仪

1—小球　2—轨道　3—底座

4. 实验操作与现象

1）把小球放在轨道顶端，让它从静止开始下滚，小球从轨道另一端快速飞出，而且飞出的高度较高，距离较远。

2）把小球放在轨道顶端稍低的位置，让它从静止开始下滚，小球从轨道另一端飞出的速度变慢，高度变低，水平距离变近。

3）把小球放在等于或低于轨道另一端高度的位置，让它从静止开始下滚，小球不能从轨道飞出。

5. 注意事项

小球形状要呈规则球形，质量分布均匀，外表光滑。轨道要光滑，摩擦力可忽略不计。

5.9 简谐运动与圆周运动等效演示

1. 实验目的

通过对水平方向的简谐运动和在竖直平面内匀速圆周运动在水平方向的投影之间的类比，说明简谐运动表达式中各量的含义。

2. 实验仪器

EXL—9 型简谐运动与圆周运动等效演示仪。

3. 实验原理

一质量为 m 的物体以角速度 ω 做半径为 A 的匀速圆周运动，初始时刻物体偏离水平轴（X 轴）的角度为 ϕ_0，经过时间 t，物体与 X 轴的夹角为 $\omega t + \phi_0$，则物体在 X 轴上的投影为

$$x = A\cos(\omega t + \phi_0)$$

所以，一个做匀速圆周运动的物体在水平轴（X 轴）的投影所做的运动是简谐运动。

4. 实验操作与现象

接通电源开关。电动机缓慢转动后，通过主轴带动演示仪正面的圆盘以一定角速度沿竖直平面转动。固定在圆盘上的带帽圆柱棒以相同的角速度绕轴心做圆周运动。圆柱棒带动竖直的导轨，通过环形导轨并带动沿水平轴（设为 X 轴）位移的直杆做往复运动。在上述运动过程中，可以看出做圆周运动的质点在水平轴（X 轴）的投影为简谐振动，其简谐振动的表达式

$$x = A\cos(\omega t + \phi_0)$$

上式中，振幅 A 与做圆周运动的质点的半径对齐，圆频率 ω 与圆周运动的角速度对应，而初位相 ϕ_0 与开始计时圆周运动的幅角（半径与水平轴 X 的夹角）对齐。

5.10 角速度矢量合成演示

1. 实验目的

通过角速度矢量合成演示仪，演示角速度物理量是一个矢量，其合成角速度矢量与二分角速度矢量间遵守矢量合成的平行四边形法则。

2. 实验仪器

EXL—17 型角速度矢量合成演示仪（图 5-12）。

3. 实验原理

若刚体参与两个不同方向的转动，一个方向转动的角速度矢量为 ω_1，另一个方向转动的角速度矢量是 ω_2，则刚体的合成转动的角速度矢量 ω 等于两个角速度矢量 ω_1 和 ω_2 的矢量和，它们遵守平行四边形法则，如图 5-13 所示。

图 5-12　EXL—17 型角速度矢量合成演示仪

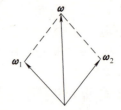

图 5-13　角速度的矢量合成

4. 实验操作与现象

1）摇动左手轮，使球体沿一确定的转轴匀速转动，观察者可以看到球上的圆点扫描出一簇圆弧线，这些圆弧线位于与确定方向相垂直的平面上，这些圆弧线转动方向按右手法则旋进的方向就是分角速度矢量 ω_1 的方向。转动半圆弧形标尺并沿弧移动箭头，使其箭头指向 ω_1 的方向。

2）按 1）中所述的操作步骤，摇动右手轮，移动箭头指向角速度矢量 ω_2 的方向。

3）用左右两手分别同时摇动两个手轮，使球体同时参与两个确定的转动方向转动，使分角速度矢量沿 ω_1 和 ω_2 两个方向。当摇动两手轮的转速相同时，即二分角速度矢量的大小相等，则圆点扫描出的一簇圆圈恰位于与两箭头所指方向的分角线方向相垂直的平面上。且此圆圈转动方向按右手法则旋进的方向（分角线的方向）就是合速度矢量 ω 的方向，它们满足平行四边形运算法则 $\omega = \omega_1 + \omega_2$。

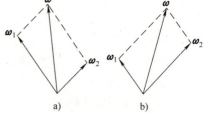

图 5-14　同时摇动手轮演示角速度矢量合成

4）当左手轮摇动的转速大于右手轮的转速时，$|\omega_1| > |\omega_2|$，与圆点扫描出的一簇圆圈平面相垂直的方向（即合成角速度的 ω 的方向）向 ω_1 箭头所指向的方向靠拢，如图 5-14a 所示；若 $|\omega_1| < |\omega_2|$ 时，则 ω 的方向向 ω_2 的方向靠拢，如图 5-14b 所示。

在二分角速度矢量方向不变的情况下，改变 ω_1 和 ω_2 矢量的大小，通过演示仪可以定性地观察到合成角速度矢量 ω 与分角速度矢量 ω_1 和 ω_2 满足平行四边形矢量合成法则，这说明角速度是一个矢量。

5.11　纵波演示

1. 实验目的

演示细弹簧中的纵波，加深对纵波物理图像的理解。

2. 实验仪器

EXL—18 型纵波演示仪。

3. 实验原理

纵波物理图像的演示较常用的是选用悬挂软簧或悬挂塑料簧，其特点是倔强系数 k 很小，使波速较小，便于演示。它们是真实的纵波而不是模型，下面将简述其原理。

悬挂簧式纵波如图 5-15 所示。如果悬丝线较长，波的振幅不大，可以忽略悬挂对波速的影响。先分析在软簧中存在波时软簧的张力，即波列某一点若断开时，断点两边的相互作用力（图 5-16）。设弹簧的倔强系数为 k，软簧作为一个弹性体，只研究其中原长为 Δx 的一小段。设左边对它的拉力为 T_x，右边 $T_{x+\Delta x}$，左端的位移为 u_x，右端为 $u_{x+\Delta x}$。若 $u_x = u_{x+\Delta x}$，则表示该小段的平移，本身无伸缩，两边不会有拉力，实际的伸长为 $u_{x+\Delta x} - u_x$，当 $\Delta x \to 0$ 时，Δx 范围可看作是均匀伸缩，$T_{x+\Delta x} \to T_x$，由于 T 与相对伸长成正比，即

$$T_x = \lim_{\Delta x \to 0} k\left(\frac{u_{x+\Delta x} - u_x}{\Delta x}\right) = k\frac{\partial u}{\partial x}$$

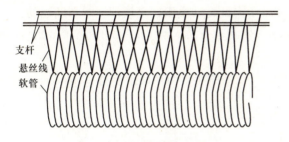

图 5-15 悬挂簧式纵波演示仪

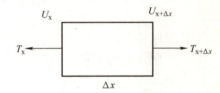

图 5-16 纵波形成原理

再进一步分析在两边拉力的合力作用下此小元段的运动。由于

$$\Delta T = T_{x+\Delta x} - T_x = \frac{\partial T}{\partial x}\Delta x = k\frac{\partial^2 u}{\partial x^2}\Delta x,$$

若此软簧的质量的线密度为 η，则由牛顿定律得 $\eta \Delta x \frac{\partial^2 u}{\partial t^2} = k\frac{\partial^2 u}{\partial x^2}\Delta x$，

即

$$\frac{\partial^2 u}{\partial t^2} - \frac{k}{\eta}\frac{\partial^2 u}{\partial x^2} = 0,$$

这就是纵波的波动方程，波速为 $c = \sqrt{\frac{k}{\eta}}$。

方程的解为 $u(x, t) = A\cos\left[\omega\left(t - \frac{x}{c}\right) + B\right]$。

式中，A、B 为积分常数，该式就是纵波的表达式。之所以选用软簧或塑料簧，在于它的 k 较小，从而使波速 c 较小，当有纵波在弹簧中传播时，疏部及密部行进较慢，便于观察。通常将它的一端与一个振子相连，振子振动作为波源，激发纵波在软簧中传播。另一端固定或完全自由时会出现驻波；若能完全吸收波的能量，则可演示行波。若波的振幅较大，则悬线也将对波动产生影响，它将增大 k，使波速略有增加。

4. 实验操作与现象

1) 把软弹簧纵波仪放在实验桌上,手拉弹簧端的振子,放手令它自由振动,细弹簧在它的激励下产生纵波向另一端传播,观察纵波疏部和密部的运动。

2) 调节另一端的阻尼(调节羽毛与细弹簧接触点的摩擦力),使纵波传播过来的能量刚好被阻尼所损耗掉,即可实现纵波行波的传播。若将阻尼端完全固定(或完全自由),可看到纵波驻波。

5. 注意事项

1) 软弹簧纵波仪的软弹簧极易缠绕在一起,使用或搬动时要格外小心,防止出现这种情况。

2) 启动弹簧端的振子时不要波动幅度太大。

5.12 分子运动演示

1. 实验目的

该仪器利用钢球代表气体分子,制造气体分子混乱运动模型,来模拟演示布朗运动、气体压强的统计意义、理想气体状态方程、实际气体状态方程、玻尔兹曼分布率等分子运动规律。

2. 实验仪器

EXL—28 型分子运动演示仪(图 5-17)。

3. 实验原理

(1) **气体压强统计意义** 理论研究表明,气体压强可由分子对某一面(如器壁)碰撞造成的冲量变化求出,而每一瞬间哪些分子碰撞器壁,碰撞时传给器壁冲量的大小,都具有偶然性,因而反映大量分子碰撞冲量的统计平均(气体压强)必有起伏。起伏的大小与分子数有关(起伏与 $1/n$ 成比例),当分子数密度 n 小时,其起伏就大;而分子数密度 n 大时,其起伏小。利用分子运动理论演示器就可以演示气体压强的这种统计意义。

(2) **理想气体状态方程** 利用分子运动理论关于理想气体模型的假设,可推导出理想气体的状态方程,即

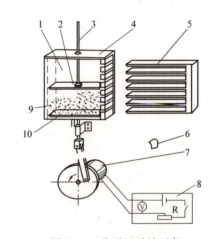

图 5-17 分子运动演示仪
1—透明方箱 2—活塞 3—活塞杆 4—盖板
5—多层插板 6—布朗粒子 7—电动机 8—电箱
9—钢球 10—振动板

$$pV = \frac{m}{M}RT \quad \text{或} \quad pV = nkT$$

对于一定质量(m 一定或总分子数 N 一定)的理想气体,从其状态方程可知,当温度 T 一定时,气体压强 p 与分子数密度 n 成正比。

(3) **实际气体状态方程** 对于钢球模型,实际气体状态方程可写为

$$p(V - V_0) = \frac{m}{M}RT$$

式中,m 是气体质量;M 是气体摩尔质量;$V_0 = 4NV_b$ 是一修正值;V_b 是钢球振子本身的体积。本演示仪可在电动机额定功率下(对温度 T 一定)通过实验求得 V_0,从而演示实际气体状态方程。

(4)玻尔兹曼分布律 在重力场中理想气体分子数密度按高度服从玻尔兹曼分布律,即 $n = n_0 e^{\frac{mgz}{KT}}$。

4. 实验操作与现象

(1)布朗运动的演示

1)把约 200 粒钢球放入模拟箱内,使钢球大体铺满箱底一层,再将布朗粒子(发泡塑料块)放入,这时把浮动活塞插入并盖上盖板。在活塞杆上套一带孔的橡胶塞,用它调节并固定浮动活塞在一定高度上(一般可在 10~15cm 高度)。

2)接通电源,振子钢球在振板的撞击下(振子也相互碰撞)作混乱运动。调节电压可使振子混乱运动激烈程度变化。这时,可以看到布朗粒子在钢球(分子)碰撞下不断运动。由于布朗粒子形状不规则,实验中可看到布朗粒子边转边移动,形成明显的布朗运动。

(2)气体压强统计意义的演示 首先在方箱子中装几十个振子,这时振板使少量振子振动造成的压强值就很不稳定,实验时可以看到浮动活塞上下起伏很大;当方箱中放入大量振子时,就会看到有一个稳定的压强值,这时浮动活塞在大量振子的撞击下处于某一位置,起伏很小。

(3)理想气体状态方程的演示 在模拟箱中放入振子约 100 粒,即分子总数 $N = 100$ 个,在电动机额定转数情况下,由于振板的撞击造成振子的混乱运动,产生一定压强(由浮动活塞的重量 p 表示),这时可测得浮动活塞在 V 位置。在电动机额定转数不变情况下,这相当于保证温度 T 恒定(即造成的振子混乱运动激烈程度不变),用备制的砝码将浮动活塞重量增加一倍,这时压强变为 $2p$,可测得浮动活塞在 $V/2$ 位置;当压强为 $3p$ 时,测得容积为 $V/3$。

由此可知当压强为 p 时,相应的分子数密度 $n_1 = \frac{N}{V} = n$;当压强为 $2p$ 时,相应的分子数密度 $n_2 = \frac{N}{V/2} = 2n$;当压强为 $3p$ 时,相应的分子数密度 $n_3 = \frac{N}{V/3} = 3n$。可见,在温度一定(电动机转速一定)时,压强与粒子数密度成正比,即 $p \propto n$。

(4)实际气体状态方程的演示 在模拟箱中铺满一层钢球振子(约 100 粒),令电动机在某一额定转速下,造成浮动活塞在某一位置,调整电动机至一定转速不变,用备制砝码使浮动活塞加重一倍,使活塞达到 B 位置。按理想气体考虑,在温度 T 及粒子数 N 一定情况下,气体压强和体积之积为一常量,即 $pV =$ 常量。本实验对应的情况是 $p \cdot V_{AC} = 2p \cdot V_{BC}$,则 $V_{AC} = 2V_{BC}$。而 $V_{AC} = V_{AB} + V_{BC}$,故 $V_{AB} = V_{BC}$。依上所述计算,图 5-18 中 C 线上面的容积正是理想气体分子活动的容积,而 C 线下面至振板(居中位置)的容积 V_0 则是实际气体分子(钢球振子)本身有一定体积所造成的体积修正量。实验测出 V_0 的大小,再与钢球振子($N = 200$ 粒)本身体积 V_b 相比,计算结果表明:

$V_0/V_b = 4N = 1200$

由此可见，考虑到分子本身体积的影响，实际气体分子活动容积应为 $V - V_0 = V - 4NV_b$，这样就演示了一种气体的状态方程。

（5）玻尔兹曼分布律的演示　利用分子运动理论演示器可对玻尔兹曼公式做出如下演示：

1）在模拟箱中放入振子 200 粒（或更多），盖好盖板，并把分子数分离隔槽（多层插板）端头插在有缝隙的箱挡板中。

2）调整电压（一般不必太大）使振子振起来，这时大量振子在重力场中按高度形成一定分布。提起活塞至顶部稳定片刻后，迅速用手把多层插板插入模拟箱之中，此时振子就被分子数分离隔槽分割在不同高层里，关掉电源。

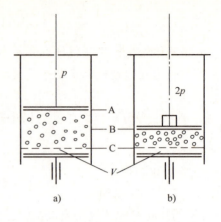

图 5-18　实际气体状态方程演示

3）把方箱向右侧倾斜，各层的振子钢球则在各自的隔槽中排布起来。观测各层粒子数的多少，从隔槽的第一层起，画一曲线，可以看出该曲线随着高度按 e 的负指数衰减，从而演示了玻尔兹曼分布律。

5.13　磁悬浮动力学实验

1. 实验目的

1）本实验仪通过滑块的运动探索牛顿第二运动定律的建立，考察动能定理。

2）通过实验，学生可以接触到磁悬浮的物理思想和技术，拓宽知识面，加深对牛顿定律、动能定理等动力学的感性认识。

2. 实验仪器

EXL—CX 磁悬浮动力学实验仪。

3. 实验原理

（1）特点　根据磁悬浮导轨实验专门设计研制该实验装置。可同时实现 10 组加速度测量存储和 12 种碰撞实验。本测试仪基于微控制器嵌入式设计，具有测量精度高、读数清晰、使用方便等特点。

（2）工作条件

1）电源电压及频率：220(1 ± 10%)V，50(1 ± 50%)Hz。

2）功率≤20VA。

3）工作温度范围 0~40℃。

（3）技术指标

1）磁悬浮导轨几何尺寸：(130.0 × 9.0 × 21.0) cm³。

2）磁场强度：200mT。

3）磁悬浮小车几何尺寸：(15.4 × 6.8 × 6.0) cm³。

（4）装置性能（表 5-1）

表 5-1　磁悬浮动力学实验化技术参数

测量值	范围	精度
光电门挡光时间 t_1/t_2	0.00～99999.99ms	0.01ms
两次挡光时间差 t_3	0.00～99999.99ms	0.01ms
速度 v_1/v_2	0.00～600.00cm/s	0.01cm/s
加速度 a	0.00～600.00cm/s^2	0.01cm/s^2

4. 实验操作与现象

(1) 加速度测量

1) 按"功能"按钮，选择工作模式，选择加速度模式，即使"加速度"指示灯亮（信号源是从加速度到碰撞依次扫描显示）。

2) 按"翻页"按钮，可选择需存储的组号或查看各组数据。最高位数码管显示 0～9，表示存储的组号。

3) 按"开始"按钮，即开始一次加速度测量过程，测量结束后数据会自动保存在当前组中。

4) 测量数据依次显示顺序：$t_1 \to v_1 \to t_2 \to v_2 \to t_3 \to a$，对应的指示灯会依次亮，每个数据显示时间为 2s。

5) 清除所有数据按"复位"按钮。

(2) 碰撞测量

1) 按"功能"按钮，选择碰撞模式，即使"碰撞"指示灯亮。最高位数码管显示 1～C，对应 12 种碰撞模式（信号源是从加速度到碰撞依次扫描显示）。

2) 按"开始"按钮，即开始一次碰撞测量过程，测量结束后数据会自动保存在当前组中。

3) 测量数据依次显示顺序：$A_{t_1} \to A_{v_1} \to A_{t_2} \to A_{v_2} \to B_{t_1} \to B_{v_1} \to B_{t_2} \to B_{v_2}$，对应的指示灯会依次亮，每个数据显示时间 2s。

4) 碰撞模式说明（图 5-19）。

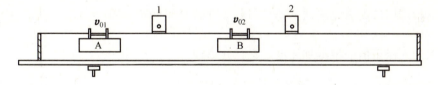

图 5-19　碰撞模式

(3) 挡光片宽度设置

1) 按"功能"按钮选择工作模式，使测试仪显示为"00"，等待数秒钟，"加速度"和"碰撞"指示灯都灭后开始设置。

2) 按"翻页"按钮设置十位数字，按"开始"按钮设置各位数字。设定范围：0～99mm，默认值：30mm。

3) 第二位数码管显示当前设定的宽度值。滑块上有两条挡光片或挡光框（图 5-20），滑块在护垫上运动时，挡光片对光电门进行挡光，每挡光一次光电转换电路便产生一个电脉冲信号，去控制计时器的开和关。

磁浮导轨上有两个光电门，本光电测试仪测定并存储了运动滑块上的两条挡光片通过第一光电门时的第一次挡光与第二次挡光的时间间隔 Δt_1 和通过第二光电门时的第一次挡光与第二次挡光的时间间隔 Δt_2，运动滑块从第一光电门到第二光电门所经历的时间间隔 $\Delta t'$（图 5-21）。根据两挡光片之间的距离参数即可计算出滑块上两挡光片通过第一光电门时的平均速度 $v_1 = \dfrac{\Delta x}{\Delta t_1}$ 和通过第二光电门时的平均速度 $v_2 = \dfrac{\Delta x}{\Delta t_2}$。由于 Δt_1 和 Δt_2 都很小，又可近似地认为在该时间内物体作匀加速运动，因此得出，时间 Δt_1 内的平均速度当作 $\dfrac{1}{2}\Delta t_1$

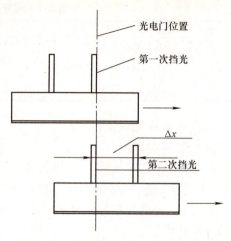

图 5-20　磁悬浮动力学实验装置示意图

这时刻的瞬时速度 v_1；把 Δt_2 时间内的平均速度当作 $\dfrac{1}{2}\Delta t_2$ 这时刻的瞬时速度 v_2。

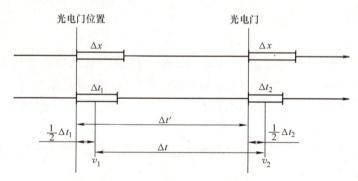

图 5-21　磁悬浮动力学实验原理

在本实验测试仪中，已将从 v_1 增加到 v_2 所需时间修正为 $\Delta t = \Delta t' - \dfrac{1}{2}\Delta t_1 + \dfrac{1}{2}\Delta t_2$，因此，所测数据为修正值。根据加速度定义，在 Δt 时间内的加速度为：$a = \dfrac{v_2 - v_1}{\Delta t}$。

根据测得的 Δt_1、Δt_2、Δt 和键入的挡光片间隔 Δx 值，经智能测试仪计算显示，得 v_1、v_2、a_0；测试仪中显示的 t_1、t_2、t_3 对应上述的 Δt_1、Δt_2、Δt。

5.14　智能刚体转动惯量实验

1. 实验目的

1）用扭摆测定几种不同形状物体的转动惯量和弹簧的扭转常数，并与理论值进行比较。

2）验证转动惯量平行轴定理。

2. 实验仪器

GZ—3 型智能刚体转动惯量实验仪（图 5-22）。

(1) 扭摆及几种待测转动惯量的物体 空心金属圆柱体、实心塑料圆柱体、木球、验证转动惯量平行轴定理用的细金属杆,杆上有两块可以自由移动的金属滑块。

(2) 转动惯量测试仪 由主机和光电传感器两部分组成。

主机采用新型的单片机作控制系统,用于测量物体转动和摆动的周期,以及旋转体的转速,能自动记录、存储多组实验数据并能够精确地计算多组实验数据的平均值。

图 5-22 GZ—3 型智能刚体转动惯量实验仪

光电传感器主要由红外发射管和红外接收管组成,将光信号转换为脉冲电信号,送入主机工作。因人眼无法直接观察仪器工作是否正常,但可用遮光物体往返遮挡光电探头发射光束通路,检查计时器是否开始计数和到达预定周期数时,是否停止计数。为了防止过强光线对光电探头的影响,光电探头不能置放在强光下,实验时采用窗帘遮光,确保计时的准确。

(3) 仪器使用方法

1) 调节光电传感器在固定支架上的高度,使被测物体上的挡光杆能自由往返地通过光电门,再将电传感器的信号传输线插入主机输入端(位于测试仪背面)。

2) 开启主机电源,毫秒计指示灯亮,参量指示为 P_2、数据显示为 ----

3) 本机设定扭摆的周期数为 10,若要更改,可参照仪器使用说明,重新设定。更改后的周期数不具有记忆功能,一旦切断电源或按"复位"键,便恢复原来的默认周期数。

(4) 控制箱性能指标

1) 供电电源:AC 220 (1±10%) V,50Hz。

2) 信号输入方式:光电传感器信号输入或 TTL、CMOS 的脉冲电平。

3) 显示参量方式:数据通过数码管显示,状态指示由发光二极管指示。

4) 操作方法:键盘操作。

5) 计时精度:0.001s。

6) 最大计时:1000.000s。

7) 功耗 <1W。

8) 环境温度:-5 ~ 40℃。

9) 体积:220mm × 204mm × 100mm (L×W×H)。

3. 实验原理

在垂直轴上装有一根薄片状的螺旋弹簧,用以产生恢复力矩。在轴的上方可以装上各种待测物体。垂直轴与座间装有轴承,以降低摩擦力矩。水平仪用来调整系统平衡。

将物体在水平面内转过一角度 θ 后,在弹簧的恢复力矩作用下,物体就开始绕垂直轴作往返扭转运动。根据胡克定律,弹簧受扭转而产生的恢复力矩 M 与所转过的角度 θ 成正比,即 $M = -K\theta$ (K 为弹簧的扭转常数)。根据转动定律 $M = I\beta$ (I 为物体绕转轴的转动惯量,β 为角加速度),得 $\beta = \dfrac{M}{I}$。

令 $\omega^2 = \dfrac{M}{I}$,忽略轴承的摩擦阻力矩,$\beta = \dfrac{\mathrm{d}^2\theta}{\mathrm{d}t^2} = -\dfrac{K}{I} = 0 - \omega^2\theta$。

上述方程表示扭摆运动具有角简谐振动的特性。角加速度与角位移成正比,且方向相反,此方程的解为

$$\theta = A\cos(\omega t + \phi)$$

式中,A 是振幅;ϕ 是初相位角;ω 是角速度。此谐振动周期为

$$T = \frac{2\pi}{\omega} = 2\pi\sqrt{\frac{I}{K}}$$

由上式可知,只要实验测得物体扭摆的摆动周期,并在 I 和 K 中任何一个量已知时可计算出另一个量。

本实验用一个几何形状规则的物体,它的转动惯量可以根据它的质量和几何尺寸用理论公式直接计算得到,再算出本仪器弹簧的 K 值。若要测定其他形状物体的转动惯量,只需将待测物体安放在本仪器顶部和各种夹具上,测定其摆动周期,由周期公式即可算出该物体绕转动轴的转动惯量。

理论分析证明,若质量为 m 的物体通过质心轴的转动惯量为 I 时,当转轴平行移动距离 X 时,则此物体对新轴线的转动惯量变为 $I + mX^2$,称为转动惯量的平行轴定理。

4. 实验操作与现象

1)测出塑料圆柱体的外径,金属圆筒的内、外径,木球直径,金属细长杆长度及各物体的质量(各测量3次)。

2)调整扭摆基座底脚螺钉,使水准泡中气泡居中。

3)装上金属载物盘,并调整光电探头的位置使载物盘上挡光杆处于其缺口中央且能遮住发射、接收红外光线的小孔,测定摆动周期 T_0(表 5-2)。

4)将塑料圆柱体垂直放在载物盘上,测定摆动周期 T_1。

5)用金属圆筒代替塑料圆柱体,测定摆动周期 T_2。

6)装上球,测球的摆动周期 T_3(在计算球的转动惯量时,应扣除 $I_{支架}$ 的转动惯量)。

7)取下塑料球,装上金属细杆(金属细杆中心必须与转轴重合)。测定摆动周期 T_4(在计算金属细杆的转动惯量时,应扣除 $I_{夹具}$ 的转动惯量)。

8)将滑块对称放置在细杆两边凹槽内,此时滑块质心离转轴的距离分别为 5.00cm、10.00cm、15.00cm、20.00cm、25.00cm,测定摆动周期 T,验证转动惯量平行轴定理(在计算转动惯量时,应扣除支架的转动惯量)(表 5-3)。

表 5-2 测定计算各物体转动惯量

物体名称	质量 /kg	几何尺寸 /×10^{-2}m	周期 /s	转动惯量理论值 /10^{-4}kg·m^2	实验值 /10^{-4}kg·m^2	百分差
金属载物盘			T_0		$I_0 = \dfrac{I_1' \overline{T}_0^2}{\overline{T}_1^2 - \overline{T}_0^2}$	(实-理)/理 ×100%
			$\overline{T}_0$			

(续)

物体名称	质量 /kg	几何尺寸 /×10⁻²m	周期 /s	转动惯量理论值 /10⁻⁴kg·m²	实验值 /10⁻⁴kg·m²	百分差
塑料圆柱体		D_1 $\overline{D}_1$	T_1 $\overline{T}_1$	$I'_1 = \dfrac{1}{2}m\overline{D}_1^2$	$I_1 = \dfrac{K\overline{T}_1^2}{4\pi^2} - I_0$	
金属圆筒		$D_{外}$ $\overline{D}_{外}$ $D_{内}$ $\overline{D}_{内}$	T_2 $\overline{T}_2$	$I'_2 = \dfrac{1}{8}m(\overline{D}_{外}^2 + \overline{D}_{内}^2)$	$I_2 = \dfrac{K\overline{T}_2^2}{4\pi^2} - I_0$	
球		$D_{直}$	T_3 $\overline{T}_3$	$I'_3 = \dfrac{1}{10}mD_{直}^2$	$I_3 = \dfrac{K}{4\pi^2}\overline{T}_3^2 - I_{支座}$	
金属细杆		l	T_4 $\overline{T}_4$	$I'_4 = \dfrac{1}{12}ml^2$	$I_4 = \dfrac{K}{4\pi^2}\overline{T}_4^2 - I_{夹具}$	

注：$I_{支座} = 0.187 \times 10^{-4}$ kg·m² $I_{夹具} = 0.321 \times 10^{-4}$ kg·m² $K = 3.567 \times 10^{-2}$ kg·m²

表 5-3　验证转动惯量平行轴定理

$X/10^{-2}$ m	5.00	10.00	15.00	20.00	25.00
摆动周期 T/s					
$\overline{T}$/s					
实验值/10^{-2} kg·m² $I=\dfrac{k}{4\pi^2}T^2$					
理论值/10^{-2} kg·m² $I'=L_4+2mx^2+L_5$					
百分差					

5. 注意事项

1）由于弹簧的扭转常数 K 不是固定常数，它与摆动角度略有关系，摆角在 90°左右基本相同，在小角度时变小。为了降低实验时由于摆动角度变化过大带来的系统误差，在测定各种物体的摆动周期时，摆角不宜过小，摆幅不宜变化过大。

2）光电探头宜放置在挡光杆的平衡位置处，挡光杆不能和它相接触，以免增大摩擦力矩。

3）机座应保持水平状态。

4）在安装待测物体时，其支架必须全部套入扭摆主轴，并将止动螺钉旋紧，否则扭具不能正常工作。

5）在称量金属细长杆与木球的质量时，必须将支架取下，否则控制箱会带来极大误差。

附 录

附录 A 国际单位制

附表 A-1 国际单位制（SI）的基本单位

量的名称	单位名称	单位符号
长度	米	m
质量	千克	kg
时间	秒	s
电流	安［培］	A
热力学温度	开［尔文］	K
物质的量	摩［尔］	mol
发光强度	坎［德拉］	cd

附表 A-2 包括 SI 辅助单位在内具有专门名称的 SI 导出单位

量的名称	单位名称	单位符号	其他表示示例
［平面］角	弧度	rad	$rad = m/m = 1$
立体角	球面度	sr	$sr = m^2/m^2 = 1$
频率	赫［兹］	Hz	$Hz = s^{-1}$
力，重力	牛［牛顿］	N	$N = kg \cdot m/s^2$
压力，压强，应力	帕［斯卡］	Pa	$Pa = N/m^2$
能［量］，功，热量	焦［耳］	J	$J = N \cdot m$
功率，辐［射能］通量	瓦［特］	W	$W = J/s$
电荷［量］	库［仑］	C	$C = A \cdot s$
电压，电动势，电位	伏［特］	V	$V = W/A$
电容	法［拉］	F	$F = C/V$
电阻	欧［姆］	Ω	$\Omega = V/A$
电导	西［门子］	S	$S = \Omega^{-1} = A/V$
磁通［量］	韦［伯］	Wb	$Wb = V \cdot s$
磁通［量］密度	特［斯拉］	T	$T = Wb/m^2$
电感	亨［利］	H	$H = Wb/A$
摄氏温度	摄氏度	℃	—
光通量	流［明］	lm	$lm = cd \cdot sr$
［光］照度	勒［克斯］	lx	$lx = lm/m^2$

附表 A-3 部分与国际单位制并用的单位

单位名称	单位符号	换算关系
分	min	$1 min = 60 s$
［小］时①	h	$1 h = 60 min = 3\,600 s$
日	d	$1 d = 24 h = 86\,400 s$

(续)

单位名称	单位符号	换算关系
度	°	$1° = (\pi/180)$ rad
[角]分	′	$1' = \left(\frac{1}{60}\right)° = (\pi/10\ 800)$ rad
[角]秒	″	$1'' = \left(\frac{1}{60}\right)' = (\pi/648\ 000)$ rad
升②	L, l	$1L = 1dm^3 = 10^{-3} m^3$
吨③	t	$1t = 10^3 kg$

① 这个单位的符号包括在第9届国际计量大会（1948）的决议7中。
② 这个单位及其符号l是国际计量委员会于1879年通过的。为了避免升的符号l和数字1之间发生混淆，第16届国际计量大会通过了另一个符号L。
③ 这个单位及其符号是国际计量委员会所通过的（1879）。在一些讲英语的国家，这个单位叫作"米制吨"。

除附表1-3所列单位外，还有两个单位允许与SI并用于某些领域，它们分别是："电子伏"（eV）和"原子质量单位"（u）。这两个单位是独立定义的，即它们本身就是物理常量，只是由于国际协议而作为单位使用。

附录 B 常用物理参数

附表 B-1 基本和重要的物理常数

名称	符号	数值	单位符号
真空中的光速	c	$2.997\ 924\ 58 \times 10^{-8}$	m/s
基本电荷	e	$1.602\ 177\ 33(49) \times 10^{-19}$	C
电子的静止质量	m_e	$9.109\ 389\ 7(54) \times 10^{-31}$	kg
中子静质量	m_n	$1.674\ 928\ 6(10) \times 10^{-27}$	kg
质子静质量	m_p	$1.672\ 623\ 1(10) \times 10^{-27}$	kg
原子质量单位	u	$1.660\ 540\ (10) \times 10^{-27}$	kg
普朗克常量	h	$6.626\ 075\ 5(40) \times 10^{-34}$	J·s
阿佛伽德罗常量	N_0	$6.022\ 136\ 7(36) \times 10^{23}$	1/mol
摩尔气体常量	R	$8.314\ 510(70)$	J/mol·K
玻尔兹曼常量	k	$1.380\ 658(12) \times 10^{-23}$	J/K
万有引力常量	G	$6.672\ 59(85) \times 10^{-11}$	N·m²/kg²
法拉第常量	F	$9.648530\ 9(29) \times 10^4$	C/mol
热功当量	J	4.186	J/cal
里德伯常量	R_∞	$1.097\ 373\ 153\ 4(13) \times 10^7$	1/m
洛喜密脱常量	n	$2.686\ 763\ (23) \times 10^{25}$	1/m³
电子荷质比	e/m_e	$-1.758\ 819\ 62(53) \times 10^{11}$	C/kg²
标准大气压	P_a	$1.013\ 25 \times 10^5$	Pa
冰点绝对温度	T_0	273.16	K
标准状态下声音在空气中的速度	$\eta_声$	331.46	m/s
标准状态下干燥空气的密度	$\rho_{空气}$	1.293	kg/m³
标准状态下水银密度	$\rho_{水银}$	$13\ 595.04$	kg/m³
标准状态下理想气体的摩尔体积	V_m	$22.413\ 10(19) \times 10^{-3}$	m³/mol
真空介电常数（电容率）	ε_0	$8.854\ 187\ 817 \times 10^{-12}$	F/m
真空磁导率	η_0	$12.563\ 706\ 14 \times 10^{-7}$	H/m

（续）

名称	符号	数值	单位符号
钠光谱中黄线波长	D	589.3×10^{-9}	m
在15℃，101325Pa时镉光谱中红线的波长	λ_{od}	643.84699×10^{-9}	m

附表 B-2　在20℃时常用固体和液体的密度

物质	密度 $\rho/(kg/m^3)$	物质	密度 $\rho/(kg/m^3)$
铝	2 698.9	水晶玻璃	2 900 ~ 3 000
铜	8 960	窗玻璃	2 400 ~ 2 700
铁	7 874	冰（0℃）	880 ~ 920
银	10 500	甲醇	792
金	19 320	乙醇	789.4
钨	19 300	乙醚	714
铂	21 450	汽车用汽油	710 ~ 720
铅	11 350	弗里昂-12（氟氯烷-12）	1329
锡	7 298		
水银	13 546.2	变压器油	840 ~ 890
钢	7 600 ~ 7 900	甘油	1 260
石英	2 500 ~ 2 800	蜂蜜	1 435

附表 B-3　水在标准大气压下不同温度的不同密度

温度 $t/℃$	密度 $\rho/(kg/m^3)$	温度 $t/℃$	密度 $\rho/(kg/m^3)$	温度 $t/℃$	密度 $\rho/(kg/m^3)$
0	999.841	17	998.774	34	994.371
1	999.900	18	998.595	35	994.031
2	999.941	19	998.405	36	993.68
3	999.965	20	998.203	37	993.33
4	999.973	21	997.992	38	992.96
5	999.965	22	997.770	39	992.59
6	999.941	23	997.538	40	992.21
7	999.902	24	997.296	41	991.83
8	999.849	25	997.044	42	991.44
9	999.781	26	996.783	50	988.04
10	999.700	27	996.512	60	983.21
11	999.605	28	996.232	70	977.78
12	999.498	29	995.944	80	971.80
13	999.377	30	995.646	90	965.31
14	999.244	31	995.340	100	958.35
15	999.099	32	995.025		
16	998.943	33	994.702		

附表 B-4　在海平面上不同纬度处的重力加速度

纬度 $\psi/(°)$	$g/(m/s^2)$	纬度 $\psi/(°)$	$g/(m/s^2)$
0	9.780 49	50	9.810 79
5	9.780 88	55	9.815 15
10	9.782 04	60	9.819 24
15	9.783 94	65	9.822 94
20	9.786 52	70	9.826 14
25	9.789 69	75	9.828 73
30	9.793 38	80	9.830 65
35	9.797 46	85	9.831 82
40	9.801 80	90	9.832 21
45	9.806 29		

附表 B-5　固体的线胀系数

物质	温度或温度范围/℃	$a/\dfrac{1}{10^6 ℃}$
铝	0~100	23.8
铜	0~100	17.1
铁	0~100	12.2
金	0~100	14.3
银	0~100	19.6
钢（碳质量分数，0.05%）	0~100	12.0
康铜	0~100	15.2
铅	0~100	29.2
锌	0~100	32
铂	0~100	9.1
钨	0~100	4.5
石英玻璃	20~200	0.56
窗玻璃	20~200	9.5
花岗石	20	6~9
瓷器	20~700	3.4~4.1

附表 B-6　20℃时某些金属的弹性模量

金属	弹性模量 E	
	吉帕(GPa)	$Pa/(N/m^2)$
铝	70.00~71.00	$(7.00~7.100) \times 10^{10}$
钨	415.0	4.150×10^{11}
铁	190.0~210.0	$(1.900~2.100) \times 10^{11}$
铜	105.00~130.0	$(1.050~1.300) \times 10^{11}$
金	79.00	7.900×10^{10}

（续）

金属	弹性模量 E	
	吉帕/（GPa）	Pa/（N/m²）
银	70.00~82.00	$(7.000~8.200)\times10^{10}$
锌	800.0	8.000×10^{11}
镍	205.0	2.050×10^{11}
铬	240.0~250.0	$(2.400~2.500)\times10^{11}$
合金钢	210.0~220.0	$(2.100~2.200)\times10^{11}$
碳钢	200.0~220.0	$(2.000~2.100)\times10^{11}$
康铜	163.0	1.630×10^{11}

附表 B-7　在 20℃时与空气接触的液体的表面张力系数

液体	$\sigma/10^{-3}\cdot\mathrm{m}^{-1}$	液体	$\sigma/\left(\dfrac{1}{10^3\mathrm{m}}\right)$
航空汽油（在10℃时）	21	蓖麻油	36.4
石油	30	甘油	63
煤油	24	水银	513
松节油	28.8	甲醇	22.6
水	72.75	甲醇（在0℃时）	24.5
肥皂溶液	40	乙醇	22.0
弗利昂-12	9.0	甲醇（在60℃时）	18.4

附表 B-8　在不同温度下与空气接触的水的表面张力系数

温度/℃	$\sigma/10^{-3}\cdot\mathrm{m}^{-1}$	温度/℃	$\sigma/10^{-3}\cdot\mathrm{m}^{-1}$	温度/℃	$\sigma/\left(\dfrac{1}{10^3\mathrm{m}}\right)$
0	75.62	16	73.34	30	71.15
5	74.90	17	73.20	40	69.55
6	74.76	18	73.05	50	67.90
8	74.48	19	72.89	60	66.17
10	74.20	20	72.75	70	64.41
11	74.07	21	72.60	80	62.60
12	73.92	22	72.44	90	60.74
13	73.78	23	72.28	100	58.84
14	73.64	24	72.12		
15	73.48	25	71.96		

附表 B-9　不同温度时水的黏滞系数

温度/℃	黏度 $\eta/10^{-6}\mathrm{N}\cdot\mathrm{m}^{-2}\cdot\mathrm{s}$	温度/℃	黏度 $\eta/10^{-6}\mathrm{N}\cdot\mathrm{m}^{-2}\cdot\mathrm{s}$
0	1 787.8	60	469.7
10	1 305.3	70	406.0
20	1 004.2	80	355.0
30	801.2	90	314.8
40	653.1	100	282.5
50	549.2	—	—

附表 B-10　液体的黏滞系数

液体	温度/℃	$\eta/\mu\text{Pa}\cdot\text{s}$	液体	温度/℃	$\eta/\mu\text{Pa}\cdot\text{s}$
汽油	0	1 788	甘油	−20	134×10^6
	18	530		0	121×10^5
甲醇	0	717		20	$1\,499\times10^3$
	20	584		100	12 945
乙醇	−20	2 780	蜂蜜	20	650×10^4
	0	1 780		80	100×10^8
	20	1 190	鱼肝油	20	45 600
乙醚	0	296		80	4 600
	20	243	水银	−20	1 855
变压器油	20	19 800		0	1 685
蓖麻油	10	242×10^4		20	1 554
葵花子油	20	5 000		100	1 224

附表 B-11　固体的比热

物质	温度/℃	比热	
		kcal/kg·K	kJ/kg·K
铝	20	0.214	0.895
黄铜	20	0.091 7	0.380
铜	20	0.092	0.385
铂	20	0.032	0.134
生铁	0～100	0.13	0.54
铁	20	0.115	0.481
铅	20	0.030 6	0.130
镍	20	0.115	0.481
银	20	0.056	0.234
钢	20	0.107	0.447
锌	20	0.093	0.389
玻璃	—	0.14～0.22	0.585～0.920
冰	−40～0	0.43	1.797
水	—	0.999	4.176

附表 B-12　液体的比热

液体	温度/℃	比热	
		kJ/kg·K	kcal/kg·K
乙醇	0	2.30	0.55
	20	2.47	0.59

(续)

液体	温度/℃	比热	
		kJ/kg·K	kcal/kg·K
甲醇	0	2.43	0.58
	20	2.47	0.59
乙醚	20	2.34	0.56
水	0	4.220	1.009
	20	4.182	0.999
弗利昂-12	20	0.84	0.20
变压器油	0~100	1.88	0.45
汽油	10	1.42	0.34
	50	2.09	0.50
水银	0	0.146 5	0.035 0
	20	0.139 0	0.033 2
甘油	18	—	0.58

附表 B-13 某些金属和合金的电阻率及其温度系数

铝	0.028	42×10^{-4}	锌	0.059	42×10^{-4}
铜	0.0172	43×10^{-4}	锡	0.12	44×10^{-4}
银	0.016	40×10^{-4}	水银	0.958	10×10^{-4}
金	0.024	40×10^{-4}	伍德合金	0.52	37×10^{-4}
铁	0.098	60×10^{-4}	钢（碳，质量分数，0.10%~0.15%）	0.10~0.14	6×10^{-3}
铅	0.205	37×10^{-4}	康铜	0.47~0.51	$(-0.04 \sim 0.01) \times 10^{-3}$
铂	0.105	39×10^{-4}	铜锰镍合金	0.34~1.00	$(-0.03 \sim 0.02) \times 10^{-3}$
钨	0.055	48×10^{-4}	镍铬合金	0.98~1.10	$(0.03 \sim 0.4) \times 10^{-3}$

附表 B-14 在常温下某些物质相对于空气的光的折射率

物质	H^a 线（656.3nm）	D 线（589.3nm）	H 线（486.1nm）
水（18℃）	1.334 1	1.333 2	1.337 3
乙醇（18℃）	1.306 9	1.362 5	1.366 5
二硫化碳（18℃）	1.619 9	1.629 1	1.654 1
冕玻璃（轻）	1.512 7	1.515 3	1.521 4
冕玻璃（重）	1.612 6	1.615 2	1.621 3
燧石玻璃（轻）	1.603 8	1.608 5	1.620 0
燧石玻璃（重）	1.743 8	1.751 5	1.772 3
方解石（寻常光）	1.654 5	1.658 5	1.667 9
方解石（非常光）	1.484 6	1.486 4	1.490 8
水晶（寻常光）	1.541 8	1.544 2	1.549 6
水晶（非常光）	1.550 9	1.553 3	1.558 9

附表 B-15　常用光源的谱线波长　　　　　　　　（单位：nm）

一、H（氢）	447.15 蓝	589.592（D_1）黄
656.28 红	402.62 蓝紫	588.995（D_2）黄
486.13 绿蓝	388.87 蓝紫	五、Hg（汞）
434.05 蓝	三、Ne（氖）	623.44 橙
410.17 蓝紫	650.65 红	579.07 黄
397.01 蓝紫	640.23 橙	576.96 黄
二、He（氦）	639.30 橙	646.07 绿
706.52 红	626.65 橙	491.60 绿蓝
667.82 红	621.73 橙	435.83 蓝
587.56（D_2）黄	614.31 橙	407.68 蓝紫
501.57 绿	588.19 黄	404.66 蓝紫
492.19 绿蓝	585.25 黄	六、He Ne 激光
471.31 蓝	四、Na（钠）	632.8 橙

参考文献

[1] 杨述武. 普通物理实验 [M]. 北京：高等教育出版社，2000.
[2] 杨述武，陈国英，杨介信. 普通物理实验 [M]. 北京：高等教育出版社，2000.
[3] 何平笙. 高分子物理实验 [M]. 合肥：中国科学技术大学出版社，2002.
[4] 陈世涛，徐志东. 大学物理实验 [M]. 成都：西南交通大学出版社，2003.
[5] 于瑶，冯璧华，潘元胜. 大学物理实验 [M]. 南京：南京大学出版社，2004.